Faßbender-Wynands
Umweltorientierte Lebenszyklusrechnung

T0236304

GABLER EDITION WISSENSCHAFT

Ellen Faßbender-Wynands

Umweltorientierte Lebenszyklusrechnung

Instrument zur Unterstützung des Umweltkostenmanagements

Mit einem Geleitwort
von Prof. Dr. Dr. h.c. Günter Beuermann

Springer Fachmedien Wiesbaden GmbH

Die Deutsche Bibliothek - CIP-Einheitsaufnahme

Faßbender-Wynands, Ellen:
Umweltorientierte Lebenszyklusrechnung : Instrument zur Unterstützung des
Umweltkostenmanagements / Ellen Faßbender-Wynands. Mit einem Geleitw. von
Günter Beuermann. - 1. Aufl.. - Wiesbaden : Dt. Univ.-Verl., 2001
(Gabler Edition Wissenschaft)
Zugl.: Köln, Univ., Diss., 2001
ISBN 978-3-8244-7517-9   ISBN 978-3-322-81401-2 (eBook)
DOI 10.1007/978-3-322-81401-2

1. Auflage Dezember 2001

Alle Rechte vorbehalten
© Springer Fachmedien Wiesbaden 2001
Ursprünglich erschienen bei Deutscher Universitäts-Verlag GmbH, Wiesbaden, 2001
Lektorat: Ute Wrasmann / Gereon Roeseling

www.duv.de

ISBN 978-3-8244-7517-9

Geleitwort

Das Phänomen des Produktlebenszyklus ist in der Betriebswirtschaftslehre seit langem bekannt. Die Auswertung des statistischen Zusammenhangs zu unternehmerischen Planungs- und Steuerungsüberlegungen ist jedoch erst jüngeren Datums. Seit der grundlegenden Arbeit von Strebel 1980 hat sich in Teilen der betriebswirtschaftlichen Literatur die Berücksichtigung von Umweltanforderungen zunehmend durchgesetzt. Das bedeutet für Unternehmen, die den Umweltschutz in den Zielkanon ihrer Unternehmenspolitik aufnehmen, dass sie für Planungs-, Steuerungs- und Kontrollüberlegungen umweltschutzorientierte Erfolgsgrößen definieren müssen. Wesentliche Instrumente in diesem Zusammenhang sind die Ökobilanz, die Produktlinienanalyse und vor allem auch die Umweltkostenrechnung. Das Anliegen der vorliegenden Arbeit war daher zu untersuchen, inwieweit die Lebenszyklusrechnung in ihrer planerisch-konzeptionellen Form um die Auswirkungen der Berücksichtigung von Umweltschutzanforderungen ausgebaut werden kann.

In drei einleitenden Teilen führt die Verfasserin zunächst in die Grundlagen zum betrieblichen Umweltkostenmanagement und Grundlagen der Lebenszyklusrechnung ein, bevor es ihr in ihrem Hauptteil gelingt, auf etwa 100 Seiten ein mehrstufiges Konzept zur Berücksichtigung von Umweltwirkungen im Rahmen einer Lebenszyklusrechnung zu entwerfen. Nach einigen einleitenden Ausführungen zum zeitlichen, sachlichen und inhaltlichen Bezug eines Lebenszyklusrechnungskonzepts werden die Phasen des Produktlebenszyklus in dreiteiliger Form als Vorleistungs-, Markt- und Nachleistungsphase vorgestellt. Dem schließt sich die Analyse der Wirkung von externen Effekten auf ein Konzept der Lebenszyklusrechnung an. Außerdem schenkt die Verfasserin der Analyse der Stärke der Umweltschutzorientierung im Zielsystem eines Unternehmens besondere Beachtung. Der Aufbau des umweltorientierten Lebenszyklusrechnungskonzepts vollzieht sich dann in fünf Stufen. In der ersten Stufe wird ausgehend von einer Prognose der Umweltwirkungen und der Kostenentwicklung in einzelnen Lebenszyklusphasen dargelegt, inwieweit eine Erfassung von Erlösen und Kosten in den einzelnen Phasen des Produktlebenszyklus unter Umweltschutzorientierung möglich ist. Die zweite Stufe führt zur Abbildung von Umweltkosten und Erlöswirkungen in einer Produktökobilanz, wobei die Verfasserin insbesondere auf die Frage der Internalisierung von externen Kosten eingeht. Die dritte Stufe widmet sich der Bewertung der Umweltwirkungen und dem Bezug zu Kosten und Erlösen, wobei im Zusammenhang mit ökologischen Bewertungsansätzen vor allem auf die Frage der monetären und nichtmonetären Bewertung eingegangen wird. Sehr gut herausgearbeitet sind in diesem Zusammenhang einerseits die Bedingungen und andererseits die Aggregationsprobleme, die im Zusammenhang mit Bewertungskonzepten auftreten. Das Ergebnis der ersten drei Stufen wird zusammenfassend veranschaulicht, bevor in der vierten Stufe ein Rechnungskonzept entwickelt wird. Beurteilungsgröße ist dabei der Kapitalwert, und zwar auf der Basis einer ökonomischen Gewinnrechnung. Auf diese Weise ist es unter Verwendung des Lücke-Theorems möglich, statt Zahlungsgrößen Kosten- und Leistungsgrößen zu verwenden. Zusammengefasst werden die Überlegungen in einem Beurteilungsportfolio mit den beiden Dimensionen der ökonomischen und ökologischen Wirksamkeitsmaße. Neben eindeutigen Effizienzaussagen wird hier vor allem deutlich, wo von dem Entscheidungsträger Gewichtungen zwischen den beiden Beurteilungsgrößen erwartet werden. Die fünfte Stufe behandelt abschließend Gestaltungs- und Steuerungsmöglichkeiten im Rahmen der Lebenszyklusrechnung.

Die vorliegende Arbeit fordert dazu heraus, die Zusammenführung der Bewertung in einem solchen Portfolio kritisch zu durchdenken. Sie wendet sich sowohl an Praktiker als auch an Wissenschaftler, die sich mit Fragen des Einbezugs umweltorientierter Überlegungen in traditionelle betriebswirtschaftliche Entscheidungskonzepte beschäftigen.

Prof. Dr. Dr. h.c. Günter Beuermann

Vorwort

In den vergangenen vier Jahren beschäftigte mich das Thema „Lebenszyklus eines Produkts" in nicht unwesentlichem Maße. Gleichzeitig wurde mir bewusst, dass ich mit der Erstellung meiner Dissertation ebenfalls einen „Produktlebenszyklus" initiiert hatte, der sowohl bestimmte Lebenszyklusphasen aufzeigt als auch umweltorientierte Entscheidungen hervorruft. So lässt sich im Rahmen der Dissertationserstellung gleichfalls eine Vorleistungsphase (Ideengenerierung, Aufbau), eine Hauptphase (Erarbeiten und Niederschreiben der Problemlösung) und eine Nachleistungsphase (Vorbereiten der Veröffentlichung) feststellen.

In meinem persönlichen Lebenszyklus stellt die Zeit als wissenschaftliche Mitarbeiterin am Lehrstuhl für Allgemeine Betriebswirtschaftslehre und Operations Research der Universität zu Köln eine ganz besondere „Phase" dar: Sie ist geprägt vom „Team Beuermann", welches es stets verstand, die heiteren Seiten des Lebens zu betonen und den Humor ebenso wenig wie die Freude an der Arbeit zu verlieren.

Mein ganz besonderer Dank gilt hiermit meinem akademischen Lehrer, Herrn Prof. Dr. Dr. h.c. Günter Beuermann, der diese Arbeit umfassend betreut und mir den nötigen fachlichen Freiraum gewährt hat. Seine Unterstützung und Diskussionsbereitschaft haben maßgeblich zum erfolgreichen Entstehen dieser Arbeit beigetragen. Daneben gilt mein Dank Herrn Prof. Dr. Rolf Rettig für die Übernahme des Zweitgutachtens.

Meinen beiden Kollegen Herrn Dr. Martin Kupp und Herrn Dr. Mahammad Mahammadzadeh bin ich zu besonderem Dank verpflichtet: Mit ihnen durfte ich den „Diss-Lebenszyklus" gemeinsam durchstehen und habe in vielen intensiven Diskussionen wertvolle Hinweise für meine Arbeit erhalten. Ihre unermüdliche Hilfe hat einen wesentlichen Beitrag zum Entstehen dieser Arbeit geleistet. Bedanken möchte ich mich auch bei meiner Kollegin Frau Dipl.-Kff. Sandra Wagner und meinen Kollegen Herrn Dipl.-Kfm. Björn Meier und Herrn Dipl.-Kfm. Frank Czymmek für die stets angenehme und freundschaftliche Zusammenarbeit. Daneben gebührt Frau Dietlind Eicker ein besonderes Dankeschön für ihren zuverlässigen Einsatz bei der Korrektur des Manuskripts.

Unermesslich ist der Beitrag, den meine Familie in den letzten Jahren geleistet hat. Ganz besonders hervorzuheben ist hier die stete und unerschütterliche Unterstützung meines Ehemannes Gerald, der mir stets den notwendigen Rückhalt und den Glauben an ein erfolgreiches

Fertigstellen der Dissertation gegeben hat. Ihm widme ich diese Arbeit. Ein ganz besonders herzlicher Dank gilt meinen Eltern Elke und Albert Wynands, die mich während meiner gesamten Ausbildung außergewöhnlich unterstützt haben, sowie meinen Brüdern Frank und Dirk.

Ellen Faßbender-Wynands

Inhaltsübersicht

Geleitwort V

Vorwort VII

Inhaltsübersicht IX

Inhaltsverzeichnis XI

Abkürzungsverzeichnis XVII

Symbolverzeichnis XXI

Abbildungsverzeichnis XXIII

Tabellenverzeichnis XXV

1   Einleitung 1

1.1   Problemstellung und Gegenstand der Untersuchung 2

1.2   Zielsetzung und Aufbau der Arbeit 3

2   Grundlagen zum betrieblichen Umweltkostenmanagement 5

2.1   Grundlegende begriffliche Abgrenzungen 5

2.2   Auswirkungen der Unternehmensbeziehungen auf das Umweltkosten-
       management 23

2.3   Zusammenfassung der Ergebnisse 37

3   Grundlagen der Lebenszyklusrechnung 39

3.1   Begriffliche Abgrenzung: Lebenszyklus, Lebenszykluskosten,
       Lebenszyklusrechnung 39

3.2   Entstehung und Entwicklung des Lebenszyklusmodells 42

3.3   Besonderheiten und Vorteile einer Lebenszyklusrechnung 65

3.4   Probleme im Rahmen einer Lebenszyklusrechnung 67

**4   Einführung eines mehrstufigen Konzepts zur Berücksichtigung von
       Umweltwirkungen im Rahmen einer Lebenszyklusrechnung** 71

4.1   Grundlagen zur Konzepteinführung 71

4.2   Darstellung des mehrstufigen Konzepts 87

4.3   Erste Stufe: Prognose der Umweltwirkungen und der Kostenentwicklung
      in den einzelnen Lebenszyklusphasen sowie Erklärung möglicher Inter-
      dependenzen 90

4.4   Zweite Stufe: Abbildung der Umwelt- und der Kosten- bzw. Erlöswirkungen ... 117

4.5   Dritte Stufe: Bewertung der Umweltwirkungen und Bezug zu den Kosten/
      Erlösen 127

4.6   Zusammenfassende Darstellung der ersten drei Stufen 143

4.7   Vierte Stufe: Aufbau einer umweltorientierten Lebenszyklusrechnung 145

4.8   Fünfte Stufe: Gestaltungs- und Steuerungsmöglichkeiten im Rahmen der
      Lebenszyklusrechnung 164

5.   Beurteilung und Grenzen der umweltorientierten Lebenszyklusrechnung 169

5.1   Beurteilung der umweltorientierten Lebenszyklusrechnung 169

5.2   Grenzen der umweltorientierten Lebenszyklusrechnung 177

6.   Fazit und Ausblick 181

Literaturverzeichnis 183
Gesetzestextverzeichnis 203

Geleitwort V

Vorwort VII

Inhaltsübersicht IX

Inhaltsverzeichnis. XI

Abkürzungsverzeichnis XVII

Symbolverzeichnis XXI

Abbildungsverzeichnis XXIII

Tabellenverzeichnis XXV

1   Einleitung 1

       1.1   Problemstellung und Gegenstand der Untersuchung 2
       1.2   Zielsetzung und Aufbau der Arbeit 3

2   Grundlagen zum betrieblichen Umweltkostenmanagement 5

       2.1   Grundlegende begriffliche Abgrenzungen 5

              2.1.1   Der Begriff der Umwelt und ihre Funktionen 5

              2.1.2   Umweltwirkungen und aus ihnen resultierende Umweltbelastungen 8

              2.1.3   Der Begriff des betrieblichen Umweltschutzes 11

              2.1.4   Der Begriff des Umweltkosten- und -leistungsmanagements 13

                         2.1.4.1   Umweltkostenmanagement 13

                         2.1.4.2   Umweltleistungsmanagement 19

       2.2   Auswirkungen der Unternehmensbeziehungen auf das Umwelt-
              kostenmanagement 23

              2.2.1   Systemtheoretische Betrachtung der Beziehungen zwischen
                         Unternehmen und Umwelt 23

              2.2.2   Einfluss der ökologischen Betroffenheit auf die Unternehmens-
                         philosophie, das Zielsystem und die Strategien des Unternehmens 30

              2.2.3   Konsequenzen für das Umweltkostenmanagement 35

2 3   Zusammenfassung der Ergebnisse...37

3   Grundlagen der Lebenszyklusrechnung...39

3.1   Begriffliche Abgrenzung: Lebenszyklus, Lebenszykluskosten,
      Lebenszyklusrechnung..39

3 2   Entstehung und Entwicklung des Lebenszyklusmodells...........................42

      3.2.1   Lebenszyklusmodell als Analyse- und Planungsinstrument.............42

      3.2.2   Entwicklung des Lebenszyklusmodells...45

      3.2.3   Umweltbezogene Weiterentwicklung des Lebenszyklusmodells...........47

              3.2.3.1   Rückstandsbezogene Ansätze..47

              3.2.3.2   Kreislaufbezogene Ansätze..49

      3.2.4   Notwendigkeit einer lebenszyklusbezogenen Rechnung...................53

              3.2.4.1   Veränderungen in der Phasenstruktur des Lebenszyklus
                        und ihre Auswirkungen auf die Entwicklung der Kosten
                        und Erlöse 53

              3.2.4.2   Fehlende strategische Ausrichtung der traditionellen
                        Rechnungssysteme...55

              3.2.4.3   Zunehmende Bedeutung dynamischer und komplexitäts-
                        bedingter Aspekte 57

              3.2.4.4   Zunehmende Bedeutung der Ökologieorientierung...................58

      3.2.5   Lebenszyklusmodell als Instrument des Kostenmanagements...................59

              3.2 5.1   Zielsetzungen und Anwendung der Lebens-
                        zyklusrechnung..59

              3.2.5.2   Ansätze zu Lebenszyklusrechnungen 62

3.3   Besonderheiten und Vorteile einer Lebenszyklusrechnung.......................65

3.4   Probleme im Rahmen einer Lebenszyklusrechnung.......................................67

4 Einführung eines mehrstufigen Konzepts zur Berücksichtigung von
   Umweltwirkungen im Rahmen einer Lebenszyklusrechnung.................................71

4.1 Grundlagen zur Konzepteinführung 71

   4.1.1 Zeitlicher, sachlicher und inhaltlicher Bezug des Konzepts 71

      4.1.1.1 Zeitlicher Bezug des umweltorientierten
               Lebenszyklusrechnungskonzepts...71

      4.1.1.2 Sachlicher Bezug des umweltorientierten
               Lebenszyklusrechnungskonzepts...73

      4.1.1.3 Inhaltlicher Bezug des umweltorientierten
               Lebenszyklusrechnungskonzepts...74

   4.1.2 Betrachtung der Phasen des Produktlebenszyklus 75

      4.1.2.1 Darstellung der Phasen des Produktlebenszyklus.............. 76

      4.1.2.2 Bedeutung der Vorleistungsphase...79

      4.1.2.3 Bedeutung der Marktphase...80

      4.1.2.4 Bedeutung der Nachleistungsphase...82

   4.1.3 Bedeutung externer Effekte für eine umweltorientierte
          Lebenszyklusrechnung...83

   4.1.4 Einfluss der Stärke der Umweltschutzorientierung der Unternehmen............85

4.2 Darstellung des mehrstufigen Konzepts 87

4.3 Erste Stufe: Prognose der Umweltwirkungen und der Kostenentwicklung in den
     einzelnen Lebenszyklusphasen sowie Erklärung möglicher Interdependenzen.........90

   4.3.1 Prognose der Umweltwirkungen...90

      4:3.1.1 Arten der Umweltwirkungen 91

         4.3.1.1.1 Umweltwirkungen in der Vorleistungsphase....... 91

         4.3.1.1.2 Umweltwirkungen in der Marktphase.........................93

         4.3.1.1.3 Umweltwirkungen in der Nachleistungsphase............ . 94

      4.3.1.2 Höhe der Umweltwirkungen...95

4.3.2   Prognose der relevanten Rechnungsgrößen in den einzelnen

Lebenszyklusphasen 97

4.3.2.1 Arten der relevanten Rechnungsgrößen...................................... 97

4.3.2.1.1   Kosten und Erlöse in der Vorleistungsphase 99

4.3.2.1.2   Kosten und Erlöse in der Marktphase 103

4.3.2.1.3   Kosten und Erlöse in der Nachleistungsphase 105

4.3.2.2 Höhe der relevanten Rechnungsgrößen 108

4.3.3   Erklärung möglicher Interdependenzen zwischen den Kosten- und

Erlösstrukturen der einzelnen Phasen 111

4.3.4   Analyse der Kosten- und Erlöstreiber unter Umweltschutz-

gesichtspunkten 115

4.4 Zweite Stufe: Abbildung der Umwelt- und der Kosten- bzw. Erlöswirkungen 117

4.4.1   Die Produkt-Ökobilanz als Instrument zur Abbildung der Umwelt-

wirkungen 117

4.4.2   Abbildung der Kosten und Erlöse 123

4.4.2.1 Abbildung internalisierter Kosten/Erlöse 124

4.4.2.2 Abbildung externer Kosten/Erlöse 125

4.5 Dritte Stufe: Bewertung der Umweltwirkungen und Bezug zu den Kosten/

Erlösen 127

4.5.1   Vorüberlegungen zur Bewertung aus Unternehmenssicht 127

4.5.2   Anforderungen an Bewertungsverfahren 128

4.5.3   Ökologische Bewertungsansätze – Möglichkeiten und Grenzen 130

4.5.3.1 Monetäre Bewertung der Umwelteinwirkungen 130

4.5.3.2 Nicht monetäre Bewertung der Umweltauswirkungen 133

4.5.3.3 Nicht monetärer, quantitativer Bewertungsansatz mit natur-

wissenschaftlicher Fundierung: Darstellung und kritische

Betrachtung 134

4.5.4   Anwendungsvorschlag auf der Grundlage produktbezogener
        Ökobilanzen..139

    4.5.4.1 Begründung für eine Zugrundelegung von produktbezogenen
             Ökobilanzen im Rahmen der Bewertung 139

    4.5.4.2 Bewertungsmöglichkeiten 140

4.6 Zusammenfassende Darstellung der ersten drei Stufen 143

4.7 Vierte Stufe: Aufbau einer umweltorientierten Lebenszyklusrechnung 145

    4.7.1 Konzeptionelle Grundlagen einer umweltorientierten Lebens-
           zyklusrechnung 145

    4.7.2 Vorstellung des Rechnungskonzepts 148

        4.7.2.1 Grundkonzept einer umweltorientierten Lebenszyklusrechnung 149

            4.7.2.1.1 Konzeptioneller Ansatz des Grundkonzepts einer
                       umweltorientierten Lebenszyklusrechnung 149

            4.7.2.1.2 Beurteilung des Grundkonzepts 152

        4.7.2.2 Erweiterung des Grundkonzepts zur „offenen" Lebenszyklus-
                 rechnung 152

            4.7.2.2.1 Konzeptioneller Ansatz der offenen Lebenszyklus-
                       rechnung 153

            4.7.2.2.2 Beurteilung der offenen Lebenszyklusrechnung.............154

        4.7.2.3 Ausbau zum „innovativen" Konzept der Lebenszyklusrechnung ...156

            4.7.2.3.1 Konzeptioneller Ansatz der innovativen Lebens-
                       zyklusrechnung 156

            4.7.2.3.2 Beurteilung der innovativen Lebenszyklusrechnung 160

    4.7.3 Zusammenfassung der Ergebnisse 161

4.8 Fünfte Stufe: Gestaltungs- und Steuerungsmöglichkeiten im Rahmen der
     umweltorientierten Lebenszyklusrechnung 164

    4.8.1 Gestaltung der Umweltwirkungen 164

    4.8.2 Steuerung der Umweltwirkungen 166

5.   Beurteilung und Grenzen der umweltorientierten Lebenszyklusrechnung............169

   5.1 Beurteilung der umweltorientierten Lebenszyklusrechnung 169

        5.1.1   Zielerfüllung durch das Grundkonzept..169

        5.1.2   Zielerfüllung durch die offene Lebenszyklusrechnung.......................... . 171

        5.1.3   Zielerfüllung durch die innovative Lebenszyklusrechnung...........................173

        5.1.4   Zusammenfassung der Beurteilung 174

   5.2 Grenzen der umweltorientierten Lebenszyklusrechnung 177

        5.2.1   Konzeptionelle Grenzen..177

        5.2.2   Organisatorische Grenzen...178

6.   Fazit und Ausblick...**181**

Literaturverzeichnis..183

Gesetzestextverzeichnis..203

Abkürzungsverzeichnis

Abb.	Abbildung
Abs.	Absatz
AK	Anschaffungskosten
allg.	allgemein
Anm. d. Verf.	Anmerkung der Verfasserin
AP	Acidification Potential
A.S.I.E.G.E.	Association Suisse pour l'Intégration de l'Ecologie dans la Gestion d'Entreprises
Aufl.	Auflage
B.A.U.M.	Bundesdeutscher Arbeitskreis für umweltbewusstes Management
betriebl.	betrieblich(e)
BFuP	Betriebswirtschaftliche Forschung und Praxis
BGBl.	Bundesgesetzblatt
BIK	Betriebs- und Instandhaltungskosten
bspw.	beispielsweise
bzw.	beziehungsweise
ca.	circa
d.h.	das heißt
DIN	Deutsches Institut für Normung
d. Verf.	der Verfasserin
ECA	Ecological Classification Factor for Aquatic Ecosystems
ECP	Environmentally Conscious Products
ECT	Ecological Classification Factor for Terrestrial Ecosystems
EDV	Elektronische Datenverarbeitung
EG	Europäische Gemeinschaft
EK	Entsorgungskosten
EMAS	Environmental Management and Audit Scheme
EN	Europäische Norm
Erg.-Heft	Ergänzungsheft

ESVO	Elektronik-Schrott-Verordnung
et al.	et alii (und andere)
etc.	et cetera (und so weiter)
EU	Europäische Union
e.V.	eingetragener Verein
evtl.	eventuell
EWG	Europäische Wirtschaftsgemeinschaft
f.	folgende
ff.	fortfolgende
F&E	Forschung und Entwicklung
ggfs.	gegebenenfalls
grds.	grundsätzlich
GWP	Global Warming Potential
Hrsg.	Herausgeber
hrsg.	herausgegeben
i.d.R.	in der Regel
i.d.S.	in diesem Sinne
i.e.S.	im engeren Sinne
inkl.	inklusive
insbes.	insbesondere
IÖW	Institut für Ökologische Wirtschaftsforschung
i.R.	im Rahmen
i.R.d.	im Rahmen der/des
i.S.	im Sinne
i.S.v.	im Sinne von
ISO	International Organization for Standardization
i.w.S.	im weiteren Sinne
Jg.	Jahrgang
Kap.	Kapitel
kg	Kilogramm

kwh   Kilowattstunde

krp   Kostenrechnungspraxis

KrW-/AbfG Kreislaufwirtschafts- und Abfallgesetz

l   Liter

LCA   Life Cycle Assessment

LCI   Life Cycle Inventory Analysis

LCIA   Life Cycle Impact Assessment

LZR   Lebenszyklusrechnung

m.a.W.   mit anderen Worten

ME   Mengeneinheiten

mg   Milligramm

MJ   Megajoule

No.   Number

NP   Nutrification Potential

Nr.   Nummer

o.ä.   oder ähnliche(s)

Ö.B.U.   Schweizerische Vereinigung für ökologisch bewusste Unternehmensführung

ODP   Ozone Depletion Potential

o.g.   oben genannt(e/en)

o.Jg.   ohne Jahrgang

ökol.   ökologisch(e)

OTV   Odour Threshold Value

PLZR   Produktlebenszyklusrechnung

QMS   Qualitätsmanagementsystem(e)

REPA   Resource and Environmental Profile Analysis

RHB   Roh-, Hilfs- und Betriebsstoffe

S.   Seite

SETAC   Society of Environmental Toxicology and Chemistry

sog.	so genannt(e)
Sp.	Spalte
TA	Technische Anleitung
Tab.	Tabelle
TQEM	Total Quality Environmental Management
TQM	Total Quality Management
trad.	traditionell(e)
u.a.	und andere(s)
u.ä.	und ähnliche(s)
UBA	Umweltbundesamt
UMS	Umweltmanagementsystem(e)
u.U.	unter Umständen
uwf	UmweltWirtschaftsForum
vgl.	vergleiche
vgl. o.	vergleiche oben
Vol.	Volume
z.B.	zum Beispiel
ZfB	Zeitschrift für Betriebswirtschaft
ZfbF	Zeitschrift für betriebswirtschaftliche Forschung
ZfhF	Zeitschrift für handelswissenschaftliche Forschung
ZfO	Zeitschrift für Organisation
ZFO	Zeitschrift Führung und Organisation
z.T.	zum Teil

Symbolverzeichnis

Kurzzeichen:

A	Auszahlung
B	Bewertung
C	Kapitalwert
CO_2	Kohlendioxid
E	Einzahlung
G	Gewinn
i	Kalkulationszinssatz
K	Kosten
K^b	betriebliche Kosten
KB	Kapitalbestand
K^{ex}	externe Kosten
K^{opp}	Opportunitätskosten
K^p	Kostenpotenzial
K^{uw}	Umweltschutzkosten
L	Leistung
L^b	betriebliche Leistung
L^{ex}	externe Leistung
L^p	Leistungspotenzial
L^{uw}	Umweltschutzleistung
m^3	Kubikmeter
§	Paragraph
Π	Produkt (mathematische Verknüpfung)
%	Prozent
q	1 + Kalkulationszinssatz i
SO_2	Schwefeldioxid
W	Gewichtung

Indizes:

j   Index der Produkte einer Produktgruppe (j = 1, ..., J; mit J = Anzahl
                          aller Produkte je Produktgruppe)

s   Zeitindex (s = 1, ..., t-1; mit t-1 = Vorperiode)

t   Zeitindex (t = 1, ..., T; mit T = Ende der Totalperiode / Ende des
                          Produktlebenszyklus; Tvor = Ende der Vorleistungsphase; Tma =
                          Ende der Marktphase)

wk   Index der Wirkungskategorien (wk = 1, ..., Wk; mit Wk = Anzahl
                          aller Wirkungskategorien)

wki   Index der Wirkungskategorie-Indikatoren (wki = 1, ..., Wki; mit Wki
                          = Anzahl aller Indikatorwerte)

Abbildungsverzeichnis

Abb. 1-1: Aufbau der Arbeit 4

Abb. 2-1: Hauptfunktionen der natürlichen Umwelt 8

Abb. 2-2: Umwelteinwirkungen eines Unternehmens 9

Abb. 2-3: Entstehung betrieblich verursachter Umweltbelastungen und -schäden 10

Abb. 2-4 Kostenmanagement 14

Abb. 2-5: Umweltkosten 16

Abb. 2-6: Dreiteilung der Umweltkosten 17

Abb. 2-7: Leistungsmanagement 19

Abb. 2-8: Umweltleistungen 21

Abb. 2-9: Dreiteilung der Umweltleistungen 22

Abb. 2-10: Systemtheoretische Darstellung der Unternehmensbeziehungen 26

Abb. 2-11: Das Zielsystem des Unternehmens 31

Abb. 3-1: Die Hauptphasen des Produktlebenszyklus 40

Abb. 3-2: Das vereinfachte Modell des Produktlebenszyklus 43

Abb. 3-3: Der erweiterte Produktlebenszyklus 45

Abb. 3-4: Der integrierte Produktlebenszyklus 46

Abb. 3-5 Integriertes Technologie-Lebenszyklus-Konzept 48

Abb. 3-6: Umweltorientierte Wertschöpfungskette 50

Abb. 3-7: Wertschöpfungskreis 51

Abb. 3-8: Tendenzdarstellung charakteristischer Dilemmata 68

Abb. 4-1: Idealtypischer Lebenszyklus eines Produkts 78

Abb 4-2: Mehrstufiges Konzept zur Lebenszyklusrechnung 89

Abb. 4-3: Prognoseverfahren im Zeitablauf 109

Abb. 4-4: Beziehungen zwischen den Phasen 111

Abb 4-5 Trade-off-Beziehungen zwischen den Vorleistungs- und den Markt-
und Nachleistungskosten 112

Abb. 4-6: Aufbau einer Produkt-Ökobilanz nach DIN EN ISO 14040 118

Abb. 4-7: Wirkungskategorien und Sachbilanzdaten 120

Abb. 4-8: Zur Abbildung internalisierter und externer Effekte 124

Abb. 4-9: Monetäre Bewertung der Umwelteinwirkungen 131

Abb. 4-10:   Nicht monetäre Bewertung der Umweltauswirkungen 134

Abb. 4-11:   Schadensfunktion im pragmatischen Bewertungsverfahren 136

Abb. 4-12:   Kongruenz zur Ökobilanz 138

Abb. 4-13:   Zusammenfassung der ersten drei Stufen 143

Abb. 4-14.   Überlegungen zum Kalkulationsansatz 148

Abb. 4-15:   Portfolio zur Berücksichtigung der ökologischen Vorteilhaftigkeit 158

Abb. 4-16:   Feedback-Feedforward-System über den Produktlebenszyklus 166

Tabellenverzeichnis

Tab. 2-1:   Anreize und Beiträge zwischen Unternehmen und Anspruchsgruppen.......... 25

Tab. 2-2·   Typologisierung von Unternehmen 34

Tab. 4-1:   Hervorhebung der Vorleistungsphase..................................... 79

Tab. 4-2:   Hervorhebung der Marktphase..................................... 80

Tab. 4-3:   Hervorhebung der Nachleistungsphase..................................... 82

Tab. 4-4:   Vorleistungsphase..................................... 91

Tab. 4-5:   Umweltwirkungen in der Vorleistungsphase..................................... 92

Tab. 4-6:   Marktphase..................................... 93

Tab. 4-7:   Umweltwirkungen in der Marktphase..................................... 93

Tab. 4-8:   Nachleistungsphase..................................... 94

Tab. 4-9·   Umweltwirkungen in der Nachleistungsphase..................................... 94

Tab. 4-10: Umweltkosten und –erlöse..................................... 98

Tab. 4-11: Vorleistungskosten..................................... 101

Tab. 4-12. Vorleistungserlöse..................................... 102

Tab. 4-13: Kosten der Marktphase 104

Tab. 4-14: Erlöse der Marktphase..................................... .. 105

Tab. 4-15: Nachleistungskosten..................................... 106

Tab. 4-16: Nachleistungserlöse 107

Tab. 4-17: Interdependenzen..................................... ... 114

Tab. 4-18: Sachbilanz (Beispiel) 119

Tab. 4-19: Wirkungskategorie-Indikatoren (Beispiele)..................................... ... 121

Tab 4-20:   Abbildung externer Effekte im Rahmen der Ökobilanz 126

Tab. 4-21: Wirkungsabschätzung mit Gewichtung der Wirkungskategorien............ 141

Tab. 4-22: Erweiterung der Wirkungsabschätzung um eine Punktbewertung.... 142

Tab. 4-23   Möglichkeiten zur Vermeidung/Verminderung von Umweltwirkungen.......... 165

Tab. 5-1:   Beurteilung der einzelnen Ansätze i.R.d. umweltorientierten
            Lebenszyklusrechnung.... 175

1 Einleitung

Das Thema Umweltschutz hat sich in den vergangenen Jahren sowohl in der Öffentlichkeit und in der Politik als auch in der Wissenschaft und in den Unternehmen[1] einem Wandel unterzogen. Von den zunächst eher emotional geführten Diskussionen führte die Entwicklung über verschärfte gesetzliche Regelungen zu einem Bewusstseinswandel und zu mehr Freiwilligkeit in der Durchführung von Umweltschutzmaßnahmen. Die Betonung des Leitbildes der „Nachhaltigen Entwicklung"[2] und die Einführung von Umweltmanagementsystemen in den Unternehmen setzten entscheidende Akzente, wenngleich noch nicht von einem Ende der Entwicklung gesprochen werden kann:

„Umweltmanagement – eine alte und neue Herausforderung"[3]

„Umweltschutz braucht eine neue Orientierung"[4]

Diese und ähnliche Titel zeigen, dass auch in der aktuellen Auseinandersetzung mit dem Thema Umweltschutz neue Wege und Möglichkeiten gesucht werden, um die Entwicklung fortzusetzen. Dabei rückt ein Aspekt mehr und mehr in den Vordergrund: Nach den bislang dominierenden nachsorgenden Umweltschutzbemühungen tendieren jüngere Arbeiten und Projekte stärker in den vorsorgenden Bereich. Somit steht nicht mehr die Wiedergutmachung des Umweltschadens im Blickfeld, sondern die weiter reichende Bemühung der Vermeidung des Schadens. In diesem Kontext gehört auch die vorliegende Arbeit, die mit der umweltorientierten Lebenszyklusrechnung[5] ein Instrument zur Unterstützung des vorsorgenden Umweltschutzes vorstellt.

---

[1] In dieser Arbeit wird der Begriff Unternehmen synonym für die Begriffe Unternehmung und Betrieb verwendet.

[2] Das Leitbild der Nachhaltigen Entwicklung wurde auf dem Weltgipfel der Vereinten Nationen in Rio de Janeiro im Jahre 1992 begründet und zielt auf die gleichberechtigte Berücksichtigung ökonomischer, ökologischer und sozialer Aspekte im Rahmen der (betrieblichen) Umweltpolitik. Vgl. Deutscher Bundestag (1998), S. 27 ff

[3] Titel der III. Fresenius Umwelt-Jahrestagung im Oktober 2000, Akademie Fresenius, Dortmund.

[4] DaimlerChrysler (2000), S. 2.

[5] Diese Lebenszyklusrechnung wird produktbezogen ausgestaltet. Aus Vereinfachungsgründen wird der Begriff Produktlebenszyklus weitgehend durch den Begriff Lebenszyklus ersetzt.

1.1   Problemstellung und Gegenstand der Untersuchung

Die Notwendigkeit einer umweltorientierten Unternehmensführung kann mittlerweile als allgemein akzeptiert angesehen werden. Daraus resultiert auch die Notwendigkeit des Einbezugs der Umweltaspekte in verschiedene Funktionsbereiche des Unternehmens, so auch in das interne Rechnungswesen/Controlling. Es stellt sich jedoch die Frage, wie diese Integration erfolgen kann und soll.

Für die Bereiche Controlling und internes Rechnungswesen sind bereits einige umweltschutzorientierte Ansätze entwickelt worden.[6] Bei diesen Ansätzen steht die periodenbezogene Betrachtung im Vordergrund, eine Ausdehnung der Periodenbetrachtung und die Berücksichtigung des gesamten Lebenszyklus unter Umweltschutzgesichtspunkten erfolgt jedoch nicht. Die aus der Lebenszyklusperspektive resultierenden Konsequenzen können daher mit den bislang entwickelten Ansätzen nicht erfasst und gelöst werden,[7] so dass sich die Notwendigkeit der Entwicklung einer umweltorientierten Lebenszyklusrechnung ergibt. Diese Aufgabe versucht die vorliegende Arbeit zu lösen.

Zur Konkretisierung der Problemstellung wird die zu entwickelnde Lebenszyklusrechnung in das Umweltkosten- und -leistungsmanagement eingebettet.[8] Der Begriff Lebenszyklusrechnung zeigt, dass keine Beschränkung auf den Bereich der Lebenszyklus*kostenrechnung* erfolgt, sondern eine Zuordnung zum Umwelt*kostenmanagement* vorgenommen wird, welches weiter zu fassen ist als der Begriff Kostenrechnung.[9] Da das Umweltkostenmanagement als Teilaufgabe des traditionellen Kostenmanagements zu verstehen ist, wird von einer Integration der umweltorientierten Lebenszyklusrechnung in das bestehende Kostenmanagement ausgegangen.

---

[6]   Zum ökologieorientierten Controlling vgl. z.B. Janzen, H. (1996) sowie Günther, E. (1994). Zur Umweltkostenrechnung vgl. Letmathe, P. (1998), Piro, A. (1994) sowie Roth, U. (1992). Zur Umweltkostenrechnung als Flusskostenrechnung vgl. z.B. Wagner, B./Strobel, M. (1999), S. 49 ff., sowie Gay, J. (1998).

[7]   Weder vermögen die Ansätze zur Umweltkostenrechnung noch die traditionellen Ansätze zur Lebenszyklus(kosten)rechnung diesen Mangel zu beheben. Zu Letzteren vgl. bspw. Riezler, S. (1996) sowie Zehbold, C. (1996).

[8]   Neben der Kostenseite wird in dieser Arbeit auch die Leistungsseite berücksichtigt. Wenn teilweise auch nur von Kostenmanagement gesprochen wird, so wird dennoch der Leistungsaspekt impliziert.

[9]   Vgl. die Ausführungen in Kap. 2.1.4.

1.2 Zielsetzung und Aufbau der Arbeit

Ziel der Arbeit ist es, eine Einbindung der Umweltaspekte in den Bereich des Kostenmanagements zu erreichen und ein umweltorientiertes Lebenszyklusrechnungskonzept zur Unterstützung langfristiger Entscheidungen zu entwickeln.

Der Begriff Umweltorientierung ist dabei in dem Sinne zu verstehen, dass die Lebenszyklusrechnung darauf ausgerichtet ist, den Umweltgedanken vorsorgend zu integrieren. Er ist dabei zwar nicht alleiniger Betrachtungspunkt, aber er stellt einen wichtigen Teil des Rechnungssystems dar. Die Bedeutung des einzubeziehenden Umweltgedankens wird dadurch hervorgehoben, dass versucht wird, einen Einbezug auch der externen Effekte zu erreichen.

Zur Einbettung der Lebenszyklusrechnung werden in **Kapitel 2** zunächst die Grundlagen des betrieblichen Umweltkostenmanagements dargestellt. Dabei spielen neben den begrifflichen Abgrenzungen insbesondere die Auswirkungen der Unternehmensbeziehungen auf das Umweltkostenmanagement eine Rolle.

Das **Kapitel 3** stellt die Grundlagen der Lebenszyklusrechnung dar. Dabei wird deutlich, dass das ursprüngliche Lebenszyklusmodell bereits in zwei bedeutende Richtungen weiterentwickelt wurde: Zum einen entstanden umweltbezogene Ansätze, die jedoch den Rechnungsaspekt außen vor lassen, zum anderen entstanden Rechnungskonzepte, die jedoch wiederum den Umweltbezug vernachlässigen. Die Notwendigkeit einer umweltbezogenen Lebenszyklusrechnung wird somit weiter hervorgehoben.

In **Kapitel 4** wird das Konzept einer umweltorientierten Lebenszyklusrechnung schließlich vorgestellt und durchgeführt. Das Konzept wird in Anlehnung an die Zielsetzung einer Lebenszyklusbetrachtung stufenweise aufgebaut. Neben Prognose/Erklärung, Abbildung und Bewertung der Umweltwirkungen und der Kosten/Erlöse werden schließlich drei Rechnungsansätze vorgestellt, die sich dem Ziel der Berücksichtigung auch externer Kosten und Erlöse immer weiter nähern. Die Konzeptdurchführung endet mit der Untersuchung der Gestaltungs- und Steuerungsmöglichkeiten im Rahmen der Lebenszyklusrechnung.

Kapitel 5 rundet das Konzept mit einer Beurteilung sowie mit Ausführungen zu möglichen Schwierigkeiten und Grenzen der Lebenszyklusrechnung ab.

Den Abschluss der Arbeit bildet **Kapitel 6** mit einem Fazit und einem Ausblick

Die nachfolgende Abbildung stellt den Aufbau der Arbeit im Überblick dar:

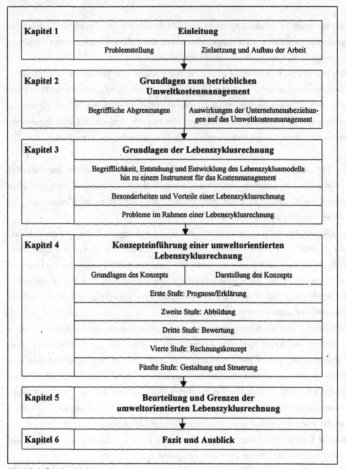

Abb. 1-1: Aufbau der Arbeit

2 Grundlagen zum betrieblichen Umweltkostenmanagement

2.1 Grundlegende begriffliche Abgrenzungen

Bevor die Beziehungen zwischen Unternehmen und Umwelt im Allgemeinen sowie im Hinblick auf das betriebliche Umweltkostenmanagement im Speziellen thematisiert werden, erfolgt eine Abgrenzung der grundlegenden Begriffe.

2.1.1 Der Begriff der Umwelt und ihre Funktionen

Der Begriff „Umwelt" wird im Sprachgebrauch in vielfältiger Weise verwendet und ist häufig nur im Zusammenhang mit einem bestimmten Bezugsobjekt (einer Person, einem Unternehmen, der Natur) abgrenzbar. Um Ungenauigkeiten zu vermeiden, wird für die vorliegende Arbeit der Begriff „Umwelt" stärker eingegrenzt.

Unterschieden werden können ein weiter (extensiver) und ein enger Umweltbegriff. In seiner weiten Fassung versteht man unter Umwelt die „Gesamtheit der äußeren Lebensbedingungen, die die Existenz des Menschen bestimmen"[10]. Dazu gehören sämtliche psychischen, physischen, ökonomischen, technischen und sozialen Beziehungen der Menschen[11], so dass man den weiten Umweltbegriff weiter differenzieren kann

- in einen räumlichen Umweltbegriff („Umgebung"), der verschiedene Landschaftstypen wie bspw. Flachland, Gebirge etc. sowie räumliche Abgrenzungen, bspw. Land, Region, Dorf, Stadt u.ä. umfasst,
- in einen soziologischen Umweltbegriff („Umfeld"), der menschliche Beziehungen, kulturelle, gesellschaftliche und wirtschaftliche Einrichtungen etc. umfasst,
- in einen ökologischen oder biologischen Umweltbegriff, der den Komplex aus Organismen und Faktoren, die auf Menschen, Tiere etc. einwirken bzw. für sie lebensnotwendig sind, umfasst.

---

[10] Schellhorn, M. (1995), S. 3.
[11] Vgl. Der Rat von Sachverständigen für Umweltfragen (1987), S. 38.

Der enge Umweltbegriff bezeichnet die vom Menschen vorgefundene Natur, d.h. die natürlichen Lebensgrundlagen, wie bspw. Luft, Wasser, Boden, Pflanzen, Tiere etc.[12] Dabei geht man ursprünglich von einer vom Menschen unveränderten Natur aus; da ein solcher Urzustand jedoch kaum noch anzutreffen ist, werden hierin auch die vom Menschen umgestalteten Lebensgrundlagen einbezogen.

Zwischen dem ökologischen Umweltbegriff aus der weiten Begriffsabgrenzung und dem engen, natürlichen Umweltbegriff gibt es durchaus Überschneidungen. SCHELLHORN[13] führt zur Verdeutlichung der Abgrenzung das Beispiel Waldsterben an: dieser Tatbestand ist sowohl durch den natürlichen Umweltbegriff abgedeckt (da die natürliche Lebensgrundlage „Pflanzen" betroffen ist) als auch durch den ökologischen Umweltbegriff (da das Waldsterben auch die Bedingungen für das Zusammenleben der Lebewesen beeinträchtigt). Dieses Beispiel macht die Abgrenzung der Begriffe deutlich: der ökologische Umweltbegriff unterstreicht demnach die wechselseitigen Beziehungen zwischen Natur und Lebewesen, der natürliche Umweltbegriff betrifft die Natur, d.h. die Lebensgrundlage an sich.

Für den weiteren Gang der Untersuchung sind sowohl der ökologische als auch der natürliche Umweltbegriff von Bedeutung. Bei einer anthropozentrischen Betrachtung, d.h. einer Untersuchung der Umwelt in ihrer Bedeutung für den Menschen, lassen sich die Funktionen der Umwelt zu den folgenden Hauptfunktionen zusammenfassen: Es sind dies die Funktionen der Produktion, der Aufnahme (des [Er-]Tragens), der Regelung und der Information.[14]

Die **Produktionsfunktionen** beziehen sich auf die Bedeutung der Umwelt als Ressourcenlieferant zur Versorgung der Menschen. In vielfältiger Weise stellt die Umwelt sowohl nicht regenerierbare[15] als auch regenerierbare[16] natürliche Ressourcen zur Verfügung, deren Nutzung mit Eingriffen in die Umwelt verbunden ist und Veränderungen derselben hervorruft.

---

[12] Die drei Elemente Luft, Wasser und Boden werden auch als „Umweltmedien" bezeichnet. Vgl. Der Rat von Sachverständigen für Umweltfragen (1987), S. 38.
[13] Vgl. Schellhorn, M. (1995), S. 5.
[14] Vgl. auch zu den folgenden Erläuterungen der Funktionen Piro, A. (1994), S. 5 ff., sowie Der Rat von Sachverständigen für Umweltfragen (1987), S. 40 ff. MEFFERT/KIRCHGEORG betonen lediglich die ersten drei Funktionen und vernachlässigen die Informationsfunktion Vgl. Meffert, H./ Kirchgeorg, M. (1998), S. 9.
[15] Zu den nicht regenerierbaren natürlichen Ressourcen zählen fossile Energieträger, Kernbrennstoffe, Salze, Steine, Erden und Erze zur energetischen und nicht energetischen Nutzung. Vgl. Der Rat von Sachverständigen für Umweltfragen (1987), S. 41.
[16] Die regenerierbaren natürlichen Rohstoffe lassen sich unterscheiden in regenerierbare biotische Rohstoffe, zu denen wildwachsende Ressourcen wie Holz, Fasern, Harz, Häute etc. und auch Züchtungen zählen, sowie in regenerierbare abiotische Rohstoffe, die der Erfüllung von Elementarbedürfnissen dienen und daher auch als

Die **Träger-** bzw. **Aufnahmefunktionen** beziehen sich auf die Eigenschaft der Umwelt als Medium, welches sämtliche Erzeugnisse, Emissionen und Abfälle menschlichen Handelns in Boden, Luft und/oder Wasser aufnimmt und (er-)trägt. Im Gegensatz zu den Produktionsfunktionen fließen hier die Stoff- und Energieströme vom Menschen zur Umwelt. Gleichbedeutend bei den genannten Funktionen ist, dass eine Funktionenerfüllung mit Eingriffen und Veränderungen der natürlichen Umwelt verbunden ist.

In ihren **Regelungsfunktionen** sorgt die Umwelt für einen Ausgleich der Störungen, die durch einen Eingriff der Menschen in den Naturhaushalt hervorgerufen werden, sowie den daraus resultierenden Folgewirkungen. Zu diesen Funktionen zählen die Fähigkeiten zur Selbstreinigung der Gewässer ebenso wie der Abbau von Abfallstoffen, die Filterung der Luft durch Wälder und die Stabilisierung durch Abschirmung kosmischer Strahlungen sowie durch Zurückhalten von Wasser in der Pflanzendecke und im Boden zur Verhinderung von Bodenerosionen. Die Regelungsfunktionen setzen im Idealfall nach den Trägerfunktionen ein, z.B. dann, wenn die Aufnahme von Abfallstoffen im weiteren Zeitverlauf zu einem Abbau (z.B. durch Zersetzung) der Stoffe führt. Allerdings können die Regelungen nicht oder nur sehr langsam einsetzen, wenn die Trägerfunktionen durch menschliches Handeln überlastet werden. In diesen Fällen ist menschliches Eingreifen zur Wiederherstellung und Sicherung der Regelungsfunktionen notwendig, um weitere Überlastung zu vermeiden.

Die **Informationsfunktionen** der Umwelt beziehen sich auf den ständigen Austausch von Informationen zwischen Umwelt und der menschlichen Gesellschaft und dienen zur Orientierung und/oder zur Wahl eines bestimmten Verhaltens zur Umwelt. Informationen können bspw. durch das Bild einer Landschaft vermittelt werden, so dass die Erfüllung dieser Funktionen keine Eingriffe in die Umwelt und keine Veränderungen erfordert, solche jedoch auslösen kann.

Einen Überblick über die Hauptfunktionen der natürlichen Umwelt gibt die folgende Abbildung·

Elementargüter bezeichnet werden (bspw. Sonnenenergie, Sauerstoff, Wasserkraft, Wind und geothermische Energie). Vgl. Piro, A. (1994), S. 6 f., sowie die dort angegebene Literatur.

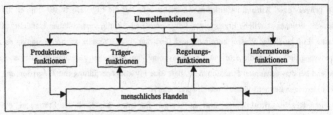

Abb. 2-1: Hauptfunktionen der natürlichen Umwelt

Diese Hauptfunktionen der natürlichen Umwelt müssen langfristig erhalten bleiben, um den Fortbestand menschlichen Lebens und Handelns zu gewährleisten.

2.1.2   Umweltwirkungen und aus ihnen resultierende Umweltbelastungen

Der Begriff der **Umweltwirkungen** lässt sich als Oberbegriff für die Begriffe Umwelt*ein*wirkungen und Umwelt*aus*wirkungen verwenden:

Unter Umwelt*ein*wirkungen versteht man generell alle Wirkungen auf die Umwelt, die auf menschliche Tätigkeiten (der Wirtschaft und/oder der Bevölkerung) zurückzuführen sind. Dazu gehören sowohl Emissionen[17] als auch der Verbrauch bzw. die Beanspruchung von Ressourcen und Flächen.[18]

Umwelt*aus*wirkungen ergeben sich aus den Umwelt*ein*wirkungen und stellen die Auswirkungen auf die natürliche Umwelt dar (z.B. Immissionen[19]); d.h. sie offenbaren die Reaktion der Umwelt auf die Umwelteinwirkungen. Das Ausmaß und die Eigenschaften der Umwelteinwirkungen sind somit auch ausschlaggebend für die Dauer und die Ausprägungen der Umweltauswirkungen. Diese können demnach sowohl positiv als auch negativ, d.h. ökosystemfördernd oder -beeinträchtigend sein.[20]

---

[17]   Emissionen bezeichnen die in die Umweltmedien Boden, Luft und Wasser gelangenden festen, flüssigen und gasförmigen Schadstoffe sowie Abfälle, Lärm, Erschütterungen, Abwärme und radioaktive Strahlung. Vgl. Olsson, M./Piekenbrock, D. (1996), S. 101.

[18]   Vgl. Umweltbundesamt (1999), S. 1.

[19]   Immissionen bezeichnen die Auswirkungen von Stoffen, Geräuschen, Strahlen u.ä. auf die Umwelt. Vgl. Olsson, M./Piekenbrock, D. (1996), S. 182. Sie sind eine Folge der Emissionen und nur so lange unbedenklich, wie die Regelungsfunktionen der Umwelt in ausreichendem Maße erfüllt bleiben. Vgl. Kap. 2.1.1 sowie Baumann, S./Schiwek, H. (1996), S. 7.

[20]   Vgl Umweltbundesamt (1999), S. 2.

Sind die Umwelt*ein*wirkungen auf einen betrieblichen Leistungserstellungs- oder Leistungs-
verwertungsprozess (Produktentwicklung, Beschaffung, Produktion, Absatz, Verwer-
tung/Recycling) zurückzuführen, so kann man von **direkten** Umwelteinwirkungen eines Unternehmens sprechen.[21] Diese Einwirkungen können sowohl auf der Inputseite (Beschaffung),
der Throughputseite (Ressourcennutzung) und/oder auf der Outputseite (Absatz/Verwertung)
des Unternehmens entstehen.

Darüber hinaus können Umwelteinwirkungen auch bei der Herstellung der Vorprodukte beim
Lieferanten und während der Nutzung der Produkte durch die Konsumenten/Kunden entstehen. Diese stellen **indirekte** Umwelteinwirkungen eines Unternehmens dar, da es sich um
Aktivitäten anderer Marktteilnehmer handelt, mit denen das betrachtete Unternehmen in Beziehung steht.[22] Indirekt sind diese Einwirkungen in dem Sinne, dass das Unternehmen durch
die Entscheidung für ein bestimmtes Vorprodukt die Umwelteinwirkungen während der Entstehungsphase der Vorprodukte und während der Nutzungsphase der Endprodukte grundsätzlich festlegt. Die tatsächlichen Einwirkungen hängen dann vom Verhalten Dritter (Hersteller,
Kunden) ab.

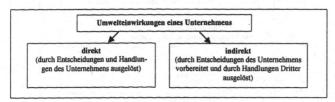

Abb. 2-2: Umwelteinwirkungen eines Unternehmens

Für die vorliegende Arbeit sind sowohl die direkten als auch die indirekten Umwelteinwirkungen von Bedeutung, d.h. sowohl die Nutzung ökologisch knapper Rohstoffe als auch die
von dem Unternehmen und/oder dem Hersteller/Konsumenten ausgehenden Emissionen u.ä.
werden betrachtet. An die Betrachtung der Umwelteinwirkungen schließt sich dann eine Betrachtung der Umweltauswirkungen an.

---

[21] Vgl. Umweltbundesamt (1999), S. 3.
[22] Vgl. Umweltbundesamt (1999), S. 3 ff.

Von einer **Umweltbelastung**[23] kann dann gesprochen werden, wenn die Auswirkungen auf die Umwelt derart negativ sind, dass mindestens eine der unter Punkt 2.1.1 genannten Funktionen der natürlichen Umwelt aufgrund von menschlichem Handeln (Produktion und Konsum) nur noch unzureichend erfüllt werden kann. Umweltbelastungen umfassen sowohl Verschmutzungen der Umweltmedien Boden, Luft und Wasser durch feste, flüssige und gasförmige Schadstoffe, Beeinträchtigungen durch Abfall, Lärm und Erschütterungen, Abwärme, Strahlungen und Landschaftsveränderungen als auch die Entnahme ökologisch knapper Rohstoffe und Energieträger mit negativen Auswirkungen auf die Funktionsfähigkeit der natürlichen Umwelt. Bleiben die Umweltbelastungen dauerhaft bestehen und werden nicht vermindert oder beseitigt, so führen sie zu Umweltschäden.

Einen zusammenfassenden Überblick über Umweltwirkungen und den aus ihnen resultierenden Umweltbelastungen und -schäden gibt die folgende Abb. 2-3:

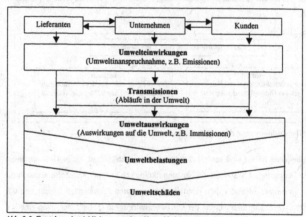

Abb. 2-3: Entstehung betrieblich verursachter Umweltbelastungen und -schäden

---

[23] Vielfach werden die Begriffe Umweltbelastung, Umweltbeeinträchtigung, Umweltbeanspruchung, Umweltverzehr und Umweltnutzung synonym verwendet. Vgl. Roth, U. (1992), S. 20. In dieser Arbeit wird jedoch im Hinblick auf die Funktionenerfüllung der Umwelt eine Unterscheidung dahin gehend getroffen, dass die Begriffe Umweltbeanspruchung und Umweltnutzung als Synonyme betrachtet werden, da sie eine ausreichende Funktionenerfüllung nicht ausschließen. Im Gegensatz dazu implizieren die Begriffe Umweltbelastung, Umweltbeeinträchtigung und Umweltverzehr jedoch eine möglicherweise unzureichende Funktionenerfüllung. Zudem wird der Begriff Umweltschaden als negative Folge der Umweltbelastung von dem der Belastung/Beeinträchtigung getrennt; so auch Roth, U. (1992), S. 20.

2.1.3 Der Begriff des betrieblichen Umweltschutzes

Die Umwelt wird vom Menschen sowohl als Ressourcenlieferant als auch als Aufnahmemedium für Rückstände in Anspruch genommen. Diese Inanspruchnahme der Umwelt führt zu Belastungen und bei starken Belastungen sogar zu Schädigungen.[24] Da ein Unternehmen auf die Inanspruchnahme der Umwelt nicht völlig verzichten kann[25], stellt der betriebliche Umweltschutz darauf ab, die Funktionsfähigkeit der natürlichen Umwelt zu erhalten und die Belastungen zu vermeiden oder zumindest zu reduzieren (zu minimieren), damit keine Umweltschäden entstehen.

Der betriebliche Umweltschutz umfasst sowohl Maßnahmen zum Verzicht auf und zum Abbau von Umweltbelastungen als auch Maßnahmen zum Schutz vor möglichen Umweltbelastungen.[26] Diese Maßnahmen, die freiwillig vorgenommen oder auch vom Staat zwangsweise auferlegt werden können, beziehen sich auf die betriebliche Nutzung von Ressourcen und auf die betrieblich verursachten Emissionen. Sie lassen sich wie folgt konkretisieren:[27]

a. Maßnahmen zur **Vermeidung** von Umweltbelastungen:
Ein Unternehmen kann Umweltbelastungen vermeiden, indem es auf den Einsatz knapper, nicht regenerierbarer Ressourcen und/oder umweltbelastender Faktoren verzichtet und diese durch regenerierbare bzw. umweltverträglichere Stoffe ersetzt (*Substitutionsmaßnahmen*). Ebenso kann das Unternehmen versuchen, umweltbelastende Produktionsverfahren und -prozesse auf umweltschonendere Verfahren umzustellen bzw. solche Verfahren zu reduzieren, die eine Umstellung nicht zulassen (*Reduktionsmaßnahmen*). Eine weitere Maßnahme wäre die Aufgabe der Eigenfertigung zugunsten des Fremdbezugs von Gütern, die von anderen Unternehmen umweltfreundlicher hergestellt werden können.

b. Maßnahmen zur **Verminderung** von Umweltbelastungen (Regelungsmaßnahmen):
Hierzu zählen alle Entsorgungsmaßnahmen sowie spezifische Nachsorgemaßnahmen. Die *Entsorgungsmaßnahmen* lassen sich einteilen in Beseitigungs- und in Verwertungsmaßnah-

---

[24] Vgl. die Ausführungen unter Punkt 2.1.1 und unter Punkt 2.1.2 sowie die Abb. 2-3.
[25] Ein völliger Verzicht auf Umweltinanspruchnahme wäre nur dadurch möglich, dass die Leistungserstellung gänzlich eingestellt wird, was einer Auflösung des Unternehmens gleich käme. Dieser Fall soll jedoch nicht betrachtet werden. KLOOCK bezeichnet Umweltschutz daher als „relativen Verzicht" auf Umweltbelastungen Vgl. Kloock, J. (1993), S. 182. Vgl. auch Ballwieser, W. (1994), S. 145.
[26] Vgl. Frese, E./Kloock, J. (1993), S. 340 f.; Frese, E./Kloock, J. (1989), S. 2 f., sowie Strebel, H. (1981), S 516
[27] Vgl Frese, E./Kloock, J. (1993), S. 340 f.; Kloock, J. (1993), S. 187 f., sowie Roth, U. (1992), S. 49 ff.

men. Bei den Verwertungsmaßnahmen werden betriebliches Recycling (Rückführung eigener Schad- und/oder Abfallstoffe in den Produktionsprozess [innerbetriebliches Recycling] bzw Rückführung eigener/fremder Schad- und/oder Abfallstoffe in den fremden/eigenen Produktionsprozess [zwischenbetriebliches Recycling]), natürliches Recycling (Rückführung in die Umweltmedien Boden, Luft und Wasser) und Vermarktungsmaßnahmen (Absatz von Schad- und Abfallprodukten) unterschieden.

Zusätzlich zählen zu den Regelungsmaßnahmen auch *spezifische Nachsorgemaßnahmen*, wie bspw der Einbau von Filtern in Kaminen oder Abzugsanlagen sowie weitere sog. end-of-pipe-Maßnahmen.

c. Maßnahmen zum **Schutz** vor potenziellen Umweltbelastungen (Vorsorgemaßnahmen[28]): Hierzu gehören neben den *Sicherheitsmaßnahmen* zum Schutz vor Stör- und Katastrophenfällen (z.B. durch die Bereitstellung von Entsorgungsreservekapazitäten) auch die *Kontrollmaßnahmen*, die sowohl die betrieblichen Umweltschutzmaßnahmen überwachen als auch vor einem plötzlich auftretenden Mehrbedarf an nicht regenerierbaren Rohstoffen schützen sollen.[29]

Die Auswahl und Koordination der Maßnahmen des betrieblichen Umweltschutzes gehören zu den Aufgaben des Umweltkosten- und -leistungsmanagements. Sie sind somit ebenfalls bedeutsam im Rahmen einer Lebenszyklusrechnung.

---

[28] KLOOCK fasst unter Vorsorgemaßnahmen auch die o.g. Vermeidungsmaßnahmen, vgl. Kloock, J. (1993), S. 187 f. In der vorliegenden Arbeit werden Vorsorgemaßnahmen eher mit Sicherheitsmaßnahmen gleichgesetzt und die Vermeidungsmaßnahmen separat erfasst.
[29] Vgl. Roth, U (1992), S 26

2.1.4   Der Begriff des Umweltkosten- und -leistungsmanagements

2.1.4.1   Umweltkostenmanagement

In der Literatur ist eine einheitliche Definition des Begriffs Umweltkostenmanagement nicht zu finden.[30] Daher werden zunächst die Begriffe „Kostenmanagement" und „Umweltkosten" untersucht, um eine Definition des Begriffs Umweltkostenmanagement anschließen zu können.[31]

Der Begriff **Kostenmanagement** ist zu Beginn der 90er Jahre aus der Diskussion um die Neuorientierung der Kostenrechnung entstanden.[32] Die klassische Kosten- und Leistungsrechnung, welche ursprünglich den betrieblichen Leistungserstellungsprozess vergangenheits- und ergebnisorientiert abbildete, wurde in ihrer weiteren Entwicklung mit Hilfe der flexiblen Plankostenrechnung und der Deckungsbeitragsrechnung zu einer prospektiven, entscheidungsorientierten Kostenrechnung[33] ausgebaut. Da sie jedoch weiterhin vornehmlich operativ ausgerichtete Fragestellungen untersucht, d.h. auf gegebene Kapazitäten und kurzfristige Zeiträume beschränkt bleibt, lebt auch die Diskussion um ihre Neuausrichtung auf strategische[34], d.h. langfristige, markt- und kapazitätsorientierte Problemstellungen weiter.[35]

---

[30] Vielfach wird der Begriff im Zusammenhang mit Verfahren der Umweltkostenrechnung und insbesondere mit Ansätzen zur Aufdeckung von Kostensenkungspotenzialen verwendet. Vgl. beispielhaft Loew, T /
Fichter, K. (1998), S. 28 ff., sowie Burschel, C.J./Fischer, H./Wucherer, C. (1995), S. 62 ff.
[31] Vgl. zum Folgenden auch Faßbender-Wynands, E./Pohl, I. (2000), S. 2 ff.
[32] Vgl. Horváth, P./Brokemper, A. (1998), S. 582.
[33] Vielfach wird die entscheidungsorientierte Kostenrechnung auch als Management Accounting bezeichnet;
ihre Hauptaufgabe liegt in der Bereitstellung von Kosteninformationen für Planungs- und Kontrollentscheidungen, wobei neben zukunftsbezogenen Zahlen auch vergangenheitsbezogene Zahlen relevant sind. Vgl.
Welge, M.K./Amshoff, B. (1997), S. 62; Speiser, C.R. (1992), S. 164; Fröhling, O. (1991), S. 7; Horváth, P.
(1991), S. 73, sowie Lücke, W. (1989), S. 249.
[34] Strategisch orientierte Problemstellungen im Rahmen des Kostenmanagements zeichnen sich dadurch aus,
dass sie sich auf komplexe und unsichere Sachverhalte beziehen, einen langfristigen Horizont haben und Kapazitätsveränderungen berücksichtigen. Die Kostenrechnung im Rahmen des operativen Kostenmanagements
hingegen nimmt die Kapazitäten als gegeben an und ist kurzfristig ausgerichtet. Vgl. Holzwarth, J. (1993), S.
95. WELGE/AMSHOFF führen ähnliche Unterschiede auf, z.B. die Marktunabhängigkeit und die Unterstellung
weitgehend statischer Kontextfaktoren der Kostenrechnung. Vgl. Welge, M.K./Amshoff, B. (1997), S. 61 ff.
[35] Vgl. Baden, A. (1998), S. 605 ff.; Horváth, P./Brokemper, A. (1998), S. 582; Welge, M.K./Amshoff, B.
(1997), S. 63; Horváth, P. (1991), S. 72 ff.; Horváth, P. (1990), S. 177 f.; Shank, J.K./Govindarajan, V.
(1988), S. 19 ff. Dabei soll besonders die Marktorientierung hervorgehoben werden: „War bisher das Management Accounting im wesentlichen intern ausgerichtet, soll nun das Unternehmensgeschehen konsequent
vom Markt her gesteuert werden." Horváth, P. (1990), S. 178.

Eine Erweiterung der traditionellen Kosten*rechnung* um langfristig ausgerichtete Fragestellungen erfolgt im Rahmen des Kosten*managements*[36], wie die folgende Abbildung 2-4 verdeutlicht. Die strategische Ausrichtung setzt dabei den Rahmen, der durch das operative Kostenmanagement ausgefüllt wird.

Abb. 2-4: Kostenmanagement

Das strategische Kostenmanagement stellt hierbei auf die vorausschauende, zielbezogene, ex ante Gestaltung und Steuerung betrieblicher Potenziale, Programme und Prozesse ab, wobei die Kosten als Zielgröße angesehen werden und die Gestaltung und Steuerung erheblich bestimmen.[37] RÜCKLE/KLEIN teilen entsprechend ein in „Kostengestaltung" und „Steuerung der Kosten", wobei unter „Kostengestaltung" die Kostenminimierung unter Beachtung der Reagibilität bei Beschäftigungsvariationen oder Variationen des Produktionsprogramms und unter „Kostensteuerung" ein Eingreifen in die zu erwartende Entwicklung der Kostenverläufe verstanden wird.[38] Darüber hinaus soll das Kostenmanagement eine Unterstützung strategischer Entscheidungen ermöglichen und neue Produktions- und Informationstechnologien sowie Innovationsmöglichkeiten berücksichtigen.[39] Bei gegebenem Sachziel des Unternehmens impliziert das strategische Kostenmanagement somit Entscheidungen über den Auf- bzw. Abbau von Kosten, z.B. durch grundlegende Änderungen von Faktoren, Prozessen oder auch

---

[36] Es wird darauf hingewiesen, dass das Kostenmanagement die Kostenrechnung nicht ersetzt und somit auch nicht überflüssig macht, sondern ergänzt. Vgl. Dellmann, K./Franz, K.-P. (1994), S. 17; Fröhling, O. (1994), S. 89, sowie Horváth, P. (1991), S. 73 und S. 86.

[37] Vgl. Horváth, P./Brokemper, A. (1998), S. 584; Friedl, B. (1997), S. 419, sowie Horváth, P. (1991), S. 73 Allgemein werden Kosten definiert als bewerteter, sachzielbezogener Güterverbrauch einer Periode, vgl. Keilus, M./Maltry, H. (2000), S. 36; Kloock, J./Sieben, G./Schildbach, T. (1999), S. 28; Kloock, J. (1996), S. 11.

[38] Vgl. Rückle, D./Klein, A. (1994), S. 339. DELLMANN/FRANZ sprechen von Kostenniveaumanagement und Kostenstrukturmanagement. Vgl. Dellmann, K./Franz, K.-P. (1994), S. 19 f. Der Aspekt des Kostenniveaumanagements findet sich auch bei Coenenberg, A.G. et al. (1996), S. 8-38.

[39] Vgl. Horváth, P. (1991), S. 73. Bei strategischen Entscheidungen kann daher eine Verbindung zu Methoden der Investitionsplanung festgestellt werden, die das Kostenmanagement unterstützen.

Unternehmensstrukturen.[40] Die dazu erforderlichen Erweiterungen der Kostenrechnung beziehen sich in erster Linie auf den Einbezug der Wert(schöpfungs)kette, der Kostentreiber- und der Zielgrößenanalyse, auf die im weiteren Verlauf der Arbeit noch eingegangen wird.[41]

Auf der Grundlage der Definition der Kosten lässt sich eine Definition der **Umweltkosten** ableiten als bewerteter sachzielbezogener Güterverbrauch für den Schutz und die Schonung der Umwelt. Umweltkosten umfassen zum einen alle bewerteten Güterverbräuche, die durch betriebliche Maßnahmen zur Vermeidung und Verminderung von Umweltbelastungen hervorgerufen werden, sowie alle weiteren bewerteten Güterverbräuche, die aus der Überwachung der Einhaltung von Umweltschutzgesetzen, aus der Kontrolle betrieblicher Umweltschutzmaßnahmen sowie aus Sicherheitsmaßnahmen vor möglichen Umweltbelastungen hervorgehen. Zum anderen beinhaltet der Begriff Umweltkosten auch die einzelwirtschaftlich zunächst nicht relevanten externen Kosten, die als kalkulatorische Kosten betrachtet werden.[42]

Bezüglich der Bewertung der Güterverbräuche für Umweltschutzmaßnahmen kann – analog zur klassischen Kostenrechnung – auch im Bereich der Umweltkosten zwischen pagatorischen und wertmäßigen Kosten unterschieden werden. Darüber hinaus ist es möglich, den wertmäßigen Kostenbegriff zu einem ökologieorientierten Kostenbegriff auszubauen.

Einen Überblick über die Abgrenzung der verschiedenen Umweltkostenbegriffe gibt die folgende Abb. 2-5:

---

[40] Vgl. Fröhling, O. (1994), S. 88 und S. 90.
[41] Vgl. auch Shank, J.K./Govindarajan, V. (1992), S. 5 ff.; Horváth, P. (1991), S. 75 ff., sowie Horváth, P. (1990), S. 179 ff.
[42] Vgl. Günther, E. (1994), S. 221. Die externen Kosten können zu einem späteren Zeitpunkt durchaus auch einzelwirtschaftlich relevant werden.

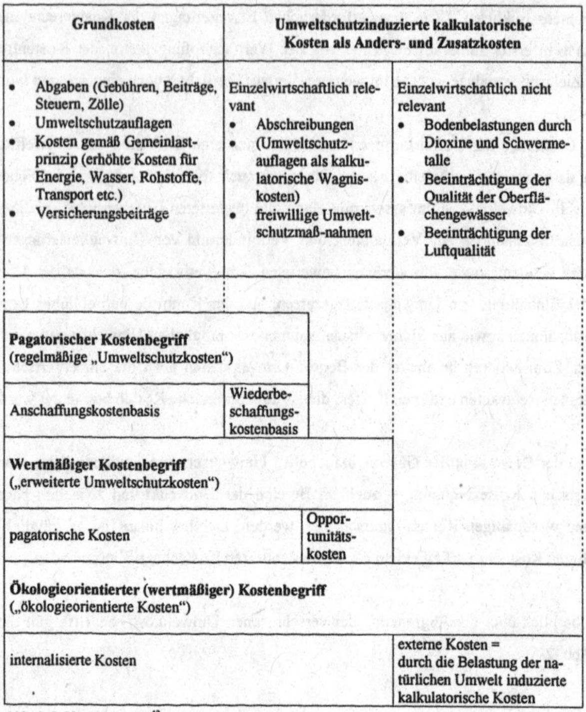

Grundkosten	Umweltschutzinduzierte kalkulatorische Kosten als Anders- und Zusatzkosten	
• Abgaben (Gebühren, Beiträge, Steuern, Zölle) • Umweltschutzauflagen • Kosten gemäß Gemeinlastprinzip (erhöhte Kosten für Energie, Wasser, Rohstoffe, Transport etc.) • Versicherungsbeiträge	Einzelwirtschaftlich relevant • Abschreibungen • (Umweltschutzauflagen als kalkulatorische Wagniskosten) • freiwillige Umweltschutzmaß-nahmen	Einzelwirtschaftlich nicht relevant • Bodenbelastungen durch Dioxine und Schwermetalle • Beeinträchtigung der Qualität der Oberflächengewässer • Beeinträchtigung der Luftqualität

Pagatorischer Kostenbegriff (regelmäßige „Umweltschutzkosten")		
Anschaffungskostenbasis	Wiederbeschaffungskostenbasis	

Wertmäßiger Kostenbegriff („erweiterte Umweltschutzkosten")		
pagatorische Kosten		Opportunitätskosten

Ökologieorientierter (wertmäßiger) Kostenbegriff („ökologieorientierte Kosten")	
internalisierte Kosten	externe Kosten = durch die Belastung der natürlichen Umwelt induzierte kalkulatorische Kosten

Abb. 2-5: Umweltkosten[43]

Beim pagatorischen Kostenbegriff, der auf KOCH[44] zurückzuführen ist, basiert der „Wertansatz auf Preisen des Beschaffungsmarktes (Ausgaben)"[45], wobei sowohl Anschaffungs- als auch Wiederbeschaffungspreise angesetzt werden können. Für den Bereich der Umweltkosten bedeutet dies, dass sie als Grundkosten oder kalkulatorische Kosten in der Kostenrechnung erfasst und somit möglichst verursachungsgerecht[46] oder gemäß Gemeinlastprinzip[47] interna-

---

[43] In Anlehnung an Günther, E. (1994), S. 221, und Piro, A. (1994), S. 32.
[44] Vgl. Koch, H. (1958), S. 361 ff.
[45] Kloock, J./Sieben, G./Schildbach, T. (1999), S. 31.
[46] „Tendentiell verursachungsgerecht internalisierte Umweltkosten können durch öffentliche Abgaben und/oder durch Erfüllung gesetzlicher Umweltschutzauflagen erzwungen werden sowie durch Haftungsansprüche Dritter oder durch freiwillige Umweltschutzmaßnahmen verursacht sein." Piro, A. (1994), S. 33.

lisiert werden. Diese Arten der internalisierten Kosten, namentlich solche aufgrund von öffentlichen Abgaben, Umweltschutzauflagen, Gemeinlastprinzip und Haftungsansprüchen Dritter, werden im Folgenden als **Umweltschutzkosten** bezeichnet.[48]

Hingegen basiert beim wertmäßigen Kostenbegriff nach SCHMALENBACH[49] der „Wertansatz auf dem (monetären) Grenznutzen"[50], den das Unternehmen aus dem Güterverbrauch ableiten kann. Übertragen auf den Bereich der Umweltkosten bedeutet dies eine mögliche Berücksichtigung auch der Opportunitätskosten, die sich z.B. aufgrund des Verzehrs knapper Ressourcen ermitteln lassen. Dieser internalisierte Teil der Umweltkosten, der sich auf den wertmäßigen Kostenbegriff stützt, wird im Folgenden **erweiterte Umweltschutzkosten** genannt. Er bezieht sich bspw. auf kalkulatorische Abschreibungen und auf freiwillig durchgeführte Maßnahmen, die nicht (nur) mit den pagatorischen Kosten bewertet werden.

Neben den bereits internalisierten Kosten werden auch externe Kosten in die Betrachtung einbezogen. Externe Kosten sind nicht einzelwirtschaftlich relevant, solange sie nicht durch mögliche Umweltschutzmaßnahmen internalisiert werden. Ein Einbezug der externen Kosten in die Betrachtung führt daher zum **ökologieorientierten Kostenbegriff**, welcher als erweiterter wertmäßiger Kostenbegriff verstanden werden kann.[51] Eine Erweiterung um den einzelwirtschaftlich nicht relevanten Teil der Kosten ist nach SCHMALENBACH, der das Prinzip der gemeinwirtschaftlichen Wirtschaftlichkeit vertritt, sich demnach nicht auf die Betrachtung einzelwirtschaftlicher Gesichtspunkte beschränkt, möglich.[52]

Aus der obigen Darstellung ergibt sich die folgende Dreiteilung der Umweltkosten[53]:

Abb. 2-6: Dreiteilung der Umweltkosten

[47]   Eine nicht verursachungsgerechte Internalisierung erfolgt über steigende Faktorpreise aufgrund von allgemeinen Umweltbelastungen, über umweltbedingte, allgemeine Steuer- und Abgabenerhöhungen und über steigende Versicherungsbeiträge, die nicht an konkrete Einzelrisiken geknüpft sind. Vgl. Schreiner, M. (1992), S. 475.
[48]   Vgl. Piro, A. (1994), S. 35, sowie Roth, U. (1992), S. 107. Da gemäß KLOOCK der betriebliche Umweltschutz als relativer Verzicht auf Umweltbelastungen verstanden werden kann, sind Umweltschutzkosten diejenigen Kosten, die aus Maßnahmen zur Reduktion von Umweltbelastungen entstehen. Vgl. Kloock, J. (1993), S. 182 Vgl. auch Ballwieser, W. (1994), S. 145.
[49]   Vgl. Schmalenbach, E. (1963), S. 6.
[50]   Kloock, J./Sieben, G./Schildbach, T. (1999), S. 31.
[51]   Vgl Günther, E. (1994), S. 221; Piro, A. (1994), S. 31 und S. 35.
[52]   Vgl. Schmalenbach, E. (1963), S. 3.
[53]   Vgl. auch Abb. 2-5.

Zur adäquaten Berücksichtigung der betrieblichen Umweltbelastungen ist grundsätzlich der
wertmäßige Kostenbegriff von SCHMALENBACH (die erweiterten Umweltschutzkosten) heran-
zuziehen, denn er bietet durch eine weitgehend frei wählbare Bewertungsmethodik die Möglichkeit, längerfristige, dynamische Kostenwirkungen sowie Unsicherheiten zu berücksichtigen.[54] Darüber hinaus sind auch die externen Kosten einzubeziehen, denn zum Schutz der
Umwelt sind neben den internalisierten Kosten auch externe Kosten entscheidungsrelevant.[55]
Im Rahmen des Kostenmanagements (und somit im Rahmen der Lebenszyklusrechnung) wird
daher eine Einbeziehung externer Kosten angestrebt, wobei die Art und Anzahl der einzube-
ziehenden Aspekte jeweils vom Einzelfall abhängig gemacht werden, die Höhe der externen
Kosten daher auch vom Einzelfall bedingt wird. SCHREINER[56] unterteilt die externen Kosten in
monetarisierbare und nicht monetarisierbare, wobei er Erstere bei Umweltbelastungen mit
Wirkungen auf Gebäude, Wald, Böden und Wasser und Letztere bei Umweltbelastungen mit
Wirkungen auf Landschaft, Klima, Gesundheit und Lebenswert feststellt. Die Möglichkeit der
Monetarisierung erleichtert in jedem Fall den Einbezug der externen Kosten in die Betrach-
tung. Jedoch muss berücksichtigt werden, dass nicht alle Umweltwirkungen monetarisierbar
sind.[57]

Zusammenfassend lässt sich die Definition des Begriffs Umweltkostenmanagement folgendermaßen formulieren: Das Umweltkostenmanagement betrachtet als Zielgröße die Umweltkosten und nimmt mit ihrer Hilfe Einfluss auf die Gestaltung und Steuerung von Potenzialen,
Programmen und Prozessen unter Umweltschutzgesichtspunkten. Da der Planungshorizont
über kurzfristige Betrachtungen hinausgeht, ist ein Einbezug der Wert(schöpfungs)kette sowie
der Treiber für Umweltkosten unverzichtbar. Auf diese Punkte wird im Verlauf der Arbeit
eingegangen.

Das Umweltkostenmanagement ist nicht losgelöst vom Kostenmanagement zu betrachten,
sondern stellt einen Bestandteil des Letztgenannten dar; denn es handelt sich um dieselben
betrieblichen Entscheidungen, die im Rahmen des (Umwelt-) Kostenmanagements fundiert
werden sollen.[58]

---

[54] Vgl. Letmathe, P. (1998), S. 8
[55] Vgl. Frese, E./Kloock, J. (1993), S. 356 f.; Roth, U. (1992), S. 157 ff., Kloock, J. (1990), S. 22 ff ; Frese, E./
    Kloock, J. (1989), S. 18 f.
[56] Vgl. Schreiner, M. (1992), S. 471.
[57] Vgl. zur Problematik der Bewertung noch genauer Kap. 4.5.
[58] Vgl. auch Kap. 1.1.

2.1.4.2 Umweltleistungsmanagement

Ebenso wie für den Begriff Umweltkostenmanagement findet sich auch für den Begriff Umweltleistungsmanagement in der Literatur keine (einheitliche) Definition. Da es jedoch Ziel dieser Arbeit ist, den Leistungsaspekt in die Betrachtung einzubeziehen, wird im Folgenden der Versuch unternommen, den Begriff Umweltleistungsmanagement zu erläutern. Dazu wird das gleiche Vorgehen wie bei der Definition des Umweltkostenmanagements gewählt, d.h. zunächst erfolgt die Untersuchung der Begriffe Leistungsmanagement und Umweltleistung, anschließend erfolgt eine Zusammenführung zum Begriff Umweltleistungsmanagement.[59]

Analog zum Kostenmanagement beinhaltet auch das **Leistungsmanagement** sowohl eine operative als auch eine strategische Ausrichtung. Die operative Ausrichtung kann mit der traditionellen (kurzfristigen) Leistungs*rechnung* umschrieben werden und berücksichtigt neben der innerbetrieblichen Leistungsrechnung und der Bestandsrechnung insbesondere eine Erlösrechnung der Verkaufsleistungen.[60] Die Daten der Leistungs*rechnung* dienen als Grundlage für das umfassendere strategische Leistungs*management*, dessen Aufgabe darin zu sehen ist, zur Gestaltung und Steuerung der betrieblichen Leistungen beizutragen.

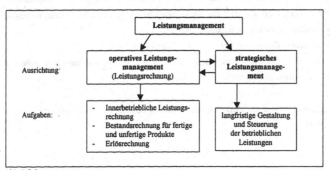

Abb. 2-7: Leistungsmanagement

---

[59] Ebenso wie bei der Kostenrechnung die Leistungsrechnung häufig impliziert wird, steht auch das Kostenmanagement in der Regel im Vordergrund; das Leistungsmanagement wird häufig impliziert, wenn auch nicht genannt.

[60] Vgl. Keilus, M./Maltry, H. (2000), S. 188 ff.; Kloock, J./Sieben, G./Schildbach, T. (1999), S. 159 ff. Im Rahmen der innerbetrieblichen Leistungsrechnung und der Bestandsrechnung wird regelmäßig auf die Kostenrechnung zurückgegriffen, so dass nur der Erlösrechnung gesonderte Bedeutung zukommt. Vgl Keilus, M /Maltry, H (2000), S. 188.

Analog zum Kostenmanagement ergeben sich folgende Überlegungen zur strategischen Ausrichtung des Leistungsmanagements[61]: Die Gestaltung der betrieblichen Leistungen bezieht
sich auf Überlegungen und Maßnahmen zur Steigerung der Leistungen unter Berücksichtigung möglicher Veränderungen des Produktionsprogramms und der Kapazitäten (z.B. perso-
neller oder technischer Art). Die Steuerung der Leistungen bezieht sich auf die Beeinflussung
der zu erwartenden Leistungsverläufe. Dadurch impliziert das strategische Leistungsmanagement Entscheidungen über den Auf- bzw. Abbau von Leistungen durch Änderungen von
Faktoren, Prozessen oder Unternehmensstrukturen. Es kann somit als notwendige Ergänzung
zum strategischen Kostenmanagement gesehen werden.

Der Begriff **Umweltleistung** lässt sich definieren als bewertete sachzielbezogene Güterer-
stellung im Rahmen des Schutzes und der Schonung der Umwelt. Dabei ist der Begriff Umweltleistung sehr weit zu fassen und beinhaltet neben den Umwelterlösen zusätzliche Leistungen, die zukünftige Erlöse erwarten lassen, sowie externe Leistungen als kalkulatorische
Leistungen.

Der Begriff Umweltleistung beinhaltet ebenfalls den Begriff **Umweltnutzen**. Ein Umweltnutzen kann entstehen, indem entweder eine Leistung erstellt oder gesteigert wird oder auch indem Kosten reduziert werden.[62] Ein Nutzen resultiert demnach aus der Leistungserstellung
bzw. der Kostenreduzierung, mit anderen Worten:

Umweltnutzen = (Steigerung der) Leistung + Reduzierung der Kosten.

Zudem ist es charakteristisch für den Nutzen, dass er sich i.d.R. erst langfristig ergibt und
nicht direkt quantifizierbar ist.[63]

Einen Überblick über den Zusammenhang zwischen Leistung und Nutzen gibt die folgende
Abbildung 2-8:

---

[61] Auf Ausführungen zur operativen Ausrichtung wird auch hier verzichtet, da sich diese in der Literatur wie-
derfinden. Vgl. bspw. Keilus, M./Maltry, H. (2000), S. 188 ff.; Kloock, J./Sieben, G./Schildbach, T. (1999),
S. 158 ff.
[62] Nach SCHLATTER entsteht Nutzen dann, wenn ein Beitrag zu Mehreinnahmen, zu verminderten Aufwendungen und/oder zu vermiedenen Opportunitätskosten entsteht. Vgl. Schlatter, A. (1999), S. 30.
[63] Vgl. Schlatter, A. (1999), S. 30.

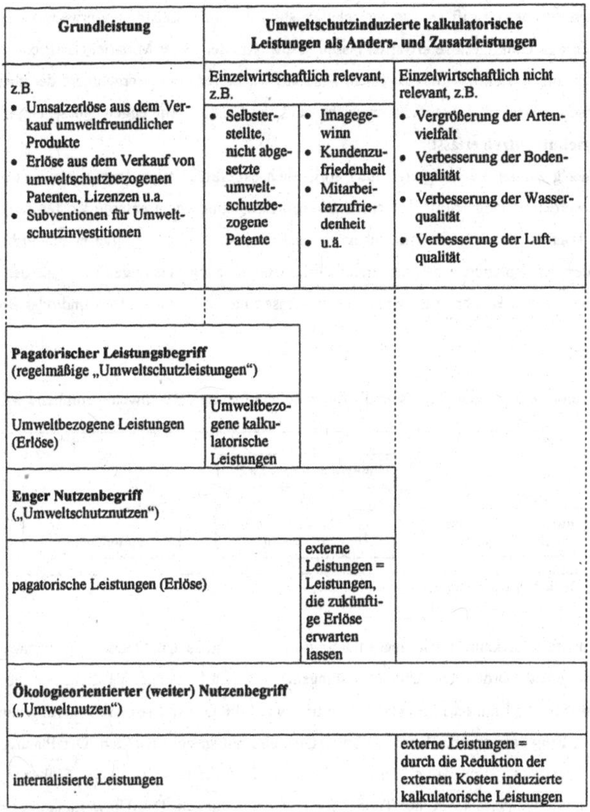

Grundleistung	Umweltschutzinduzierte kalkulatorische Leistungen als Anders- und Zusatzleistungen		
z.B. • Umsatzerlöse aus dem Verkauf umweltfreundlicher Produkte • Erlöse aus dem Verkauf von umweltschutzbezogenen Patenten, Lizenzen u.a. • Subventionen für Umweltschutzinvestitionen	Einzelwirtschaftlich relevant, z.B.		Einzelwirtschaftlich nicht relevant, z.B.
	• Selbsterstellte, nicht abgesetzte umweltschutzbezogene Patente	• Imagegewinn • Kundenzufriedenheit • Mitarbeiterzufriedenheit • u.ä.	• Vergrößerung der Artenvielfalt • Verbesserung der Bodenqualität • Verbesserung der Wasserqualität • Verbesserung der Luftqualität

Pagatorischer Leistungsbegriff
(regelmäßige „Umweltschutzleistungen")

Umweltbezogene Leistungen (Erlöse)	Umweltbezogene kalkulatorische Leistungen

Enger Nutzenbegriff
(„Umweltschutznutzen")

pagatorische Leistungen (Erlöse)	externe Leistungen = Leistungen, die zukünftige Erlöse erwarten lassen

Ökologieorientierter (weiter) Nutzenbegriff
(„Umweltnutzen")

internalisierte Leistungen	externe Leistungen = durch die Reduktion der externen Kosten induzierte kalkulatorische Leistungen

Abb. 2-8: Umweltleistungen

Beim pagatorischen Leistungsbegriff basiert der „Wertansatz auf Preisen des Absatzmarktes (Einnahmen bzw. Erlösen)"[64]. Neben den traditionellen Umsatzerlösen zählen hierzu auch solche Leistungen, die dem Umweltschutz dienen, jedoch nicht am Absatzmarkt realisiert werden (z.B. selbsterstellte, nicht abgesetzte umweltschutzbezogene Patente). Diese Leistungen werden als **Umweltschutzleistungen** bezeichnet.

---

[64] Kloock, J./Sieben, G./Schildbach, T. (1999), S. 40.

Der (pagatorische) Begriff der Umweltschutzleistung kann um Leistungen erweitert werden, die zukünftige Umsatzerlöse erwarten lassen (bspw. Kunden- oder Mitarbeiterzufriedenheit). Diese Leistungserstellung führt zu einem Nutzenzuwachs für das Unternehmen, der über die pagatorisch erfassbare Leistung hinausgeht, und wird unter dem engen Nutzenbegriff als **Umweltschutznutzen** erfasst.

Neben der gesamten Leistungserstellung ergibt sich ein Nutzen auch dann, wenn Kosten reduziert werden; analog ergibt sich ein **Umweltnutzen** dann, wenn externe Kosten reduziert werden können. Dieser weite Nutzenbegriff wird hier als ökologieorientierter Nutzenbegriff verstanden. Er impliziert neben den erstellten Leistungen auch Leistungen im Sinne der Verringerung externer Kosten, z.B. durch eine Verbesserung der Luft-, Wasser- und/oder Bodenqualität.

Aus diesen Überlegungen ergibt sich die folgende Dreiteilung der Umweltleistungen i.w.S.[65]:

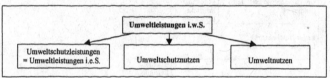

Abb. 2-9: Dreiteilung der Umweltleistungen

Zusammenfassend kann die folgende Definition des Begriffs Umweltleistungsmanagement zugrunde gelegt werden. Das Umweltleistungsmanagement betrachtet als Zielgröße die Umweltleistungen und nimmt mit ihrer Hilfe Einfluss auf die Gestaltung und Steuerung von Potenzialen, Programmen und Prozessen unter Umweltschutzgesichtspunkten. Der Planungshorizont übersteigt kurzfristige Betrachtungen und fordert somit den Einbezug der Wert(schöpfungs)kette sowie der Treiber für Umweltleistungen. Das Umweltleistungsmanagement ist unverzichtbares Pendant zum Umweltkostenmanagement.

---

[65] Vgl. Abb. 2-8 sowie die Analogie zu den Umweltkosten in Kapitel 2.1.4.1.

2.2   Auswirkungen der Unternehmensbeziehungen auf das Umweltkostenmanagement

Um die Beziehungen zwischen Unternehmen und Umwelt und die Notwendigkeit der Berücksichtigung von Umweltbelastungen und entsprechenden Umweltschutzmaßnahmen im Kostenmanagement darstellen zu können, bietet sich zunächst eine Einteilung in zwei relevante Betrachtungsebenen[66] an: auf der **stofflich-energetischen Ebene** werden Art und Ausmaß der betrieblich verursachten Umweltbelastungen[67] erfasst, auf der **sozio-ökonomischen Ebene** werden die Ansprüche der Unternehmensbeteiligten im Hinblick auf die Behandlung dieser Umweltbelastungen untersucht. Zwischen der stofflich-energetischen Ebene und der sozio-ökonomischen Ebene bestehen Wechselwirkungen. Die stofflich-energetische Analyse unterstützt ein Verständnis der sozio-ökonomischen Ebene sowie Veränderungen innerhalb derselben, umgekehrt gibt die sozio-ökonomische Analyse Hinweise auf Entwicklungen der stofflich-energetischen Ebene.

Zur Erfassung der Auswirkungen auf der sozio-ökonomischen Ebene folgt in einem ersten Schritt eine systemtheoretische Betrachtung basierend auf dem Anspruchsgruppenkonzept; darauf aufbauend wird in einem zweiten Schritt das Zielsystem des Unternehmens im Hinblick auf seine Bedeutung für die Berücksichtigung o.g. Belastungen und Maßnahmen untersucht. Anschließend werden die sich daraus ergebenden Konsequenzen für das Kostenmanagement untersucht.

2.2.1   Systemtheoretische Betrachtung der Beziehungen zwischen Unternehmen und Umwelt

Unternehmen können als vom Menschen geschaffene, soziale, offene und produktive Systeme bezeichnet werden und dienen den beteiligten Personen als Instrument zur Erreichung ihrer (wirtschaftlichen) Ziele.[68] Die systemtheoretische Betrachtung ermöglicht die Untersuchung der Beziehungen zwischen dem System Unternehmen und den Unternehmensbeteiligten sowie der natürlichen Umwelt als Ökosystem.[69]

---

[66]   Vgl. Dyllick, T./Belz, F./Schneidewind, U (1997), S. 5 ff.; Dyllick, T./Belz, F. (1993), S. 11.
[67]   Zum Begriff der Umweltbelastung vgl. Kapitel 2.1.2.; auf die konkrete Erfassung der Belastungen wird an späterer Stelle einzugehen sein, weshalb eine weitere Ausführung an dieser Stelle unterbleibt.
[68]   Vgl. Kloock, J./Sieben, G./Schildbach, T. (1999), S. 1.
[69]   Vgl. zur Systemtheorie in der Betriebswirtschaftslehre Ulrich, H. (1990) und (1968); Alewell, K./Bleicher, K./Hahn, D. (1971). In der Systemtheorie wird die Theorie statischer Systeme von der Theorie dynamischer

Zwischen den Unternehmen und den Beteiligten findet ein Austausch statt, bei dem die Beteiligten für eigene **Beiträge** an das Unternehmen Leistungen von dem Unternehmen zurückerhalten, welche als **Anreize** bezeichnet werden, da sie den Beweggrund für die eigenen Beiträge darstellen.[70] Die Beiträge der Beteiligten und die vom Unternehmen gesetzten Anreize können sowohl finanzieller als auch nicht finanzieller Art sein, ebenso können sie Umweltschutzaspekte einbeziehen, wie die nachfolgende Tabelle 2-1 zeigt. Die verschiedenen Beteiligten können entsprechend ihrer Beziehung zum Unternehmen bestimmten Gruppen zugeordnet werden, z.B. den Eignern, Kreditgebern, Schuldnern, Kunden, Arbeitnehmern, Lieferanten, Kooperationspartnern, Öffentlichkeit/Staat. Diese Anspruchsgruppen[71] (auch „Stakeholder" genannt) stellen neben ihren Beiträgen auch konkrete Anforderungen an das Unternehmen, wodurch sie bestimmte Verhaltensweisen des Unternehmens unterstützen und andere sanktionieren können. Die Reaktion des Unternehmens auf die Anforderungen der Anspruchsgruppen zeigt sich dann wiederum in den von ihm gesetzten Anreizen. In gleicher Weise ist es dem Unternehmen möglich, durch positive oder negative Anreize Einfluss auf die Entscheidungen der Stakeholder zu nehmen.

Die nachfolgende Tabelle 2-1 zeigt beispielhaft mögliche Anreize und Beiträge auf:

Systeme unterschieden. Die obige Betrachtung bezieht sich auf die Theorie dynamischer Systeme, auch Kybernetik genannt, wobei ein System hierbei charakterisiert ist „(1) durch seine Elemente und (2) durch die Beziehungen zwischen den Elementen. Handelt es sich dabei um ein offenes System, dann sind (3) auch die Beziehungen zur Umwelt zu berücksichtigen." Baetge, J. (1974), S. 11. Vgl. auch Meffert, H./Kirchgeorg, M. (1998), S. 60. Offene Systeme zeichnen sich durch fortwährende Austauschprozesse mit anderen Systemen aus Vgl. Baumann, S. (1999), S. 17.

[70] Grundlage dieser Überlegungen ist die Koalitionstheorie, welche erstmals 1938 von BARNARD vertreten und 1963 von CYERT/MARCH weiterentwickelt wurde. Vgl. Barnard, C.I. (1962) sowie Cyert, R.M./March, J.G. (1963), S. 26 ff. Die Koalitionstheorie bildet die Grundlage für Überlegungen zur Anreiz-Beitrags-Theorie, „nach der sich die Beteiligten für oder gegen eine Organisation sowie für oder gegen das Leisten eines Beitrags entscheiden können". Günther, E. (1994), S. 52.

[71] Unter einer Anspruchsgruppe versteht man „eine Gruppe von Personen oder eine Institution (...), die in direkten oder indirekten Beziehungen zum Unternehmen steht und hieraus konkrete Ansprüche oder Forderungen ableitet", Dyllick, T./Belz, F./Schneidewind, U. (1997), S. 25.

Beteiligte Gruppen	Anreize (des Unternehmens)	Beiträge (der Anspruchsgruppen)
Eigner	Dividenden, Mitspracherechte, evtl. Kapitalrückzahlungen, **umweltschonende Produktion**	Eigenkapital, evtl. Arbeitskraft und dispositive Fähigkeiten, **umweltbewusstes Verhalten**
Kreditgeber	Zinsen, Kapitalrückzahlung, **umweltschonende Produktion**	Fremdkapital, evtl. **(umweltbezogene)** Beratungsleistungen
Schuldner	Darlehen	Zinsen, Kapitalrückzahlung
Kunden	**(umweltbewusst hergestellte)** Produkte und Dienstleistungen	Entgelt für **(umweltbewusst hergestellte)** Produkte und Dienstleistungen
Arbeitnehmer	Löhne und Gehälter, Arbeitsplatzsicherheit, gutes Betriebsklima, Selbstverwirklichung, **Aktivität im Umweltschutz**	Arbeitskraft und dispositive Fähigkeiten, persönlicher Einsatz, **umweltbewusstes Verhalten**
Lieferanten	Entgelt für **(umweltschonende)** Lieferungen und Leistungen	**(umweltschonende)** Lieferungen und Leistungen
Kooperationspartner	**(umweltschonende)** Lieferungen, Beratungsleistungen, Marktmacht	**(umweltschonende)** Lieferungen, Beratungsleistungen, Marktmacht
Öffentlichkeit	**umweltschonende Produktion/umweltbewusstes Engagement**	Akzeptanz, Unterstützung eines positiven Unternehmensimages
Staat	Abgaben (Steuern, Gebühren, Beiträge u.ä.), Selbstverpflichtungen	Subventionen, Bereitstellung von Infrastruktur

Tab. 2-1: Anreize und Beiträge zwischen Unternehmen und Anspruchsgruppen[72]

Die verschiedenen Anspruchsgruppen lassen sich den beiden Systemen Öffentlichkeit/Politik[73] und Markt zuordnen: Zum System Öffentlichkeit/Politik gehören neben Anwohnern, Bürgerinitiativen, Umweltschutzorganisationen, Medien u.ä. der Staat und insbesondere die Gesetzgebung. Die oben dargestellten Leistungen zwischen Unternehmen und den übrigen Anspruchsgruppen werden i.d.R. auf Märkten ausgetauscht, so dass man entsprechend den beteiligten Gruppen verschiedene Märkte differenzieren kann: Auf dem Beschaffungsmarkt werden die Beziehungen zwischen Unternehmen und Arbeitnehmern sowie Lieferanten hergestellt, der Absatzmarkt verschafft den Zugang zum Kunden, der Geld- und Kapitalmarkt dient den Beziehungen zu Eignern, Gläubigern und Schuldnern. Beziehungen zu Kooperationspartnern können auf verschiedenen Märkten entstehen, so z.B. auf dem Beschaffungsmarkt, falls die Zusammenarbeit sich auf den Einkauf von Waren und/oder Leistungen bezieht, auf dem Absatzmarkt, falls die gemeinsame Vermarktung der Produkte angestrebt wird,

---

[72] In Anlehnung an Kloock, J./Sieben, G./Schildbach, T. (1999), S. 1 f. Vgl. auch Meuser, T. (1994), S. 53 ff.

auf dem Geld- und Kapitalmarkt, falls eine gemeinsame Geldaufnahme oder -anlage vorgese-
hen ist. Ebenso beeinflussen die Wettbewerber die Beziehungen des Unternehmens zu den
einzelnen Märkten, da Kunden, Arbeitnehmer, Lieferanten, potenzielle Eigner, Gläubiger und
Schuldner eine Alternative für ihre Beiträge sehen.

Die nachfolgende Abb. 2-10 stellt die Unternehmensbeziehungen systemtheoretisch dar:

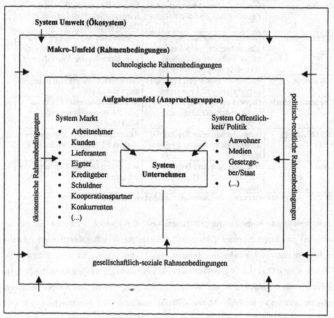

Abb. 2-10· Systemtheoretische Darstellung der Unternehmensbeziehungen

Die Anspruchsgruppen bilden das sog. Aufgabenumfeld, denn sie nehmen unmittelbar Einfluss auf die Entscheidungsfindung des Unternehmens.[74] Das Aufgabenumfeld wird beeinflusst von verschiedenen generellen Rahmenbedingungen, die das sog. Makro-Umfeld des

---

[73]   Es ist auch möglich, zwei Lenkungssysteme Offentlichkeit und Politik zu unterscheiden, vgl. Dyllick, T /
       Belz, F /Schneidewind, U. (1997), S. 27 f. In dieser Arbeit werden diese beiden Lenkungssysteme zusam-
       mengefasst
[74]   Vgl. Günther, E (1994), S. 52 f Eine detaillierte Erläuterung zu den einzelnen Gruppen des Aufgabenum-
       felds findet sich bei Günther, E. (1994), S. 53 ff.

Unternehmens darstellen.[75] Zu diesen Rahmenbedingungen gehören ökonomische, technologische, politisch-rechtliche und gesellschaftlich-soziale Rahmenbedingungen.

Die **ökonomischen** Rahmenbedingungen stellen Basisinformationen dar und lassen sich unterteilen in allgemeine Wachstums- und Entwicklungsgrößen, Wettbewerbskonstellationen (z.B. Monopol, Oligopol, Polypol) und Branchenzugehörigkeit. Diese Größen charakterisieren die Leistungserstellung des Untenehmens und bestimmen die Belastung der Umwelt und somit auch das Maß, mit dem sich das Unternehmen in der Öffentlichkeit rechtfertigen muss.

Die Entwicklung der **Technik** im Umweltbereich ermöglicht den Unternehmen neue Produktionsverfahren, setzt jedoch auch gleichzeitig Maßstäbe und zwingt somit die Unternehmen, mit dem Stand der Technik Schritt zu halten. Unterschieden werden sog. additive Umweltschutztechnologien, auch „end-of-pipe-Technologien" genannt, von integrierten Technologien. Additive Technologien werden bestehenden Produktionsanlagen nachträglich angepasst, um unerwünschte Outputs zu vermeiden oder zu vermindern. Integrierte Technologien werden bereits bei der Entwicklung der Anlage oder dem Entwurf des Produktionsprozesses berücksichtigt und realisiert. In der Regel sind integrierte Technologien unter Umweltschutzgesichtspunkten effektiver als additive Technologien, jedoch können auch additive Lösungen durchaus sinnvoll sein, wenn bspw. integrierte Technologien erst zu einem späteren Zeitpunkt umsetzbar sind

Durch die Entwicklung des **Umweltrechts** seit dem Jahre 1972 müssen die Unternehmen Verordnungen, Gesetze und Auflagen immer stärker in ihre Entscheidungen einbeziehen.[76] Neben moglichen Einschränkungen für die Unternehmen sind auch Anreize in Form von Steuervergünstigungen u.ä. zu nennen. Ebenso sind Chancen für die Unternehmen darin zu sehen, dass sie durch vorausschauendes Handeln und durch Beobachtung der Gesetzgebungsprozesse die mögliche Rechtsentwicklung bereits vorwegnehmen können, um dadurch bei Inkrafttreten neuer Gesetze einen Wettbewerbsvorteil zu erzielen.[77]

---

[75] Eine ausführliche Darstellung der Elemente des Makro-Umfelds findet sich ebenfalls bei Günther, E. (1994), S. 25 ff. GÜNTHER bezieht die ökologischen Rahmenbedingungen in das Makro-Umfeld ein; diesem Vorgehen wird hier nicht gefolgt, sondern die (natürliche) Umwelt wird dem Makro-Umfeld übergeordnet. Eine Überordnung scheint gerechtfertigt, da die Umweltbedingungen die übrigen Rahmenbedingungen durchaus beeinflussen.

[76] Einen Überblick über die umweltrechtliche Entwicklung und ihre Bedeutung für die Unternehmensführung insbesondere produzierender Unternehmen gibt Siestrup, G. (1999), S. 39 ff

[77] Vgl. Coenenberg, A.G. et al. (1994), S. 97.

In Bezug auf die **gesellschaftlich-sozialen** Rahmenbedingungen betont DYLLICK die öffentliche Exponiertheit der Unternehmen.[78] GÜNTHER erläutert dies mit der „Fähigkeit eines Unternehmens, mit ungewohnten Anspruchsgruppen im Rahmen einer öffentlichen Auseinandersetzung angemessen umzugehen"[79]. Nicht zu vernachlässigen ist hierbei auch der Einfluss der Medien auf die allgemeine Meinungsbildung. Besonders hervorzuheben sind weiterhin die folgenden Anspruchsgruppen: Anwohner, Bürgerinitiativen, Verbände und breite Bevölkerung. Aufgrund der in den letzten beiden Jahrzehnten zu beobachtenden zunehmenden Sensibilisierung der Gesellschaft für Umweltschutzbelange werden die gesellschaftlich-sozialen Rahmenbedingungen für die Unternehmen immer bedeutender.[80]

Den generellen Rahmenbedingungen übergeordnet und diese beeinflussend ist die **Umwelt** zu sehen. Die möglichen Umweltbelastungen und die Beeinträchtigung der Produktions-, Aufnahme-, Regelungs- und Informationsfunktionen[81] erfordern eine Berücksichtigung ökologischer Aspekte. Ihre Auswirkungen auf die Rahmenbedingungen zeigen sich z.B. im Umweltrecht, in der Entwicklung umweltschonender Produktionsmethoden, in der Nachfrage nach Umweltgütern u.ä. Die Rahmenbedingungen bewirken wiederum Veränderungen im Aufgabenumfeld des Unternehmens und bestimmen schließlich die Entscheidungen des Unternehmens.[82]

Es wird deutlich, dass die Wirkungen auf der stofflich-energetischen Ebene, d.h. die als Stoff- bzw. Energieverbrauch oder Schadstoffemission erfassten Umweltbelastungen sowie deren Veränderungen, die Rahmenbedingungen auf der sozio-ökonomischen Ebene beeinflussen und schließlich in Form von Anforderungen der verschiedenen Anspruchsgruppen an das Unternehmen herangetragen werden.[83] Darüber hinaus sind die direkten Beziehungen zwischen den einzelnen Gruppen von Bedeutung.

---

[78] Vgl. Dyllick, T. (1989), S. 15.
[79] Günther, E. (1994), S. 31.
[80] Vgl. Baumann, S. (1999), S. 20.
[81] Vgl. zu den Funktionen der Umwelt Kapitel 2.1.1.
[82] JANZEN spricht in diesem Zusammenhang davon, dass das Unternehmen steigendem Handlungsdruck ausgesetzt ist. Vgl. Janzen, H. (1996), S. 2 f.
[83] Zu Ausführungen über die möglicherweise auftretende Zeitverzögerung vgl. Halfmann, M. (1996), S. 15.

Über identische Interessen und Ziele erreichen die verschiedenen Gruppen eine gemeinsame Basis, die zu einer Verstärkung der zuvor vereinzelt vertretenen Position führt.[84]

Im Hinblick auf eine langfristige Existenzsicherung ist das Unternehmen gehalten, die Anforderungen der Anspruchsgruppen mit den betrieblichen Tätigkeiten in Einklang zu bringen. Beziehen sich diese Anforderungen auf eine Verminderung der Umweltbelastungen, so spricht man von der „ökologischen Betroffenheit" des Unternehmens.[85] Die ökologische Betroffenheit kann der Auslöser für die Aufnahme des Umweltschutzziels in das betriebliche Zielsystem sein.[86]

Eine Ignorierung der ökologischen Betroffenheit von Seiten des Unternehmens ist langfristig nicht möglich, da sie unweigerlich zu Konflikten mit den Anspruchsgruppen führt, wie bei KALS[87] beispielhaft aufgeführt:

- Konflikte mit dem Gesetzgeber bzw. seinen Behörden entstehen, wenn die Umweltgesetze den Handlungsspielraum der Unternehmen immer mehr einschränken,
- Konflikte mit den Anteilseignern können zu für das Unternehmen nachteiligen Kapitalbewegungen führen,
- öffentliche Konflikte zwischen Unternehmen und Umweltschutzgruppen oder Bürgerinitiativen schaden dem Image und können Existenzkrisen bewirken,
- Konflikte mit Mitarbeitern äußern sich häufig in Demotivation und sinkender Arbeitsproduktivität.

Somit scheint es gerechtfertigt, bei Unternehmen mit umweltbelastender Tätigkeit davon auszugehen, dass ein Einbezug der Umweltaspekte in das Zielsystem unumgänglich ist. Das nachfolgende Kapitel wird dies verdeutlichen.

---

[84] Hierauf ist auch die Entstehung von Interessengemeinschaften, wie z.B. Greenpeace und B.A.U.M., zurückzuführen. Vgl. Meuser, T. (1994), S. 55.

[85] Vgl. Meffert, H./Kirchgeorg, M. (1998), S. 259 ff.; Günther, E. (1994), S. 17 ff. Ökologische Betroffenheit kennzeichnet „die durch Entscheidungsträger im Unternehmen wahrgenommene Intensität ökologischer Ansprüche und die damit zu erwartenden Sanktionspotentiale, sofern den Umweltschutzforderungen ökologischer Anspruchsgruppen nicht entsprochen wird." Meffert, H./Kirchgeorg, M. (1998), S. 259.

[86] Vgl. Baum, H.-G./Günther, E./Wittmann, R. (1996), S. 16; Coenenberg, A.G. et al. (1994), S. 85. Weitere Gründe können potenzielle Wettbewerbsvorteile oder ethische Verpflichtungen sein. Vgl. Halfmann, M (1996), S. 18.

[87] Vgl. Kals, J. (1993), S. 23 ff

2.2.2   Einfluss der ökologischen Betroffenheit auf die Unternehmensphilosophie, das Zielsystem und die Strategien des Unternehmens

Die Unternehmensphilosophie äußert sich in Unternehmensgrundsätzen (auch -leitlinien oder -leitbilder genannt), welche die allgemeinen Zielvorstellungen und Werte des Unternehmens widerspiegeln. Die umweltschutzbezogenen Anforderungen der Anspruchsgruppen und die somit ausgelöste ökologische Betroffenheit der Unternehmen bewirken eine Aufnahme des Umweltschutzaspekts in die Unternehmensphilosophie und eine entsprechende Erweiterung der Unternehmensgrundsätze. Langfristig sollten sich diese umweltschutzorientierten Unternehmensgrundsätze im Verhalten der internen Unternehmensbeteiligten widerspiegeln, so dass eine Identität mit der Unternehmenskultur erreicht wird.[88]

Mit den Anspruchsgruppen sind es insbesondere die Push-/Pull-Faktoren, die das Zielsystem des Unternehmens bestimmen. Unter Ökologie-Push versteht man die gesellschaftsbezogene Betroffenheit des Unternehmens, die sich z.B. in Forderungen von Bürgerinitiativen und/oder in den kritischen Medien äußert, und unter Ökologie-Pull die marktbezogene Betroffenheit[89], die sich vor allem in Kunden- und Handelsforderungen, aber auch in der Umweltgesetzgebung ausdrückt.[90] Zunächst galt der Ökologie-Push als ausschlaggebend für die Ausgestaltung des Zielsystems des Unternehmens; in den letzten Jahren hat sich der Ökologie-Pull immer stärker hervorgehoben, d.h. Umweltschutz hat sich mehr und mehr als Marktfaktor etabliert.[91]

Eine Erweiterung der Unternehmensgrundsätze um umweltschutzorientierte Aspekte zieht konsequenterweise eine Integration dieser Aspekte in das Zielsystem[92] des Unternehmens nach sich, denn das Zielsystem wird grundlegend durch die Unternehmensphilosophie[93] und damit durch die Grundsätze bestimmt. Die Ziele eines Unternehmens zeigen „zukunftsbezo-

---

[88] Vgl. Meffert, H./Kirchgeorg, M. (1998), S. 186. Ein Leitfaden für die Gestaltung von Umweltschutzgrundsätzen ebenso wie von ihnen zu erfüllende Anforderungen finden sich ebenda, S. 183 und S. 185 f

[89] Neben der markt- und gesellschaftsbezogenen Betroffenheit differenzieren MEFFERT/KIRCHGEORG noch die standortbezogene Betroffenheit, die jedoch der gesellschaftsbezogenen Betroffenheit untergeordnet werden kann, da sie aus den gleichen Anspruchsgruppen nur diejenigen betrachtet, die in gewisser örtlicher Nähe zum Unternehmen stehen (z.B. Anwohner, Mitarbeiter). Vgl. Meffert, H./Kirchgeorg, M. (1998), S. 262 f.

[90] Vgl. Meffert, H./Kirchgeorg, M. (1998), S. 260 ff.

[91] Vgl. Meffert, H./Kirchgeorg, M. (1998), S. 264.

[92] Der Begriff Zielsystem macht deutlich, dass mehrere – mindestens zwei – Ziele in einer bestimmten Hierarchie zueinander stehen, so dass vertikale (Mittel-Zweck-Beziehung) oder horizontale (Ziele einer Stufe) Strukturen unterschieden werden können. Der Zielpluralismus ergibt sich aus der Betrachtung des Unternehmens als System, in das die verschiedenen Anspruchsgruppen verschiedene Zielvorstellungen und Forderungen einbringen. Vgl. Beuermann, G./Cicha-Beuermann, C. (1992), S. 375 f.; Hamel, W. (1992), Sp. 2636 ff., sowie Heinen, E. (1976).

gene Vorgaben oder Imperative (auf, Anm. d. Verf.), die durch die Unternehmensaktivitäten erreicht werden sollen. Sie bilden den Ausgangspunkt für die Ableitung von Unternehmensstrategien und konkreten Maßnahmen (...)."[94]

Eine Hierarchisierung der Ziele führt zu einer Unterscheidung in Ober-, Neben- und Unterziele Ausgehend von dem existenziellen Oberziel der (langfristigen) Sicherung der Wettbewerbsfähigkeit[95] können Leistungs-, Markt- und Ertragsziele[96] als Unterziele der Wettbewerbsfähigkeit angesehen werden.[97] Die Beziehung der einzelnen Leistungs-, Markt- und Ertragsziele im Zielsystem untereinander kann ebenfalls in Ober-, Neben- und Unterziele eingeteilt werden (mit dem Existenzsicherungziel der Wettbewerbsfähigkeit als oberstem Ziel; vgl. die folgende Abb. 2-11). Markt- und Ertragsziele zeichnen sich durch komplementäre Zielbeziehungen aus, der Zusammenhang mit den Leistungszielen ist jedoch nicht eindeutig bestimmt.[98] Eine zukünftig höhere Komplementarität wird jedoch erwartet.[99]

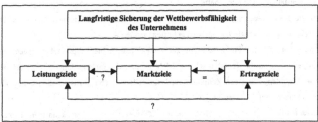

Abb. 2-11: Das Zielsystem des Unternehmens[100]

---

[93] Aufgrund ihrer normativen Ausrichtung bildet die Unternehmensphilosophie die Basis für die Bestimmung des Zielsystems. Vgl. Meffert, H./Kirchgeorg, M. (1998), S. 181.

[94] Meffert. H./Kirchgeorg, M. (1998), S. 44. Ähnlich auch Beuermann, G./Sekul, S./Sieler, C. (1994), S 21 Die Aussage von MEFFERT/KIRCHGEORG wird durch eine empirische Untersuchung gestützt, die gezeigt hat, dass „Art und Ausmaß der ökologischen Betroffenheitssituation von Unternehmen einen wesentlichen Einfluß auf die Unternehmensstrategien erwartet bzw. die Nicht-Erfüllung kann langfristig das Existenzsicherungsziel gefährden. Leistungsziele können bspw. der Erhalt von Arbeitsplätzen sowie die Erhöhung/Sicherung des Um

[95] „Wettbewerbsfähigkeit ist eine conditio sine qua non." Baum, H.-G./Günther, E./Wittmann, R. (1996), S. 15.

[96] **Leistungsziele** stellen die Leistung des Unternehmens in den Vordergrund. Ihre Erfüllung wird von den Unternehmensbeteiligten erwartet bzw. die Nicht-Erfüllung kann langfristig das Existenzsicherungsziel gefährden. Leistungsziele können bspw. der Erhalt von Arbeitsplätzen sowie die Erhöhung/Sicherung des Umweltschutzes sein. **Marktziele** beziehen sich auf die Positionierung des Unternehmens im Markt; Beispiele für solche Ziele sind die Gewinnung von Marktanteilen und die Erschließung neuer Märkte. **Ertragsziele** beziehen sich auf die Sicherung der finanziellen Situation des Unternehmens, d.h. Rendite- und/oder Gewinngrößen stehen im Vordergrund. Vgl. Steger, U. (1993), S. 189 f.

[97] Vgl. Meffert, H./Kirchgeorg, M. (1998), S. 45 ff.; Steger, U. (1993), S. 189; Beuermann, G./CichaBeuermann, C. (1992), S. 376 und S. 378.

[98] Vgl. Steger, U. (1993), S. 189.

[99] Vgl. Raffée, H./Fritz, W. (1995), S. 347, sowie Beuermann, G./Sekul, S./Sieler, C. (1994), S. 22 f.

[100] In Anlehnung an Steger, U. (1993), S 190.

Welche Stellung das Umweltschutzziel im Zielsystem einnimmt und wie eine mögliche Zielhierarchie beschaffen sein kann, zeigen die folgenden Überlegungen:[101]

- Umweltschutz ist als **Unterziel** anzusehen, wenn Umweltschutzmaßnahmen nur dann
  ergriffen werden, wenn sie der Erreichung eines Oberziels dienen, d.h. wenn sie langfristig zur Sicherung z.B. eines Ertragsziels (Rendite- oder Gewinngröße) führen (vertikale
  Struktur, Mittel-Zweck-Beziehung).

- Umweltschutz wird als **Nebenziel** bezeichnet, wenn er gleichzeitig mit anderen Zielen
  verfolgt wird (horizontale Struktur). In diesem Fall ist eine Beachtung der Zielbeziehungen[102] unbedingt geboten, da bei konkurrierenden Zielbeziehungen eine Abstimmung vorzunehmen ist.

- Umweltschutz kann **Oberziel** sein, wenn unter Minimierung der Umweltbelastungen z.B.
  eine festgelegte Mindestrendite erzielt werden kann. Bedingungslos kann Umweltschutz
  nicht Oberziel sein, da ein Verzicht auf Umweltbelastungen eine Einstellung der Unternehmenstätigkeit zur Folge hätte.

Neben dieser Untersuchung der Stellung des Umweltschutzes in der Zielhierarchie kann eine
Unterscheidung in Formal- und Sachziel getroffen werden:

Grundsätzlich gibt ein **Formalziel** die Zielinhalte unternehmerischer Zielsetzungen, wie
bspw. Gewinn, Umsatz, Rentabilität oder Erfolg wieder; ein **Sachziel** hingegen bezieht sich
auf die Art, Menge und den Zeitpunkt der herzustellenden und abzusetzenden Güter oder
Dienstleistungen eines Unternehmens.[103]

Bezogen auf den Umweltschutz als mögliches Ziel eines Unternehmens kann man ebenfalls
zwischen Formal- und Sachziel unterscheiden:[104] Wird Umweltschutz als betriebliches Formalziel betrachtet, so bedeutet dies eine Aufnahme in das Unternehmensleitbild, womit eine
gewisse Dominanz im betrieblichen Zielsystem entsteht, d.h. der Umweltschutz erhält zu-

---

[101] In Anlehnung an Letmathe, P. (1998), S. 19 f.
[102] Zu unterscheiden sind hier **komplementäre** Zielbeziehungen, bei denen die Zielerreichung des einen Ziels
die Zielerreichung des anderen Ziels fördert, **konkurrierende** (konfliktäre) Zielbeziehungen, bei denen eine
Steigerung der Zielerreichung des einen Ziels zu einer Minderung der Zielerreichung eines anderen Ziels
führt, sowie **indifferente** Zielbeziehungen, bei denen die eine Zielerreichung keinen Einfluss auf die Möglichkeit zur anderen Zielerreichung hat. Vgl. Letmathe, P. (1998), S. 18 f. Vgl. auch Meffert, H./Kirchgeorg,
M. (1998), S. 48; Raffée, H./Fritz, W. (1995), S. 345 f.; Coenenberg, A.G. et al. (1994), S. 82.
[103] Vgl. Kloock, J./Sieben, G./Schildbach, T. (1999), S. 29; Baum, H.-G./Günther, E./Wittmann, R. (1996), S. 14
f.; Meuser, T. (1994), S. 50. Die Sachziele sind „zwar nur ein Reflex der Formalziele; gleichwohl ist das er-
folgreiche Verfolgen der Sachziele Voraussetzung für das Erreichen der Formalziele". Eichhorn, P. (1996),
S. 70. „Die Erfüllung der Ziele beider Gruppen trägt zur Sicherung des Unternehmensbestandes bei."
Meuser, T. (1994), S. 50.
[104] Vgl. Raffée, H./Fritz, W. (1995), S. 344, sowie Roth, U. (1992), S. 41 ff. Einige Autoren verneinen die Möglichkeit der Formalzielbetrachtung für den Bereich des Umweltschutzes und ordnen diesen entweder als Restriktion oder als Sachziel ein. Vgl. Eichhorn, P. (1996), S. 74 f.; Meuser, T. (1994), S. 58 ff. In dieser Arbeit
soll jedoch die Möglichkeit der Formalzielbetrachtung nicht unberücksichtigt bleiben, die insbesondere für
überdurchschnittlich stark betroffene Branchen eine Rolle spielt. So auch Raffée, H./Fritz, W. (1995), S. 344.

nächst die Stellung eines Oberzieles. Da der Umweltschutz jedoch nicht bedingungslos Oberziel sein kann, weil im Hinblick auf die langfristige Wettbewerbsfähigkeit die Erzielung einer langfristigen Rendite gesichert sein muss, kann eine Betrachtung des Umweltschutzes als Formalziel nur mit einer gleichzeitigen Betrachtung einer Renditegröße als Formalziel erfolgen. Beide Ziele sind dann gegenüber den übrigen Unternehmenszielen als Oberziele anzusehen, untereinander gelten sie als Nebenziele (horizontale Struktur), weshalb eine Betrachtung der Zielbeziehung notwendig wird. Dabei gewinnt die Möglichkeit der Betrachtung des Umweltschutzes als Erfolgspotenzial immer mehr an Bedeutung, da nicht nur ressourcensparende Maßnahmen die Kosten langfristig senken können, sondern ebenfalls das umweltschutzbezogene Leitbild des Unternehmens auf die Anspruchsgruppen wirkt und somit zur Image- (und Absatz-) Steigerung führen kann.

Umweltschutz als betriebliches Sachziel liegt dann vor, wenn sich der Umweltschutz eindeutig auf die Erstellung von Gütern und/oder Dienstleistungen bezieht, wenn bspw. auf die Einhaltung gesetzlicher oder vertraglicher Umweltschutzauflagen, auf den Einsatz umweltverträglicher Stoffe und auch auf die Herstellung und den Absatz umweltverträglicher Produkte geachtet wird. In diesem Fall kann das Umweltschutzziel als Unterziel zu einem renditeorientierten Oberziel gesehen werden, d.h. es besteht eine Mittel-Zweck-Beziehung zwischen den beiden Zielen derart, dass der Umweltschutz helfen soll, das Oberziel zu erreichen (vertikale Struktur).

Neben diesen möglichen Stellungen des Umweltschutzes im Zielsystem des Unternehmens und seiner Erfassung als Sach- oder Formalziel ist weiterhin eine Betrachtung der grundsätzlichen strategischen Ausrichtung des Unternehmens vorzunehmen. Hierbei sind die folgenden beiden strategischen Verhaltenskonzepte von Bedeutung:[105] Die Umweltschutzstrategie des Unternehmens kann als **passiv**[106] bezeichnet werden, wenn Umweltschutzmaßnahmen lediglich als Reaktion auf gesetzliche Vorschriften oder auf den Druck der Öffentlichkeit ergriffen werden. Der Umweltschutz ist in diesem Fall nicht Bestandteil der längerfristigen Planung, da lediglich Anpassungen ex post möglich und nötig sind, jedoch keine Gestaltungsmöglichkeiten vorweggenommen werden können. Das Unternehmen bewertet die kurzfristigen Anpassungen höher als mögliche Gestaltungsfreiheiten und sieht im Umweltschutz keine Gewinnchancen. Demgegenüber steht die **aktive**[107] Umweltschutzstrategie eines Unternehmens. In diesem Fall sind Eigeninitiative und ein längerfristiger Planungshorizont in Bezug auf den

---

[105] Vgl. Meffert, H./Kirchgeorg, M. (1998), S. 198 ff.; Roth, U. (1992), S. 44 ff.
[106] Alternativ sind auch die Begriffe defensiv, adaptiv und reaktiv zu gebrauchen. Vgl. Roth, U. (1992), S 44 f.
[107] Gleichbedeutend gelten Begriffe wie offensiv und innovativ. Vgl. Roth, U. (1992), S. 45 f.

Umweltschutz hervorzuheben, die Leistungen gehen über die gesetzlichen Vorschriften hinaus und es werden Innovationen möglich. Neben der Verbesserung der Umweltqualität sieht das Unternehmen Gewinnpotenziale nicht nur durch Kostensenkungen, sondern ebenfalls durch die Entwicklung neuer Produkte/Produktgruppen und die Erschließung neuer Märkte.

Eine Gegenüberstellung der Einteilung des Umweltschutzes als Sachziel oder Formalziel und der Differenzierung zwischen aktiver und passiver Umweltschutzstrategie des Unternehmens führt zur folgenden Matrix:

	Umweltschutz ist Sachziel	Umweltschutz ist Formalziel
passive Umweltschutzstrategie	Typ 1 (Passive)	Typ 3 (Selektive)
aktive Umweltschutzstrategie	Typ 2 (Folger/Innovatoren)	Typ 4 (Innovatoren)

Tab. 2-2: Typologisierung von Unternehmen[108]

Aus dieser Einteilung ergibt sich die Unterscheidung der folgenden strategischen Unternehmenstypen (renditeorientiertes Formalziel wird für alle angenommen).[109]

Typ 1: Umweltschutz ist exogenes Sachziel und stellt somit eine Restriktion dar. Mehr als Auflageneinhaltung wird von dem Unternehmen nicht unternommen, ebenso unterbleibt eine aktive Auseinandersetzung mit möglichen ökologischen Veränderungen. Nach MEFFERT/KIRCHGEORG werden Unternehmen diesen Typs als „Passive" bezeichnet und machten 1994 ca. 25 % der Befragten aus.[110]

Typ 2: Umweltschutz ist endogenes Sachziel[111] und wird als Möglichkeit zur Erzielung/Steigerung des unternehmerischen Erfolgs gesehen (Umweltschutz als Unterziel). Das Unternehmen ist bereit, umweltverträgliche Erzeugnisse einzusetzen, herzustellen und abzusetzen. MEFFERT/KIRCHGEORG bezeichnen Unternehmen mit einer

108 In Anlehnung an Frese, E./Kloock, J. (1989), S. 6 f
109 Diese Typologisierung deckt sich in etwa mit einer empirischen Studie von MEFFERT/ KIRCHGEORG aus den Jahren 1988 bzw. 1994 (der persönlichen Befragung im Jahre 1988 folgte im Jahre 1994 eine schriftliche Befragung). Deshalb wird die von ihnen benutzte Terminologie im Folgenden aufgenommen. Vgl. Meffert, H./Kirchgeorg, M. (1998), S. 157 ff.
110 Vgl. Meffert, H./Kirchgeorg, M. (1998), S. 266 f.
111 Im Gegensatz zum exogenen Sachziel, bei dem der Umweltschutz als externe Restriktion begriffen wird, wird beim endogenen Sachziel der Umweltschutz als Möglichkeit betrachtet, betriebliche Erfolgspotenziale aufzudecken. Vgl Kirschten, U. (1998), S. 161.

schwachen Ausprägung diesen Typs als „ökologieorientierte Folger" und Unternehmen mit einer starken Ausprägung als „ökologieorientierte Innovatoren". Insgesamt machte dieser Typ 55 % der Befragten aus.[112]

Typ 3 Umweltschutz ist vorgetäuschtes Formalziel. Die soziale Verantwortung bzw. die ökologieorientierte Unternehmensphilosophie dient lediglich als Public-Relations-Strategie. Somit ist Umweltschutz vorgetäuschtes Oberziel; tatsächlich ist es nicht einmal ein Unterziel, da seine Bedeutung im Hinblick auf die Steigerung des unternehmerischen Erfolgs nicht anerkannt wird. Nach MEFFERT/KIRCHGEORG zeichnen sich diese Unternehmen sowohl durch eine stark ausgeprägte marktgerichtete Umweltschutzstrategie als auch durch Rückzugs- und Widerstandsstrategien aus, weshalb die Bezeichnung „ökologieorientierte Selektive" gewählt wurde; ihr Anteil machte 25 % der Befragten aus.[113]

Typ 4: Umweltschutz ist endogenes Formalziel. Zum Gewinnziel besteht Zielkomplementarität und keine -konkurrenz, Umweltschutz ist Nebenziel zum Renditeziel, beide sind im Zielsystem als Oberziele anzusehen. Das Unternehmen glaubt, neue Gewinnpotenziale durch Umweltschutz erzielen zu können. Dieser Typus ist in der Studie von MEFFERT/KIRCHGEORG nicht enthalten, könnte sich jedoch als besonders ausgeprägte Form der „ökologieorientierten Innovatoren" entwickeln.

Die Grenzen zwischen den Typeneinteilungen sind als fließend zu betrachten, so dass die Zuordnung bestimmter Unternehmen zu den einzelnen Typen durchaus Ermessensspielräume eröffnet.

Der Einbezug des Umweltschutzes in das Zielsystem und die Strategien des Unternehmens zieht eine Veränderung in der Ausgestaltung der Rechnungssysteme des Unternehmens nach sich, wie im Folgenden gezeigt wird.

2.2.3 Konsequenzen für das Umweltkostenmanagement

Wie in Kap. 2.2.2 gezeigt, findet der Umweltschutz immer stärker Eingang in das Zielsystem und die Strategien des Unternehmens. Zu seiner Umsetzung ist er anschließend in die Teilbereiche der betrieblichen Wertschöpfung zu integrieren, wobei hier neben den klassischen

---

[112] Vgl. Meffert, H /Kirchgeorg, M. (1998), S. 264 ff.
[113] Vgl. Meffert, H./Kirchgeorg, M. (1998), S. 265 ff.

Teilbereichen der Wertschöpfung (F&E, Beschaffung, Fertigung und Vertrieb) ebenfalls der Bereich der Entsorgung (Beseitigung und Verwertung) eine große Rolle spielt.[114]

Sämtliche Überlegungen und aus ihnen resultierende Maßnahmen müssen in das Kostenmanagement aufgenommen werden, da sich in allen Teilbereichen sowohl Kosten- und Risiko- als auch Erlös- und Chancenwirkungen ergeben können. Diese Wirkungen gilt es im Rahmen des Kostenmanagements zu erfassen, um sie zur Erfüllung der Aufgaben des Umweltmanagements nutzen zu können.[115] Daraus resultiert die Forderung, das Kostenmanagement zu einem Umweltkostenmanagement auszubauen, auch wenn der Begriff Kostenmanagement beibehalten wird. Dies impliziert dann eine gewisse Selbstverständlichkeit der Aufnahme von Umweltaspekten in das Kostenmanagement.

Für den Bereich der Kostenrechnung ist dies auch schon geschehen, wie die Arbeiten bspw. von KLOOCK, ROTH, PIRO und LETMATHE[116] zeigen. Für die übrigen Bereiche des Kostenmanagements kann hingegen ein Mangel festgestellt werden. Zwar existieren bereits Ansätze, die helfen, diesen Mangel zu beheben[117], doch ist das weite Spektrum des Kostenmanagements noch nicht abgedeckt.

Mit der Entwicklung der umweltorientierten Lebenszyklusrechnung wird versucht, einen weiteren Teilbereich des Umweltkostenmanagements auszufüllen.

---

[114] COENENBERG ET AL. sprechen daher auch von einem Wertschöpfungskreis, der durch den Aspekt der Verwertung möglich wird. Vgl. Coenenberg, A.G. et al. (1994), S. 86 f.
[115] Vgl. Coenenberg, A.G. et al. (1994), S. 88.
[116] Vgl. Letmathe, P. (1998); Piro, A. (1994); Roth, U. (1992); Kloock, J. (1990).
[117] Vgl. bspw. Siestrup, G. (1999).

2.3 Zusammenfassung der Ergebnisse

In diesem Kapitel erfolgte die grundlegende Abgrenzung verschiedener Begriffe des Umweltmanagements, d.h. die Begriffe der natürlichen Umwelt, der Umweltfunktionen und des betrieblichen Umweltschutzes wurden erläutert. Etwas ausführlicher erfolgte die Darstellung der Begriffe Umweltkostenmanagement und Umweltleistungsmangement, die eine besondere Bedeutung im Rahmen dieser Arbeit aufweisen.

Anschließend wurden die Beziehungen des Unternehmens zu seinem Umfeld und der Umwelt systemtheoretisch dargestellt und der besondere Einfluss der Umwelt auf das Makro-Umfeld (die Rahmenbedingungen) und das Aufgabenumfeld (die Anspruchsgruppen) untersucht. Im Ergebnis zeigte sich, dass Veränderungen der Umwelt und die dadurch hervorgerufenen Anforderungen der Anspruchsgruppen zu einer „ökologischen Betroffenheit" der Unternehmen führt, die wiederum Auslöser für die Aufnahme des Umweltschutzes in das betriebliche Zielsystem sein kann. Eine Ignorierung der ökologischen Betroffenheit führt zu Konflikten mit den Anspruchsgruppen und somit langfristig zu Existenzkrisen.

Der zu konstatierende Einfluss der ökologischen Betroffenheit auf das Zielsystem wirkt sich darüber hinaus auch auf die Strategien des Unternehmens aus, wobei in diesem Kapitel zunächst die zwei grundlegenden Ausrichtungen der passiven und aktiven Umweltschutzstrategien untersucht wurden. Die Vernetzung mit der Zielbetrachtung des Unternehmens ergab eine Typologisierungsmatrix, aus der sich insgesamt vier verschiedene Unternehmenstypen ableiten ließen (Passive, ökologieorientierte Folger, ökologieorientierte Innovatoren sowie ökologieorientierte Selektive).

Die Art und das Ausmaß, mit denen das Zielsystem und die Strategien des Unternehmens durch einen Einbezug des Umweltschutzes in die Unternehmensführung verändert werden, ziehen gleichzeitig eine Veränderung des Rechnungssystems bzw. des Kostenmanagements nach sich. Als wichtigste Konsequenz für das Kostenmanagement kann die Erweiterung zu einem Umweltkostenmanagement gesehen werden.

3   Grundlagen der Lebenszyklusrechnung

In diesem Kapitel werden unter Rückgriff auf die Ursprünge des Lebenszyklusdenkens die Notwendigkeit sowie die Grundlagen und der Aufbau einer Lebenszyklusrechnung dargelegt. Dazu erfolgt zunächst eine kurze begriffliche Abgrenzung, bevor auf die Entwicklung des Lebenszyklusmodells von einem Marketinginstrument hin zu einem Instrument des Kostenmanagements eingegangen wird. Im Anschluss an die Vorstellung der verschiedenen Lebenszyklusansätze werden die Besonderheiten und Probleme hervorgehoben, um hierauf aufbauend eine Weiterentwicklung der Lebenszyklusrechnung vorzuschlagen.

3.1   Begriffliche Abgrenzung: Lebenszyklus, Lebenszykluskosten, Lebenszyklusrechnung

Ganz allgemein bezeichnet der Begriff Zyklus einen „Kreislauf regelmäßig wiederkehrender Dinge oder Ereignisse, eine Zusammenfassung, Reihe oder Folge"[118]. Ein Zyklus weist demnach Eigenschaften auf, die sich wiederholen und modellhaft darstellbar sind.
Unter einem **Lebenszyklus** versteht man die schematisierte Darstellung der Entwicklung eines Objekts[119] von seiner Entstehung bis zu seinem Untergang.[120] Der Lebenszyklus weist objektspezifische Charakteristika auf, die sich regelmäßig wiederholen. Entsprechend den jeweiligen Entwicklungsstufen bietet es sich an, den gesamten Zyklus in Phasen[121] zu gliedern. Aus dieser phasenbezogenen Betrachtung des Lebenszyklus kann ein Beschreibungsmodell abgeleitet werden, welches zeit- und objektbezogen ausgestaltet wird.

Die Betrachtung eines **Produktlebenszyklus** reicht „von der Idee bis hin zur letzten Forderung, die für das Produkt aufgebracht werden muss"[122]. Dabei wird grundsätzlich eine Dreiteilung des gesamten Zyklus in die folgenden Hauptphasen vorgenommen: Vorleistungsphase, Marktphase und Nachleistungsphase, welche sich zeitlich durchaus überschneiden kön-

---

[118] Wübbenhorst, K.L. (1992), S. 246.
[119] Bezugsobjekte einer Lebenszyklusbetrachtung können sowohl Produkte/Systeme, Potenziale und Technologien als auch Unternehmen/Organisationen oder ganze Industrien sein. Vgl. zu einer ausführlichen Darstellung der Arten von Lebenszyklusmodellen Zehbold, C. (1996), S. 16 ff.; Reichmann, T./Fröhling, O. (1994), S. 282 ff.; Höft, U (1992), S. 15 ff. Im Folgenden liegt der Fokus auf dem Bereich der Produktlebenszyklen.
[120] Vgl. Kralj, D. (1999), S. 227.
[121] Die Phasen innerhalb eines Lebenszyklus stellen Zeitabschnitte dar, die aufeinander folgen und ihre besonderen Merkmale haben. Vgl. Siegwart, H./Senti, R. (1995), S. 3.
[122] Kralj, D (1999), S. 227.

nen [123] Die nachfolgende Abb. 3-1 stellt die Hauptphasen des Produktlebenszyklus schematisch dar:

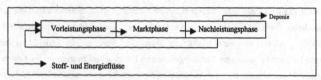

Abb. 3-1: Die Hauptphasen des Produktlebenszyklus

Der Begriff „Zyklus" deutet bereits an, dass während der Nachleistungsphase eine Rückführung des Produkts (oder Elemente des Produkts) in frühere Phasen stattfindet, d.h. dass Recycling erfolgt und der Kreislauf möglichst geschlossen wird.[124]

Zur Unterstützung betrieblicher Entscheidungen werden wertmäßige Abbildungsgrößen benötigt, die die Auswirkungen der Veränderungen über den Lebenszyklus abbilden. Diese Abbildung kann über **Lebenszykluskosten** erfolgen, welche die Kosten darstellen, die insgesamt während der Lebensdauer eines Objekts (Produkts) anfallen. Entsprechend den Hauptphasen des Lebenszyklus lassen sich Lebenszykluskosten einteilen in Vorleistungskosten (z.B. für Forschung & Entwicklung oder für den Erwerb von Lizenzen), in marktbezogene Kosten (z.B. für Produktwerbung und Öffentlichkeitsarbeit) und in Nachleistungskosten (Entsorgungskosten).[125]

Zusätzlich können auch die Erlöse, die während des Lebenszyklus entstehen, eingeteilt werden in Vorleistungserlöse (z.B. Subventionen oder Erlöse aus dem Verkauf von Lizenzen), marktbezogene Erlöse (Umsatzerlöse) und Nachleistungserlöse (z.B. Erlöse aus dem Verkauf recycelbarer Elemente/Produktteile).[126]

---

[123] Die Vorleistungsphase kann auch als Entwicklungsphase, die Nachleistungsphase als Entsorgungs- bzw. Nachsorgephase bezeichnet werden. Vgl. Reichmann, T./Fröhling, O. (1994), S. 287. Zur Analyse des Produktlebenszyklus sind Abgrenzungen zwischen den Phasen festzulegen. So sollte grundsätzlich geklärt sein, ob z.B. Wartung und Reparatur noch zur Marktphase oder bereits zur Nachleistungsphase gehören.

[124] Vgl. Hilty, L.M./Schmidt, M. (1997), S. 52 f. Die Grenzen des Recyclings bedingen allerdings, dass nicht alle Altprodukte bzw. Materialien wieder eingesetzt werden können.

[125] Vorleistungskosten werden teilweise auch als Vorlaufkosten, marktbezogene Kosten als Betriebs- bzw. Leistungsprozesskosten und Nachleistungskosten auch als Folgekosten bezeichnet. Vgl. Reichmann, T./ Fröhling, O. (1994), S. 287.

[126] Ähnlich wie die Kosten können die Vorleistungserlöse auch als Vorlauferlöse, die marktbezogenen Erlöse auch als Leistungsprozess- bzw. Betriebserlöse und die Nachleistungserlöse als Folgeerlöse bezeichnet werden. Vgl. Reichmann, T./Fröhling, O. (1994), S. 288 ff. Auf die einzelnen Kosten- und Erlöskategorien wird in Kap. 4 gesondert eingegangen.

Auf der Grundlage der Lebenszykluskosten und -erlöse kann eine **Lebenszyklusrechnung** erstellt werden, die als ein „umfassendes, periodenübergreifendes Planungs- und Überwachungsinstrumentarium"[127] verstanden werden kann. Es liegt ihr eine ganzheitliche Sichtweise zugrunde, d.h. sie ist ausgerichtet auf die gesamten Kosten/Erlöse des betrachteten Objekts; zusätzlich sind schwer oder nicht monetarisierbare/quantifizierbare entscheidungsrelevante Kriterien in eine solche Rechnung zu integrieren.[128] In erster Linie dient die Lebenszyklusrechnung der Planung der Wirtschaftlichkeit eines zu entwickelnden Objekts, darüber hinaus ist ihre Erstellung auch im Rahmen der Steuerung und Kontrolle des Lebenszykluserfolgs und der Unterstützung langfristiger betrieblicher Entscheidungen sinnvoll.[129]

---

[127] Riezler, S. (1996), S. 8.
[128] Vgl. Riezler, S. (1996), S. 11 f.
[129] Vgl. Kralj, D. (1999), S. 228.

3.2   Entstehung und Entwicklung des Lebenszyklusmodells

Die Betrachtung des gesamten Lebenszyklus ist kein neues Verfahren, erste konkrete Überlegungen zu einem Produktlebenszyklusmodell lassen sich bereits in den 50er Jahren feststellen.[118] Grundlegende Beachtung findet das Modell als Analyse- und Planungsinstrument im
Bereich des Marketing, zunehmend erfolgt sein Ausbau zu einem Instrument des Kostenmanagements.

3.2.1   Lebenszyklusmodell als Analyse- und Planungsinstrument

Die allgemeine, klassische Form des Produktlebenszyklus wird in einem (x,y)-Diagramm
dargestellt, welches auf der Abszisse die Zeit als Maßgröße und auf der Ordinate unterschiedliche Messkriterien[119], wie bspw. den Absatz als Mengengröße oder den (Grenz-)Umsatz als
Wertgröße, abbildet. Der Zeitstrahl auf der Abszisse teilt den Produktlebenszyklus[120] im Allgemeinen in fünf Phasen[121] ein, denen unterschiedliche Umsatz- bzw. Absatzwerte oder andere Größen zugeordnet werden. Diese Zuordnungen basieren auf empirischen Beobachtungs-
daten und stellen den Lebenszyklus typischerweise durch einen der ertragsgesetzlichen Pro-
duktionsfunktion vergleichbaren S-förmigen Kurvenverlauf dar, welcher zunächst steigende,
mit zunehmender Produktlebenszeit aber sinkende Zuwachsraten der auf der Ordinate ange-
gebenen Messkriterien aufweist.[122] Erst nach der Reife-/Sättigungsphase zeigt sich ein fallen-
der Kurvenverlauf (vgl. die nachfolgende Abb. 3-2).

---

[118] Vgl. Siegwart, H./Senti, R. (1995), S. 4; Höft, U. (1992), S. 16. Demnach sind als Vertreter des klassischen
Produktlebenszyklusmodells Dean, J. (1950), Tinbergen, J. (1952), Schäfer, E (1953), Forrester, J W
(1959), Patton, A. (1959) sowie Booz/Allen/Hamilton (1960) hervorzuheben.

[119] Im Gegensatz zur Zeit als Maßgröße der Abszisse sind die Messkriterien auf der Ordinate strittig und
daher nicht einheitlich. Vgl. Engelhardt, W.H. (1989), Sp. 1592. Eine Darstellung relevanter Maßgrößen findet sich bei Höft, U. (1992), S. 31.

[120] Dabei handelt es sich genau genommen lediglich um die Marktphase des Produktes, also um den Zeitraum
des Produktabsatzes. Vgl. Meinig, W. (1995), Sp. 1393, sowie Rückle, D./Klein, A. (1994), S. 344 f. Vor-
leistungs- und Nachleistungsphase bleiben ausgeblendet.

[121] Die folgenden Phasen werden betrachtet: Einführung, Wachstum, Reife, Sättigung und Verfall/Degeneration.
Vgl. beispielhaft Rückle, D./Klein, A. (1994), S. 344. Eine detaillierte Darstellung der einzelnen Phasen findet sich z.B. bei Meinig, W. (1995), Sp. 1395 ff.; Engelhardt, W.H. (1989), Sp. 1593 ff.; Hoffmann, K.
(1972), S. 31 ff Teilweise lassen sich Zusammenfassungen verschiedener Phasen oder Erweiterungen um
zusätzliche Phasen feststellen, so dass Drei- bis Sechs-Phasen-Aufteilungen möglich sind. Vgl. Höft, U
(1992), S. 17 ff.; Engelhardt, W.H (1989), Sp. 1592 f. Hier soll jedoch der allgemeine Fall einer Fünf-
Phasen-Aufteilung zugrunde gelegt werden.

[122] Vgl Rückle, D./Klein, A. (1994), S. 344, sowie Engelhardt, W.H. (1989), Sp. 1592. Das Lebenszykluskon-
zept lässt sich daher auch als „deterministisches und zeitraumbezogenes Marktreaktionsmodell" bezeichnen.
Meinig, W (1995), Sp. 1392

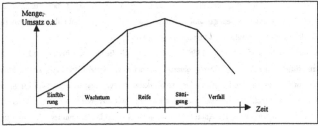

Abb. 3-2: Das vereinfachte Modell des Produktlebenszyklus[123]

Die Bedeutung dieses Lebenszyklusmodells liegt in seiner Verwendbarkeit als Analyse- und Planungsinstrument: Indem unterstellt wird, dass eine Positionsbestimmung des Produkts auf seiner Lebenszykluskurve und somit eine Situationsanalyse möglich ist, können mithilfe der Prognostizierbarkeit der Marktentwicklung Grundlagen für unternehmerische Entscheidungen gelegt werden.[124] In der Literatur werden insbesondere die folgenden Analyse- und Planungsbereiche hervorgehoben:[125]

- Disposition und Planung zukünftiger Fertigungskapazitäten,

- phasenweise Optimierung des absatzpolitischen Instrumentariums,[126]

- Analyse und Korrektur möglicher Soll-Ist-Abweichungen von prognostizierten Zyklusverläufen sowie

- (langfristige) Produkt- und Programmplanung.

Um sinnvolle Entscheidungshilfen für die betriebliche Planung mittels Lebenszyklusanalyse bereitstellen zu können, ist es notwendig, den Produktbegriff zu definieren und zu spezifizieren (Produktgattung, -art, Sorte/Modell oder Artikel/Typ). Häufig wird der Lebenszyklusanalyse die Produktart zugrundegelegt, „da Zyklusbetrachtungen auf diesem Aggregationsniveau besonders sinnvoll erscheinen"[127]

Neben seiner Bedeutung als Planungsinstrument sieht sich das Lebenszyklusmodell jedoch auch einiger Kritikpunkte[128] ausgesetzt, die es im Rahmen der in dieser Arbeit vorzunehmen-

---

[123] In Anlehnung an Rückle, D./Klein, A. (1994), S. 344.
[124] „In der absatzwirtschaftlichen Literatur wird seit langem der entscheidungsorientierte Charakter des Lebenszyklusmodells gewürdigt (...)". Meinig, W. (1995), Sp. 1393. Vgl. ebenso Hoffmann, K. (1972), S. 17.
[125] Vgl. Engelhardt, W.H. (1989), Sp. 1597.
[126] Vgl. zur detaillierten Beschreibung der phasenbezogenen Absatzpolitik Meinig, W. (1995), Sp. 1402 f.
[127] Meinig, W. (1995), Sp. 1394. Eine ausführliche Diskussion findet sich bei Höft, U. (1992), S. 27 ff.
[128] Eine Widerlegung des idealtypischen Verlaufs des Lebenszyklus erfolgte durch empirische Untersuchungen Vgl Meinig, W (1995), Sp. 1401 f.; Siegwart, H./Senti, R. (1995), S. 7 ff.; Rückle, D./Klein, A. (1994), S. 345; Höft, U. (1992), S. 40 ff.; Engelhardt, W.H. (1989), Sp. 1598 ff.; Dhalla, N.K./Yuspeh, S. (1976), S 102 ff., sowie Hoffmann, K. (1972), S. 69 ff.

den Weiterentwicklung des Modells zu berücksichtigen gilt: So lässt sich zunächst die Schwierigkeit der exakten **Bezugsgrößendefinition** feststellen, d.h. es ist teilweise schwierig, das für das Modell relevante Objekt eindeutig abzugrenzen.[129]

Weiterhin kritisch sind die dem Modellkonzept zugrunde liegenden **Ablauf- und Verhaltensannahmen** zu sehen, welche von einem determinierten Verlauf der Lebenszykluskurve und einem festgelegten Verhaltensmodus der Marktbeteiligten ausgehen. So wird bspw. angenommen, dass technische Substitutionsprozesse erst mit Erreichen der Sättigungsgrenze wirksam werden bzw. dass die Anbieterunternehmen sich zyklendeterminiert verhalten und somit normierte Anpassungsstrategien aufgedeckt werden können.

Bezogen auf die Lebenszykluskurve lässt sich das Problem erkennen, dass eine **Phasenabgrenzung** nicht eindeutig durchführbar ist, ebensowenig ist eine **Standortbestimmung** innerhalb des Zyklus willkürfrei möglich, denn es ist teilweise nur schwer zu beurteilen, ob ein relatives Maximum oder schon ein Sättigungspunkt vorliegt. In diesem Zusammenhang ist auch das Problem der **indeterminierten Phasenlängen** zu berücksichtigen. So muss man bei der Analyse stets bedenken, dass die einzelnen Marktphasen nicht für alle Produkte gleich lang sind, ebenso kann der Fall vorliegen, dass Marktphasen übersprungen werden, so dass von dem idealtypischen Fall der Fünf-Phasen-Aufteilung nicht uneingeschränkt ausgegangen werden kann.

Grundlegende Kritik an diesem Planungsmodell ist an der Tatsache zu üben, dass der Begriff „Lebenszyklus" gebraucht wird, obwohl gar keine Lebenszyklusbetrachtung stattfindet, sondern nur eine Betrachtung der Marktphase des Produkts/der Produktart. Insbesondere dieser Kritikpunkt hat zur Entwicklung weiterer Ansätze des Produktlebenszyklusmodells geführt, auf die im folgenden Kapitel eingegangen wird.[130]

Trotz der angeführten Kritik bleibt der Verdienst des Lebenszyklusmodells darin zu sehen, dass er einen theoretischen Denkansatz bietet, auf dessen Grundlage betriebliche Planungen und Entscheidungen unterstützt werden.[131] Dabei besteht Konsens dahin gehend, dass Produkte i.d.R. einen begrenzten Marktzyklus haben und dass sie während dieses Zyklus ähnlich strukturierte Phasen durchlaufen, wenn auch im Einzelfall in ganz unterschiedlicher Weise und Zeitlange.[132]

---

[129] Vielfach gehen Lebenszyklusanalysen von sog. „neuen" Produkten aus, ohne jedoch festzulegen, wann ein Produkt als „neu" oder lediglich als altes, verändertes Produkt angesehen wird. Vgl. Siegwart, H./Senti, R. (1995), S. 9.

[130] Vgl. zur Weiterentwicklung des klassischen Modells z.B. Siegwart, H./Senti, R. (1995), S. 12 ff., sowie Pfeiffer, W./Bischof, P. (1974 und 1981).

[131] So auch Meinig, W. (1995), Sp. 1404.

3.2.2 Entwicklung des Lebenszyklusmodells

Das Konzept des Produktlebenszyklus wurde vor allem dadurch verbessert, dass der Marktphase weitere Phasenbetrachtungen vorangestellt wurden. Diese Verbesserungen finden sich insbesondere in zwei grundlegenden Konzepten wieder: zum einen in dem Konzept des erweiterten und zum anderen in dem Konzept des integrierten Lebenszyklus.

Um die Betrachtung des Lebenszyklus über die Marktphase hinaus auszudehnen, wurde das **Konzept des erweiterten Lebenszyklus** entwickelt, welches der Marktphase einen sog. Entstehungszyklus[133] vorschaltet (vgl. Abb. 3-3). Diese vorgeschaltete Phase dient in erster Linie der Suche, Bewertung und Auswahl von Produktideen und Alternativen, der Forschung & Entwicklung und der ersten Herstellung eines ausgewählten Produkts.[134] Sie entspricht somit der bereits oben dargestellten Vorleistungsphase.[135] Ebenso wie bei dem Analyse- und Planungsmodell auf der Ordinate Umsatz- bzw. Gewinngrößen angegeben werden können, kann der Entstehungszyklus um eine Kostenperspektive ergänzt werden, wobei hier ebenfalls nicht von einem allgemeingültigen Kurvenverlauf ausgegangen werden kann.[136]

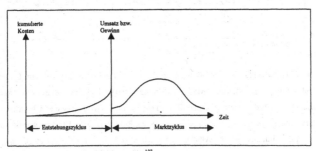

Abb. 3-3: Der erweiterte Produktlebenszyklus[137]

---

[132] Vgl. Baumann, S. (1999), S. 54; Höft, U. (1992), S. 40.
[133] Der Begriff Entstehungs*phase* erscheint angebrachter, da sich der gesamte Lebenszyklus aus Phasen zusammensetzt.
[134] Eine ausführliche Darstellung der Alternativensuche, -bewertung und Realisierung findet sich bei Pfeiffer, W./Bischof, P. (1981), S. 138 ff.
[135] Vgl. Kap. 3.1.
[136] Vgl. Pfeiffer, W./Bischof, P. (1981), S. 142.
[137] In Anlehnung an Baumann, S. (1999), S. 55, und Höft, U. (1992), S. 54.

. Eine weitere Ergänzung findet sich im **Konzept des integrierten Lebenszyklus**, dem nicht nur ein Entstehungszyklus, sondern zudem ein sog. Beobachtungszyklus vorgeschaltet wird Die Entwicklung dieses Konzepts ist maßgeblich auf PFEIFFER/BISCHOF zurückzuführen und diente ursprünglich als Instrument zur strategischen Produktplanung. Das Konzept ist wesentlich flexibler ausgestaltet als klassische Modelle; es umgeht deren deterministische Annahmen und besteht nicht auf einem sequenziellen Phasenverlauf.[138] Die nachfolgende Abb. 3-4 zeigt die schematische Darstellung.

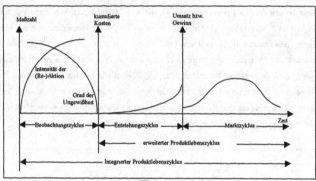

Abb. 3-4: Der integrierte Produktlebenszyklus[139]

Der Beobachtungszyklus dient der Gewinnung strategischer Informationen aus dem Umfeld des Unternehmens, so z.B. über Marktentwicklungen, technologische Neuerungen, soziogesellschaftliche Änderungen, Gesetzesvorhaben etc.[140] Auf der Grundlage dieser Informationen entstehen Überlegungen zur Entwicklung neuer Produkte; diese Überlegungen bilden wiederum die Grundlage für Aktivitäten im Entstehungszyklus.[141] Im Verlauf des Beobachtungszyklus steigt die Intensität unternehmerischen Handelns und sinkt der Grad der Ungewissheit bezüglich zukünftiger Entwicklungen.[142]

---

[138] Vgl. Pfeiffer, W./Bischof, P. (1981 und 1974). Das Konzept des integrierten Lebenszyklus berücksichtigt ebenso wie das erweiterte Konzept, dass der Verlauf der Phasen nicht allgemeingültig vorgegeben ist, sondern insbesondere im Marktzyklus als offen und unbekannt beurteilt wird. Dennoch können auf der Grundlage von Erfahrungsdaten typische Verlaufsmuster ermittelt werden, die im Rahmen der Planung eingesetzt werden können. Vgl. auch Siestrup, G. (1999), S. 176; Back-Hock, A. (1992), S. 708; Back-Hock, A. (1988), S 22 ff.
[139] In Anlehnung an Pfeiffer, W./Bischof, P. (1981), S. 136.
[140] Vgl. Zehbold, C. (1996), S. 35.
[141] Vgl. Pfeiffer, W./Bischof, P. (1981), S. 137 f.
[142] Vgl. Baumann, S. (1999), S. 56.

Obwohl eine Vorschaltung des Beobachtungszyklus zunächst sinnvoll erscheint, muss an dieser Stelle angemerkt werden, dass dieser Zyklus mit Beginn des Entstehungszyklus nicht als abgeschlossen betrachtet werden darf. Denn auch im Laufe der Entstehung sind Informationen aus dem Umfeld des Unternehmens wichtig und können zu Änderungen der Produktentstehung führen. Demnach erscheint es sinnvoller, einen Beobachtungszyklus nicht vorzulagern, sondern ihn als zur strategischen Unternehmensplanung gehörig zu betrachten und somit sowohl *vor als auch während* des gesamten Lebenszyklus zu integrieren.[143]

3.2.3 Umweltbezogene Weiterentwicklung des Lebenszyklusmodells

Der Einbezug der Umweltaspekte in die Betrachtung des Lebenszyklus erfolgt über eine zusätzliche Erweiterung des Zyklus um rückstands- und entsorgungsbezogene Phasen[144], teilweise sogar um Ansätze, die den Produktkreislauf zur Grundlage nehmen. Im Unterschied zum klassischen Modell des Produktlebenszyklus geht es hier jedoch nicht um die Bestimmung der Marktpositionierung des Produkts, sondern um die Aufdeckung der Umweltbelastungen, die das Produkt von der Entstehung bis zu seiner Entsorgung hervorruft.[145]

Die nachfolgend dargestellten Ansätze zeigen ausgewählte Möglichkeiten zur Integration der Umweltaspekte in die Lebenszyklusbetrachtung auf, eine vollständige Darstellung wird dabei allerdings nicht vorgenommen, da in der Literatur bereits umfassende und systematisierte Aufarbeitungen vorhanden sind.[146]

3.2.3.1 *Rückstandsbezogene Ansätze*

Ein erster Ansatz zur Berücksichtigung der durch die Produktion entstehenden **Rückstände** ist auf STREBEL/HILDEBRANDT (1989)[147] bzw. HILDEBRANDT (1993)[148] zurückzuführen. Sie

---

[143] So ist auch die Intention des Ansatzes zu verstehen, vgl. Zehbold, C. (1996), S. 35 f., wenngleich die schematische Darstellung diesen Aspekt nicht hervorhebt.

[144] Günther, T./Kriegbaum, C. (1999), S. 238 f.; Siegwart, H./Senti, R. (1995), S. 19 ff., und Back-Hock, A. (1992), S. 706 f., integrieren einen Nachsorgezyklus, wobei dieser sich allerdings größtenteils auf Garantie- und Serviceleistungen bezieht, die nach Ansicht d. Verf. zum Marktzyklus (zur Marktphase) gezählt werden sollten, da das Produkt weiterhin genutzt werden kann. Entsorgungskosten werden bei den Autoren nur am Rande erwähnt, weiterhin lassen sie die Beobachtungszyklus außen vor, so dass ihre Ansätze zu den erweiterten Lebenszyklus-Modellen zu zählen sind. Vgl. Kap. 3.2.2.

[145] Vgl. auch Steger, U (1994), S 67 f.

[146] Eine ausführliche systematische Darstellung findet sich bspw. bei Baumann, S. (1999), S. 52 ff.

[147] Vgl Strebel, H./Hildebrandt, T. (1989), S. 101 ff.

[148] Vgl. Hildebrandt, T. (1993), S. 219 ff.

erweitern die herkömmliche Betrachtung des (erweiterten) Produktlebenszyklus[149] um die
Entsorgungsproblematik von Rückständen und stellen klar heraus, dass eine Vermeidung
bzw. Reduktion von Rückständen mit einer veränderten Produktgestaltung einhergehen
muss.[150] Demnach ist der Rückstandszyklus dem Produktlebenszyklus nicht nachgelagert,
sondern wird als „begleitende Rückstandsoutputbetrachtung"[151] verstanden. Zudem findet
eine (nachsorgende) Phasenerweiterung statt, um das spätere Emissionsaufkommen sowie die
Entsorgung zu erfassen. In ihrem Ansatz erfolgt die Erfassung der Emissionen über den gesamten (erweiterten) Produktlebenszyklus, so dass die Gesamtschadstoffmenge erfassbar
wird. Ein Rechnungsansatz wird allerdings nicht vorgeschlagen.

Einen Ansatz zur besonderen Berücksichtigung der **Entsorgungsphase** stellt HORNEBER
(1992 und 1995) vor.[152] Er nutzt das Konzept des integrierten Technologie-Lebens-
zykluskonzepts und erweitert es um einen Entsorgungszyklus, wobei der Entsorgungszyklus
„eine alle Phasen überspannende Rolle"[153] einnimmt. Die nachfolgende Abb. 3-5 zeigt das
Grundkonzept auf:

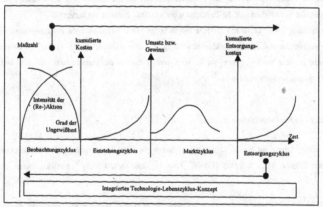

Abb. 3-5: Integriertes Technologie-Lebenszyklus-Konzept[154]

---

[149] STREBEL/HILDEBRANDT sprechen zwar vom „integrierten Produktlebenszyklus", betrachten jedoch lediglich
den Entstehungszyklus als vorgelagerte Phase. Vgl. Hildebrandt, T. (1993), S. 221 f., sowie Strebel, H./
Hildebrandt, T. (1989), S. 102 f.
[150] Vgl. Strebel, H./Hildebrandt, T. (1989), S. 106.
[151] Strebel, H./Hildebrandt, T. (1989), S. 104.
[152] Vgl Horneber, M. (1995), sowie Horneber, M. (1992).
[153] Horneber, M. (1992), S. 26.
[154] In Anlehnung an Horneber, M. (1995), S. 119.

Zur ökonomischen Bewertung des Entsorgungsmanagements schlägt HORNEBER den Ansatz einer „integrierten wertschöpfungsnetzwerk- und lebenszyklusorientierten Entsorgungs-Kostenrechnung"[155] vor, die eine Kopplung der traditionellen Ansätze der Wertschöpfungs-netzwerkrechnung[156] und der Lebenszykluskostenrechnung[157] darstellt. Hier findet sich erst-mals ein Ansatz mit Lebenszyklusbetrachtung, der Schwerpunkt liegt jedoch auf der Entsor-gungs-Kostenrechnung.

Zudem ist zu berücksichtigen, dass sich dieser Ansatz nicht auf den Produktlebenszyklus be-zieht, sondern den Technologie-Lebenszyklus zugrunde legt, und dass HORNEBER keine Aus-führungen zur Aufnahme möglicher externer Effekte in das Rechnungskonzept macht.

Die aufgeführten rückstandsbezogenen Ansätze erfassen neben den durch unternehmerische Tätigkeiten unmittelbar verursachten Emissionen auch die mittelbar entstehenden Emissionen durch Nutzung und Entsorgung. Durch die umfassende Prognose der Umweltbelastungen während des gesamten Lebenszyklus wird die Bedeutung der Konzeptionsphase besonders hervorgehoben, denn in dieser frühen Phase sind nicht nur Verminderungen, sondern auch Vermeidungen zukünftiger Umweltbelastungen möglich. Allerdings ist in dieser Phase das Problem der Unsicherheit bzw. der Informationsbeschaffung am größten.

3.2.3.2   Kreislaufbezogene Ansätze

Obwohl der Begriff Lebenszyklus bereits ein „Denken in Kreisläufen"[158] impliziert, ist ein Übergang zur Kreislaufwirtschaft erst dann gegeben, wenn nicht nur möglichst viele Stoffe innerhalb des betrachteten Lebenswegs wieder eingesetzt werden, sondern wenn darüber hin-aus auch für die restlichen Stoffe durch angemessene Kooperationen unternehmensübergrei-fende Kreisläufe ermöglicht werden.[159] Derartige Ansätze werden im Folgenden kurz darge-stellt.

---

[155] Horneber, M. (1995), S. 219 ff.
[156] Vgl. Horneber, M. (1995), S. 204 ff. Die Wertschöpfungsnetzwerkrechnung baut auf der Prozesskostenrech-nung auf.
[157] Vgl. Horneber, M. (1995), S. 212 ff.
[158] Janzen, H. (1997), S. 314. Janzen weist darauf hin, das der Begriff „Zyklus" vom griechischen „kyklos" (= Kreis) abgeleitet wird.
[159] Vgl. Janzen, H. (1997), S. 321.

Auf der Grundlage der von Porter entwickelten Wertkette[160] nahm SCHMID[161] eine erste
Übertragung auf den Bereich der umweltorientierten Unternehmensführung vor, die mehrfach
weiterentwickelt wurde.[162] Die Darstellung der gesamten **Wertschöpfungskette**[163] ermöglicht
eine Analyse sämtlicher umweltbezogener Aktivitäten sowie Verbesserungen durch die Aufdeckung von Stärken und Schwächen des Unternehmens. Die folgende Abb. 3-6 verdeutlicht
das Konzept:[164]

Umweltorientierte Unternehmensführung: Ziele, Strategie und organisatorische Voraussetzungen					
Personalwesen: umweltbezogene Schulung und Information, „Öko-Vorschlagswesen"					
Forschung und Entwicklung: „target-based" F&E-Ansatz, Produktaufbau und Design unter umweltorientierten Gebrauchs- und Entsorgungskriterien					
Informationssysteme: Nutzung von Controlling-Informationen					
Beschaffung	Produktion	Marketing	Vertrieb/ Kundendienst	Entsorgung	Kommunikation
umweltorientierte Transportoptimierung (Mehrweg, Bahn)	„internes" Recycling von Abfällen und Reststoffen	Kommunikation umweltbezogener Produktvorteile	„value-added" Dienstleistungen im Umweltbereich	Entsorgung als „dritte Marktdimension"	Kommunikation mit politischen System, der allgemeinen Öffentlichkeit
Gefahrstoff-Substitution	Umweltdimension in der Qualitätskontrolle	Adjustierung der Marketingbasisstrategien und des Marketingmuxes auf den gesamten Produktlebenszyklus	Ergänzung des Angebots um Reparaturservice und Austauschteile	Kooperation mit Wettbewerbern und Kunden	PR-Kampagnen mit Öko-Pionieren
Recyclingfähigkeit von Materialien	lean = green		Sicherstellung der umweltbezogenen Funktionsfähigkeit	Angebot von Rücknahme- und Wiederaufarbeitungssystemen	Umweltschutzberatung
Kooperation mit Lieferanten	Minimierung des Ressourcen- und Energieeinsatzes				

Erfolg

Abb. 3-6: Umweltorientierte Wertschöpfungskette[165]

Aufbauend auf den Überlegungen zur Wertschöpfungskette und äquivalenten Ausführungen
zur Schadschöpfungskette[166] entwickelten ZAHN/SCHMID schließlich den Ansatz zum ökolo-
giebezogenen **Wertschöpfungsring**.[167] Dieser Ansatz hebt den Recycling-Aspekt hervor und
dient den Entscheidungsträgern eines Unternehmens dazu, das Ziel eines „nachhaltigen,

---

[160] Vgl. Porter, M.E. (1999), S. 63 ff. Diese Wertkette analysiert alle primären und unterstützenden Aktivitäten
des Unternehmens. Unter der Voraussetzung, dass die Kosten dieser wertschöpfenden Aktivitäten langfristig
geringer sind als die vom Markt vergütete Leistung, kann das Unternehmen als langfristig wettbewerbs- und
damit überlebensfähig eingestuft werden.

[161] Vgl. Schmid, U. (1989), S. 76 f.

[162] Vgl. z.B. Steger, U. (1994), S. 68 ff.; Dyllick, T. (1991), S. 38 ff.

[163] Von der Wertkette grenzt Porter die Wertschöpfung als Differenz zwischen Verkaufspreis der Produkte und
Einkaufspreis der Rohstoffe ab. Vgl. Porter (1999), S. 70. Trotzdem hat sich bei den Konzepten i.R.d. umweltorientierten Unternehmensführung der Begriff „Wertschöpfungskette" durchgesetzt.

[164] Zu einer detaillierten Beschreibung der einzelnen Aktivitäten vgl. bspw. Steger, U. (1994), S. 69 ff.

[165] In Anlehnung an Steger, U. (1994), S. 69. Eine ähnliche Darstellung findet sich auch bei Dyllick, T. (1991),
S. 40, sowie grundlegend bei Schmid, U (1989), S. 77.

[166] Vgl. Schaltegger, S./Sturm, A. (1992), die den Weg von der Wertschöpfung zur Schadschöpfung untersuchen. Auf Ausführungen zu diesem Ansatz wird hier verzichtet und auf die angegebene Literatur verwiesen.

[167] Vgl. Zahn, E./Schmid, U. (1992), S. 74 ff. Den gleichen Ansatz verwendet SCHMID auch ein paar Jahre später, vgl. Schmid, U. (1996), S. 167 ff.

rückgekoppelten Stoffstrommanagements"[168] durch eine kreislaufförmige Gestaltung der Material-, Energie- und Informationsströme zu erreichen. Neben dem Aspekt der Wertschöpfung spielen auch Fragen der Werterhaltung, Werterneuerung und/oder Wertvernichtung von Materie und Energie innerhalb des betrachteten Lebenszyklus eine entscheidende Rolle. Neben den traditionellen, innengerichteten Aktivitäten werden bei diesem Ansatz insbesondere die überbetrieblichen Aspekte hervorgehoben, die für eine auch ökologisch effiziente Ausgestaltung der Wertschöpfungsprozesse bedeutsam sind und zur Erreichung geschlossener Materialkreisläufe beitragen.[169]

Die Bestrebungen, den Material- und Energiekreislauf zu schließen, finden sich auch in Ansätzen zum **Wertschöpfungskreis** wieder, wie er bspw. bei COENENBERG und bei GÜNTHER vorgestellt wird.[170] Dieser Wertschöpfungskreis stellt ebenfalls eine Erweiterung der Wertkette von PORTER um die Wertaktivitäten Entsorgung und Recycling dar und dient ebenso der Unternehmensanalyse, d.h. der Identifizierung der Stärken und Schwächen im Hinblick auf eine Umsetzung der Ökologieorientierung auf den einzelnen Stufen der Wertschöpfung.[171] Die Intention dieses Ansatzes ist demnach die gleiche wie bei der oben dargestellten umweltorientierten Wertschöpfungskette. Die nachfolgende Abb. 3-7 stellt den Wertschöpfungskreis schematisch dar:

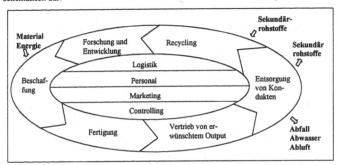

Abb. 3-7: Wertschöpfungskreis[172]

---

[168] Schmid, U (1996), S. 170. Kursiv und fett gedruckte Worte entsprechen dem Original.
[169] Zu diesem Ansatz stellt SCHMID weiterhin Recyclingstrategien als Gestaltungsmöglichkeiten des umfassenden Kreislaufmanagements vor. Vgl. Schmid, U. (1996), S. 172 f. Auf deren Ausführung wird hier verzichtet, da sie für den weiteren Verlauf der Arbeit nicht von Bedeutung sind.
[170] Vgl Coenenberg, A.G. (1994), S. 41, sowie Günther, E (1994), S. 90.
[171] Vgl Günther, E (1994), S. 89 f.

Die Abbildung 3-7 zeigt, dass das Kreislaufdenken zwar hervorgehoben, jedoch nicht als geschlossenes System betrachtet wird. Die Zugabe von Material, Energie und wieder einsetzbaren Sekundärrohstoffen sowie die Abgabe von nicht mehr verwend- und verwertbaren Stoffen können in den Kreislauf aufgenommen werden.

Die obigen Ausführungen haben beispielhaft gezeigt, dass und wie ökologieorientiertes Denken Eingang in die Betrachtung des Lebenszyklus eines Produkts finden kann.[173] Diese Darstellungen dienen als Grundlage für die weitere Analyse und insbesondere für die Entwicklung eines lebenszyklusbezogenen Rechnungskonzepts.

---

[172] In Anlehnung an Coenenberg, A.G. (1994), S. 41, und Günther, E. (1994), S. 90.
[173] Eine Darstellung weiterer kreislaufbasierter Ansätze findet sich bspw. bei Baumann, S. (1999), S. 68 ff. Da sie keine grundsätzlich neuen Ansätze darstellen, wird hier auf ihre Vorstellung verzichtet und auf die angegebene Literatur verwiesen.

3.2.4   Notwendigkeit einer lebenszyklusbezogenen Rechnung

Nachfolgend werden Sachverhalte aufgeführt, die auf Defizite der periodenbezogenen Rechnung hinweisen und eine periodenübergreifende, ganzheitliche Erfassung der Kosten (und Erlöse) nahelegen. Auf dieser Grundlage können dann in Kapitel 3.2.5 bestehende Rechnungskonzepte vorgestellt werden, die lebenszyklusbezogen – und somit periodenübergreifend – ausgestaltet sind, jedoch nicht auf umweltbezogene Aspekte eingehen.

3.2.4.1   Veränderungen in der Phasenstruktur des Lebenszyklus und ihre Auswirkungen
auf die Entwicklung der Kosten und Erlöse

Die Notwendigkeit einer ganzheitlichen Betrachtung kann in erster Linie mit den in vielen Branchen empirisch zu beobachtenden Veränderungen in den Hauptphasen des Produktlebenszyklus begründet werden:
Der Anstieg technologischer Entwicklungen und die steigende Nachfrage der Kunden nach neuen Anwendungen führt zu ständig kürzer werdenden Markt- (bzw. Nutzungs-) -phasen bei steigender Entwicklungszeit für neu zu entwickelnde Produkte.[186] Diese Veränderungen in den ersten beiden Hauptphasen eines Produktlebenszyklus führen dazu, dass in gleichem Maße der Entsorgungsaufwand steigt, da die Produkte nach nur kurzer Verweildauer im Markt aus diesem wieder entfernt werden müssen.

Die Bedeutungsverschiebung innerhalb der einzelnen Phasen des Produktlebenszyklus bleibt nicht ohne Auswirkungen auf die Kosten- und Erlösstruktur in diesen Phasen. Die zunehmende Entwicklungszeit und die zunehmende Komplexität der Produkte bewirkt einen Anstieg der Kosten für Forschung und Entwicklung sowie für Entwicklungsinvestitionen[187] und somit einen Anstieg der Vorleistungskosten[188] (und evtl. der -erlöse) insgesamt.
Gleichermaßen sind jedoch auch Nachleistungskosten (und evtl. -erlöse) für Entsorgungsleistungen zu berücksichtigen, die ebenfalls mit zunehmender Komplexität der Produkte steigen. Zudem muss in diesem Zusammenhang berücksichtigt werden, dass gesetzliche Rege-

---

[186] Vgl. Kralj, D. (1999), S. 227. Als Beispiel können Computerhard- und -software genannt werden, deren Marktphasen sich stetig verkürzen.
[187] Vgl. Back-Hock, A. (1992), S. 703.
[188] Vgl. die Ausführungen zur zunehmenden Bedeutung der Vorleistungskosten bei Fröhling, O. (1994a), S. 31 ff.

lungen die Unternehmen immer stärker zur Rücknahme und Entsorgung der vorher abgesetzten Produkte und/oder ihrer Verpackungen verpflichten.

Umgekehrt bewirkt die sich verkürzende Marktphase jedoch auch einen immer kleiner werdenden Zeitraum zur Erzielung von Umsatzerlösen zur Deckung der Vor- und Nachleistungskosten. Dies kann u.U. dazu führen, dass die entstandenen und die noch zu erwartenden Kosten nicht mehr gedeckt werden können.

Der Anstieg der Vor- und Nachleistungskosten unterstreicht die Wichtigkeit der ganzheitlichen Kostenbetrachtung im Hinblick auf eine Reduzierung der Gesamtlebenszykluskosten. Dabei muss insbesondere berücksichtigt werden, dass es sich bei diesen Kosten zum größten Teil um Gemeinkosten[189] handelt. Der Gemeinkostencharakter verliert sich erst bei Betrachtung übergeordneter Bezugsobjekte, wie z.B. der Produktart oder der Produktgruppe. Der dadurch entstehende Einzelkostencharakter ermöglicht dann eine verursachungsgerechte Zurechnung, welche bei Gemeinkosten nicht möglich ist.

Ebenso relativ wie die Unterscheidung in Einzel- und Gemeinkosten ist die Trennung in fixe und variable Kosten[190], wenn der zugrunde liegende Planungszeitraum betrachtet wird.[191] Kosten, die bei kurzfristigem Planungshorizont als fixe Kosten einzustufen sind (wie z.B. Mietkosten für Büro- und Laborräume oder Gehälter), werden variabel und beeinflussbar, wenn der Planungshorizont ausgedehnt wird, da i.d.R. gesetzliche oder vertragliche Bindungen bestehen, die eine kurzfristige Beeinflussung nicht zulassen. Im Rahmen der Steuerung der Kosten ist es daher wünschenswert, den Anteil fixer Kosten zu reduzieren und den Anteil variabler Kosten zu erhöhen.

Die Berücksichtigung der vorstehend genannten Kosteneigenschaften der Vor- und Nachleistungskosten (tendenzieller Bedeutungszuwachs sowie Gemeinkosten- und Fixkostencharakter) zeigt deutliche Defizite der herkömmlichen, periodenbezogenen Verfahren der Kostenrechnung auf.[192] Zum einen wird deutlich, dass diese Verfahren die Besonderheiten der vor- und der nachgelagerten Phase nicht erfassen und nicht transparent machen, da sie ledig-

---

[189] Gemeinkosten stellen Kosten dar, die einem Bezugsobjekt (Kostenstelle, Kostenträger o.ä.) nicht direkt zurechenbar sind (sog. echte Gemeinkosten, z.B. Gehälter) oder bei denen eine direkte Zurechnung nicht wirtschaftlich ist (sog. unechte Gemeinkosten, z.B. Kosten für geringwertige Teile wie Schrauben oder Nägel) Diese Kosten müssen über Schlüsselgrößen dem Bezugsobjekt zugerechnet werden. Im Gegensatz zu den Gemeinkosten stellen Einzelkosten Kosten dar, die direkt zurechenbar sind (bspw. reine Akkordlöhne oder bestimmte Einsatzfaktoren für ein Produkt). Vgl. Kloock, J./Sieben, G./Schildbach, T. (1999), S. 56 ff.
[190] Fixe Kosten bleiben bei Veränderung der Ausbringungsmenge konstant bzw. fallen bei kurzfristiger Betrachtung auch dann an, wenn nicht produziert wird (z.B. Zinsen, Gehälter, Versicherungsbeiträge u.ä.) Im Gegensatz zu fixen Kosten verändern sich variable Kosten im Verhältnis zur Ausbringungsmenge Vgl. Kloock, J./Sieben, G./Schildbach, T. (1999), S. 46.
[191] Vgl. dazu auch die Ausführungen bei Back-Hock, A. (1988), S. 14 f.
[192] Vgl. zu den Defiziten der herkömmlichen Verfahren ausführlich Fröhling, O (1994a), S. 14 ff.

lich den laufenden Leistungserstellungsprozess planen und kontrollieren. Zum anderen werden die in einer Periode durchgeführten Forschungs- und Entwicklungsleistungen als Fertigungsgemeinkosten erfasst und den Kostenträgern (den Produkten) der laufenden Periode zugerechnet, obwohl sie eigentlich den Kostenträgern zukünftiger Perioden zugerechnet werden müssten, m.a.W. nicht die periodengleiche Verrechnung[193], sondern eine periodenübergreifende Verrechnung führt zum richtigen Ergebnis. Gleiches gilt für die Nachleistungskosten, die ebenfalls nicht den in der betrachteten Periode hergestellten Produkten zugerechnet werden sollten, sondern den Produkten vorangegangener Perioden.

Die Forderung nach periodenübergreifender Betrachtung der Kosten wird auch durch den Aspekt der steigenden Fixkosten gestärkt. Da fixe Kosten erst bei längerfristiger (mehrperiodiger) Betrachtung beeinflussbar werden, kann nur eine periodenübergreifende Rechnung die Steuerung der Kosten ermöglichen.

Die fehlende verursachungsgerechte Zurechenbarkeit der Gemeinkosten kann im Rahmen einer Produktlebenszyklusrechnung dadurch behoben werden, dass die Rechnung nicht produkt*stück*bezogen, sondern produkt*art*- oder produkt*gruppen*bezogen ausgestaltet wird.

3.2.4.2 Fehlende strategische Ausrichtung der traditionellen Rechnungssysteme

Aufgrund von Veränderungen unternehmerischer Rahmenbedingungen[194] ist die traditionelle kurzfristige operative Kostenrechnung nicht mehr ausreichend, um die zur Lösung von komplexen Entscheidungsproblemen benötigten Informationen bereitzustellen.[195] Dies führt dazu, dass nicht mehr nur die Beschäftigung als Entscheidungsvariable angesehen wird, sondern darüber hinaus Kapazitätsveränderungen bedeutsam werden. „Da nur noch relativ geringe kurzfristige Freiheitsgrade in der Unternehmensplanung bestehen, wird der Unternehmenser-

---

[193] Diese Art der Verrechnung ist liquiditätspolitisch begründet, da die Entwicklungskosten zukünftiger Produkte aus den laufenden Umsatzerlösen gedeckt werden sollen. Vgl. Reichmann, T./Fröhling, O. (1994), S. 302. Dennoch kann diese Art der Verrechnung kostenrechnerisch nicht als gerechtfertigt angesehen werden, da kein oder nur ein geringer Leistungszusammenhang zwischen Kosten und Kostenträger besteht. Vgl Fröhling, O. (1994a), S. 266 f.; Back-Hock, A. (1988), S. 3 f.

[194] Zu diesen zählen insbesondere die zunehmende Automatisierung und Flexibilisierung der Fertigung, die gestiegene Bedeutung der indirekten Leistungsbereiche, verstärkte Outsourcingaktivitäten, die Intensivierung der Forschung & Entwicklung, der zunehmende Einsatz neuer Informations- und Kommunikationstechnologien u.ä. Vgl. Baden, A. (1998), S. 606. Es sind genau diese Veränderungen, die einen Anstieg der Fixkosten, der Gemeinkosten und der Vorleistungs- und Nachleistungskosten bewirken. Vgl. Baden, A. (1998), S. 607, sowie die Ausführungen im vorherigen Kapitel.

[195] Vgl Baden, A. (1998), S. 606.

folg immer stärker von längerfristigen strategischen (...) Entscheidungen determiniert."[196] Zur Unterstützung längerfristiger strategischer Entscheidungen wird daher auch ein längerfristiges strategisches Rechnungssystem gefordert.

Strategische Entscheidungen zielen auf die langfristige Sicherung der Wettbewerbsfähigkeit ab. Allerdings wird diese langfristige Wettbewerbsfähigkeit nicht durch Erlösmaximieren und Kostenminimieren in den einzelnen Perioden gesichert. Um zu einer Sicherung der Wettbewerbsfähigkeit zu gelangen, sind langfristige Erfolgspotenziale notwendig, zu denen in erster Linie die Produkte eines Unternehmens gezählt werden. Diese Produkte müssen in ihrer Funktionalität, Qualität und ihrem Preis dem Kundenwunsch entsprechen. Daher sind für das Unternehmen insbesondere zwei Fragen von Bedeutung:

1) Welches Produkt wird für wen hergestellt? (Produkt-Markt-Strategie) und

2) Welche Ressourcen müssen zu seiner Herstellung eingesetzt werden? (Ressourcen-Strategie).

Diese Fragen können im Rahmen des Kostenmanagements beantwortet werden, wobei hier insbesondere das Kostenniveau und die Kostenstruktur im Vordergrund stehen.[197] Eine produktlebenszyklusbezogene Rechnung als Instrument des Kostenmanagements ist dabei konkret in der Lage, den Einfluss der Kosten in frühen Phasen zu berücksichtigen sowie Interdependenzen zwischen den einzelnen Kosten- und auch Erlösströmen der Lebenszyklusphasen zu beachten. So können bspw. höhere Investitionen zu Beginn zu Einsparungen in späteren Phasen führen.[198]

Trotz der Schwierigkeiten, die mit einer langfristigen Ausrichtung der Lebenszyklusrechnung verbunden sind, wird davon ausgegangen, dass strategische Entscheidungen, die auf einer Lebenszyklusbetrachtung basieren, ein besseres Gesamtergebnis hervorbringen als Entscheidungen, die auf einer Periodenbetrachtung beruhen.[199]

---

[196] Baden, A. (1998), S. 606. Dabei werden strategische Handlungen als solche angesehen, denen eine langfristige Betrachtung zugrunde liegt und bei denen sich Kapazitätsveränderungen ergeben. Ihnen stehen operative Handlungen gegenüber, die kurzfristig wirksam werden und von gegebenen Kapazitäten ausgehen.
[197] Vgl. die Ausführungen zum Kostenmanagement in Kap. 2 dieser Arbeit. Da den Kosten im sich verschärfenden Wettbewerb eine Schlüsselrolle zukommt, wird ein effektives Kostenmanagement mehr und mehr als entscheidend angesehen. Vgl. Baden, A. (1998), S. 608.
[198] Vgl. Susman, G.I. (1989), S. 9.
[199] Vgl. Susman, G.I. (1989), S. 10.

3.2.4.3   Zunehmende Bedeutung dynamischer und komplexitätsbedingter Aspekte

Im Zusammenhang mit der Forderung nach strategischer Ausrichtung des Kostenmanagements kann auch die Forderung nach Berücksichtigung von **Dynamik** und **Komplexität** gesehen werden, die mit der strategischen Komponente in Verbindung stehen.

Dynamik:

Der Unterschied zwischen statischer und dynamischer Betrachtung zeigt sich im Rahmen des Kostenmanagements zweifach, nämlich zum einen aus zeitlicher Sicht und zum anderen aus entscheidungsorientierter Sicht. Der Faktor *Zeit*[200] spielt bei statischer Betrachtung keine Rolle, denn hier liegen die Bedingungen einer einzigen Periode, gemessen zu einem bestimmten Zeitpunkt, auch der Planung zukünftiger Perioden zugrunde. Eine dynamische Betrachtung hingegen berücksichtigt mögliche Veränderungen der Rahmenbedingungen im Zeitablauf und bezieht diese in die Rechnung ein. Dynamische Betrachtungen sind demnach zeitraumbezogen zu sehen und implizieren Diskontinuitäten.

Die *entscheidungsorientierte Sicht* spielt bei statischer Betrachtung ebenfalls keine Rolle. Erst bei dynamischer Betrachtung wird offensichtlich, dass die in der aktuellen Periode getroffenen Entscheidungen Auswirkungen auf die zukünftige Entwicklung der Kosten haben. Im Rahmen des Kostenmanagements kann es daher nicht als ausreichend angesehen werden, statische Rechnungssysteme zur Entscheidungsunterstützung anzuwenden. Vielmehr sind dynamische Systeme einzusetzen, die die Auswirkungen auf die zukünftige Entwicklung der Kosten erfassen und auswerten. Als dynamisches System kann eine zukunftorientierte und periodenübergreifende Rechnung gelten, so wie sie die Lebenszyklusrechnung verkörpert. Mit einer Lebenszyklusrechnung können die dynamischen Aspekte aufgenommen werden, denn sie betrachtet alle Phasen des gesamten Lebenszyklus und kann sämtliche Wechselwirkungen und Diskontinuitäten erfassen.

Komplexität:

Die bereits in Kap. 3.2.2 angesprochenen Ursachen für Veränderungen in der Phasenstruktur des Produktlebenszyklus (schneller technologischer Wandel, individuelle Kundenwünsche, gesättigte und schrumpfende Märkte)[201] bewirken eine Zunahme der Komplexität auf der Produkt-, Prozess- und Ressourcenebene, die sich in steigenden Gemein- und Fixkosten (z.B.

---

[200] Vgl. hierzu auch die Ausführungen bei Back-Hock, A. (1988), S. 11 f.
[201] Vgl. hierzu ebenfalls Reiners, F./Sasse, A. (1999), S. 222.

durch Zunahme der F&E-Kosten) niederschlägt.[202] „Für das langfristige Überleben am Markt ist für die Unternehmen jedoch erfolgskritisch, den *wirtschaftlich optimalen Komplexitäts-grad* zu finden. Dementsprechend müssen die kosten- und erfolgsmäßigen Konsequenzen der Komplexitätsentstehung transparent gemacht werden, um darauf aufbauend Maßnahmen zur Vermeidung, Verringerung oder Beherrschung der Komplexität ergreifen zu können."[203] Das Kostenmanagement und insbesondere die Lebenszyklusrechnung als Instrument des Kosten-managements bieten durch den ganzheitlichen Ansatz die Möglichkeit, eine Transparenz der entstehenden Kosten herbeizuführen und dadurch die Komplexität zu vermindern. Im Rah-men der Lebenszyklusrechnung können Kostenwirkungen frühzeitig erfasst werden, so dass die Beeinflussungsmöglichkeiten groß und die Kosten der Beeinflussung möglichst gering gehalten werden können.[204]

3.2.4.4   Zunehmende Bedeutung der Ökologieorientierung

Spätestens seit Mitte der 80er Jahre gilt Umweltschutz nicht mehr als „vorübergehendes Modethema, sondern erweist sich als Jahrhundertaufgabe unserer Gesellschaft"[205]. Die wach-senden globalen Umweltprobleme, die sich verschärfende Gesetzgebung in diesem Bereich und das gestiegene Umweltbewusstsein aller Beteiligten tragen dazu bei, dass das Thema Umweltschutz auch für die Unternehmensführung stetig bedeutsamer wird und aus dem Ziel-system der Unternehmen nicht mehr wegzudenken ist. Einige empirische Untersuchungen zur Integration des Umweltschutzes in das betriebliche Zielsystem bestätigen diese Entwick-lung.[206]

Damit einher gehen auch die Bemühungen der Unternehmen, die Umweltbelastungen, die durch die Aktivitäten der Unternehmen entstehen, zu reduzieren. Zur Reduzierung der Um-weltbelastungen ist es allerdings wenig sinnvoll, lediglich den Herstellungsprozess der Pro-dukte unter ökologischen Gesichtspunkten zu optimieren. Vielmehr ist auch hier eine ganz-

---

[202] Vgl. Reiners, F./Sasse, A. (1999), S. 222. Diese Entwicklung wird häufig durch strategische Überlegungen unterstützt, da die Unternehmen bei Verfolgung der Differenzierungsstrategie die Kundenwünsche durch ein breites Angebot zu erfüllen versuchen. Damit beabsichtigen sie, Wettbewerbsvorteile zu erzielen, unterschät-zen jedoch häufig die Auswirkungen auf die Kosten, da nur selten eine Elimination weniger rentabler Pro-dukte erfolgt. Vgl. ebenda, S. 225.

[203] Reiners, F./Sasse, A. (1999), S. 222 f.

[204] Vgl. dazu Reiners, F /Sasse, A. (1999), S. 224. Die Autoren betrachten in ihrem Fall den Einsatz der Pro-zesskostenrechnung als mögliches Instrument eines Komplexitätskostenmanagements. Nach Ansicht d. Verf erscheint der Einsatz einer Lebenszyklusrechnung ebenfalls gerechtfertigt.

[205] Meffert, H./Kirchgeorg, M. (1998), S. 5 f.

[206] Vgl. bspw. Meffert, H./Kirchgeorg, M. (1998), S. 44 ff. Siehe dazu auch Kap. 2.2.2 dieser Arbeit

heitliche Betrachtung notwendig, um zusätzlich feststellen zu können, welche Belastungen während der Ressourcenbeschaffung und der Nutzung entstehen und ob das Produkt umweltgerecht entsorgt werden kann.[207] Nur mit Hilfe einer lebenszyklusübergreifenden Analyse kann eine deutliche und nachhaltige Reduzierung der Umweltbelastung erreicht werden. Sollen diese Überlegungen um Kostengesichtspunkte erweitert werden[208], so bestätigt sich die Forderung nach ganzheitlicher Betrachtung um so mehr: Bei Entscheidungen im Rahmen der Ressourcen-/Materialbeschaffung wird häufig argumentiert, dass umweltschonende Ressourcen/Materialien zu teuer sind. Dabei bleibt i.d.R. unbeachtet, dass umweltschonende Ressourcen/Materialien weniger Entsorgungsaufwand und -kosten verursachen als umweltbelastende. Zwar trifft diese Aussage nicht grundsätzlich zu, aber sie verdeutlicht, dass eine ganzheitliche Betrachtung sowohl unter ökologischen als auch unter ökonomischen Gesichtspunkten notwendig ist, um abschließende Aussagen treffen zu können.

3.2.5   Lebenszyklusmodell als Instrument des Kostenmanagements

Die o.g. Überlegungen befürworten einen Ausbau des ursprünglichen Lebenszyklusmodells hin zu einem Instrument für das Kostenmanagement.[209] Die grundlegenden Zielsetzungen und die notwendigen Erweiterungen werden im Folgenden dargestellt.

3.2.5.1   Zielsetzungen und Anwendung der Lebenszyklusrechnung

Die Erfassung aller Kosten während des gesamten Lebenszyklus eines Produkts dient in erster Linie der **Förderung des Gesamtkostendenkens**, wodurch eine Optimierung der Gesamtkosten, die im Laufe des Produktlebens entstehen, erreicht werden soll.[210] Im Rahmen einer okologieorientierten Unternehmensführung ist dies von besonderer Bedeutung, da Kosten für die Entsorgung im Unternehmen sowie für die Nutzung bei den Konsumenten aufgedeckt werden.[211] Das Konzept der Erfassung der Lebenszykluskosten liefert somit Transparenz in

---

[207] Vgl. Hilty, L.M./Schmidt, M. (1997), S. 52.
[208] Wobei im Regelfall davon ausgegangen werden kann, dass die kostengünstigste Lösung angestrebt wird.
[209] Das Lebenszyklusmodell wurde in vielfacher Weise weiterentwickelt, z.B. zu einem Lebenszyklusmodell gesellschaftlicher Anliegen. Vgl. dazu Meffert, H./Kirchgeorg, M. (1998), S. 97 ff. Auf die einzelnen Weiterentwicklungen soll hier nicht eingegangen werden. Eine ausführliche Darstellung verschiedener Lebenszyklusmodelle findet sich bspw. bei Höft, U. (1992), S. 15 ff.
[210] Vgl. Günther, T./Kriegbaum, C. (1999), S. 234.
[211] Vgl. Günther, E. (1994), S. 249 f.

Bezug auf die in jeder Phase anfallenden Kosten und ermöglicht eine Untersuchung der Kostenzusammenhänge. Darüber hinaus zeigt es die finanziellen Konsequenzen des unternehmerischen Handelns auf und trägt so zu einer Sensibilisierung im Hinblick auf die Nachleistungskosten bei, wodurch Produktsubstitutionen oder -modifikationen erreicht werden können. So kann z.B. die Erfassung von Lebenszykluskosten und -erlösen schon in frühen Phasen dazu führen, dass wenig rentable oder auch stark umweltbelastende Projekte frühzeitig aufgedeckt und abgebrochen werden.[212]

Das Ziel der Förderung des Gesamtkostendenkens wird durch vier Unterziele spezifiziert:[213]

a) Prognoseziel

b) Abbildungsziel

c) Erklärungsziel

d) Gestaltungsziel

ad a)   Ziel der **Prognose** ist es, Aussagen über die Art und Höhe der zu erwartenden Kosten in den einzelnen Phasen und über den gesamten Lebenszyklus zu machen. Dieser Punkt ist von besonderer Bedeutung für die strategieorientierte Planung, wobei jedoch das Problem der Prognosegenauigkeit zu beachten ist. Die Prognosegenauigkeit ist abhängig vom Informationsstand und dem entsprechend ausgewählten Prognoseverfahren, weshalb eine Anpassung an die Veränderung des Informationsstandes im Zeitablauf stets erforderlich wird. Zur Unterstützung der Kostenprognose ist eine Risikoberücksichtigung durchzuführen, so dass dem Entscheidungsträger Wahrscheinlichkeiten für das Eintreten bestimmter Zustände vorliegen und er diese in seiner Entscheidung berücksichtigen kann.

ad b):   In einem zweiten Schritt werden die prognostizierten Kosten der einzelnen Lebenszyklusphasen mit dem Ziel der vollständigen **Abbildung** dargestellt.

ad c):   Anschließend werden Zusammenhänge zwischen den einzelnen Kosten aufgedeckt und **erklärt**. Dazu werden die Elemente untersucht, die die Kosten auslösen (Kostentreiber). Nach Festlegung der Kostentreiber können diese entsprechend kategorisiert und den einzelnen Lebenszyklusphasen zugeordnet werden.

---

[212] Vgl. ähnlich Günther, T./Kriegbaum, C. (1999), S. 240 f.
[213] Vgl Günther, T./Kriegbaum, C. (1999), S. 241 f.; Günther, E. (1994), S. 253 ff.; Wübbenhorst, K.L. (1984), S 85 ff.

ad d): Die **Gestaltung** zielt darauf ab, Art (Struktur) und Höhe (Niveau) der Kosten aktiv zu beeinflussen.[214] Dazu werden alternative Vorgehensweisen z.B. im Hinblick auf den optimalen Einsatz knapper Ressourcen analysiert. Eine Aufschlüsselung der Kostenbestandteile und eine Einbeziehung zusätzlicher Einflüsse[215] liefern entscheidende Informationen zur Beurteilung der Alternativen. Die Kostengrößen stellen somit Steuergrößen dar, wobei die Wahl eines geeigneten Diskontierungssatzes notwendig wird, denn Anfangs- und Folgekosten fallen in unterschiedlichen Phasen und somit zu unterschiedlichen Zeitpunkten an.

Die aktive Gestaltung der Kosten setzt bereits in den ersten Phasen des Lebenszyklus an, denn hier werden grundlegende Entscheidungen getroffen.[216] Das zu Beginn des Lebenszyklus bestehende hohe Maß an Unsicherheit erweist sich häufig als Schwierigkeit. Demgegenüber steht das zu Beginn des Lebenszyklus noch hohe Maß an Beeinflussungsmöglichkeiten.

Die Analyse der Lebenszykluskostenströme ist ursprünglich für die Kostenprognose und Kalkulation bei der Anschaffung hochwertiger Anlagen und Maschinen, bei der Auftragsvergabe von Bauten und bei der Planung und Entwicklung von Systemen und Projekten entwickelt worden.[217] Die vorwiegende Anwendung im Bereich hochwertiger Anlagen ist darauf zurückzuführen, dass hier „die Probleme am gravierendsten, jedoch vermutlich auch die Erfolgspotentiale des (Lebenszykluskosten-, Anm. d.Verf.) Konzeptes am größten"[218] sind. Dennoch kann an dieser Stelle klar festgehalten werden, dass eine Lebenszkylusrechnung ebenfalls bei kleineren Anlagen und Systemen (Produkten) sinnvoll einzusetzen ist.[219] Eine Beschränkung ausschließlich auf große Anlagen ist nicht begründbar.

---

[214] Im Rahmen der Lebenszykylusrechnung spielen neben den Kosten ebenfalls die Variablen Zeit und Leistung eine Rolle. Vgl. Wübbenhorst, K.L. (1984), S. 1 ff. Die Zeit wird über den gesamten Lebenszyklus berücksichtigt, die Leistungsgröße muss weiter spezifiziert werden; in der vorliegenden Arbeit liegt der Leistungsschwerpunkt im Bereich des Umweltschutzes.

[215] Für den Bereich des Umweltmanagements kann der Einbezug externer Kosten und Leistungen eine Rolle spielen.

[216] Vgl. Wübbenhorst, K.L. (1992), S. 246, sowie Wübbenhorst, K.L. (1984), S. 2.

[217] GÜNTHER nennt folgende Kriterien, die für eine Anwendung erfüllt sein sollen: lange Lebensdauer des Investitionsguts, hoher Kapitaleinsatz und lange Kapitalbindung, hohe Folgekosten im Vergleich zu den Anfangskosten und spezifische Kosten bei Spitzentechnologien. Vgl. Günther, E. (1994), S. 250 f.

[218] Wübbenhorst, K.L. (1984), S. 2.

[219] Vgl. ebenso Wübbenhorst, K.L. (1984), S. 2.

3.2.5.2   Ansätze zu Lebenszyklusrechnungen

Auf der Grundlage der o.g. Zielsetzungen werden im Folgenden zunächst die am häufigsten verwendeteten Rechnungsansätze vorgestellt und abgegrenzt. Es handelt sich dabei um das Life Cycle Costing, die Lebenszyklus*kosten*rechnung und das Terotechnology. Das Life Cycle Costing-Konzept stammt aus dem anglo-amerikanischen Sprachraum. In Deutschland hat sich in Anlehnung an dieses Konzept die Lebenszykluskostenrechnung, in Großbritannien das Konzept des Terotechnology entwickelt. Die Unterschiede sind in erster Linie sprachlich bedingt und daher sehr gering, wie die folgenden Ausführungen zeigen.

Das **Life Cycle Costing** hat zum Ziel, die Gesamtkosten eines Systems zu analysieren, um somit die insgesamt kostengünstigste Alternative ausfindig zu machen. Zu diesem Zweck werden sowohl die Vorleistungs- als auch die Nachleistungskosten eines Systems einbezogen. Darüber hinaus verfolgt das Konzept die Implementierung des Systemdenkens[220], welches nicht nur die Kosten, sondern ebenfalls die übrigen Systemelemente Leistung und Zeit betrachtet.[221]

Häufige Anwendung findet das Konzept bei der Beurteilung von Investitionsalternativen und bei der Planung und Entwicklung von Systemen. Anders als bei der Investitionsrechnung werden bei diesem Verfahren die Anschaffungskosten nicht überbewertet, sondern neben Betriebs- und Nachleistungskosten, die die Anschaffungskosten i.d.R. weit übertreffen, erfasst.[222] Insbesondere der Einbezug der Nachleistungskosten und deren Interdependenzen mit den Vorleistungskosten verdeutlichen die Zielsetzung dieses Konzepts: die gesamten Kosten eines Systems sollen unter Berücksichtigung der Beziehungen zwischen Vorleistungs- und Nachleistungskosten aktiv gestaltet und möglichst minimiert werden.[223]

Die Strukturierung der Kosten richtet sich dabei generell an den Zyklusphasen aus und kann mehrere Detaillierungsstufen umfassen. Die Festlegung der Kostenelemente hat jedoch letztlich in Abhängigkeit vom betrachteten System zu erfolgen.

Das Verfahren des Life Cycle Costing kann zum einen aus Herstellersicht, zum anderen - insbesondere bei Konsumgütern - auch aus Kundensicht angewendet werden.[224]

---

[220] Vgl. Blanchard, B.S. (1978), S. 20.
[221] Vgl. Günther, T./Kriegbaum, C. (1999), S. 234; Zehbold, C. (1996), S. 2; Blanchard, B.S. (1978), S 11.
[222] Vgl. Günther, T./Kriegbaum, C. (1999), S. 233; Back-Hock, A. (1992), S. 704.
[223] Dabei kann regelmäßig davon ausgegangen werden, dass die Beziehungen zwischen Vor- und Nachleistungskosten als Trade-off-Beziehungen charakterisiert werden können. Vgl. Back-Hock, A. (1988), S. 6 f.
[224] Vgl. Günther, T./Kriegbaum, C. (1999), S. 235 ff.

Aus Herstellersicht spielt neben der Beeinflussung der betrieblichen Herstellkosten auch die Steuerung der Nachleistungskosten und möglicher Zusatzerlöse während der Nutzung des Produkts durch den Kunden eine große Rolle, weshalb eine Unterteilung des gesamten Lebenszyklus in einen „Production Life Cycle" und einen „Consumption Life Cycle" vorgeschlagen wird.[225]

Eine Anwendung des Life Cycle Costing aus Kundensicht betrachtet insbesondere die Kosten, die während der Nutzung beim Kunden entstehen. Dieser eigenständige Zyklus beginnt mit dem Kauf eines Produkts und endet mit dessen Verkauf, Stillegung und/oder Entsorgung. Beim Life Cycle Costing ist zu beachten, dass die Herstellersicht sich lediglich darauf bezieht, dass sämtliche Teilzyklen von der Idee bis hin zum Produktauslauf, d.h. bis zur Entscheidung, das Produkt vom Markt zu nehmen, einbezogen werden. Nicht beachtet werden hierbei die kumulierten Kosten, die beim Lieferanten (bei der Ressourcenbeschaffung) und beim Nutzer entstehen.[226] Hierfür wird separat eine Anwendung aus Kundensicht durchgeführt.

Genau wie beim Konzept des Life Cycle Costing wird bei der **Lebenszykluskostenrechnung** eine ganzheitliche Sicht angestrebt. Eine Berücksichtigung der Erlösseite erfolgt beim Life Cycle Costing nicht explizit, wird aber besonders für die Lebenszykluskostenrechnung im deutschsprachigen Raum immer mehr gefordert.[227] Dabei kann zwischen einer Lebenszykluskostenrechnung im engeren Sinne, bei der die Betrachtung auf die Kostenseite reduziert bleibt, und von einer Lebenszykluskostenrechnung im weiteren Sinne, bei der sämtliche Erfolgsvariablen einbezogen werden, unterschieden werden.[228]

Die Lebenszykluskostenrechnung (i.w.S.) ist im Gegensatz zu herkömmlichen Rechnungssystemen als „eine objektorientierte, aperiodische und eher längerfristig ausgerichtete Kosten-, Erlös- und Ergebnisrechnungskonzeption zu verstehen, für die das Gesamtkosten- und Gesamtrentabilitätsdenken hinsichtlich eines Objektes charakteristisch ist"[229]. Bereits im Vorfeld des Lebenszyklus soll dessen Wirtschaftlichkeit und Rentabilität überprüft und möglichst optimiert werden, so dass hier die Effektivität und die Unterstützung strategischer Entscheidungen in den Vordergrund gestellt werden. Zudem ist für die Lebenszykluskostenrech-

---

[225] Vgl. Coenenberg, A.G. et al. (1996), S. 8-44.
[226] Vgl. Zehetner, K. (1999), S. 159. Dass diese Handhabung Nachteile mit sich bringt, zeigen Günther, T / Kriegbaum, C. (1999), S. 236.
[227] Vgl. beispielhaft Günther, T./Kriegbaum, C. (1999), S. 236 f.; Siestrup, G. (1999), S. 142.
[228] Vgl. Zehbold, C (1996), S. 3.

nung (i.w.S.) kennzeichnend, dass Informationen aus den übrigen Unternehmensbereichen (z.B. Marketing, Forschung & Entwicklung, Produktion) hinzugezogen werden, um umfassende Kenntnis eines Vorgangs zu erhalten.[230]

Im Rahmen der Lebenszykluskostenrechnung werden neben der Einteilung in Vorleistungs- und Nachleistungskosten auch wiederkehrende und einmalige Kosten unterschieden. Wesentliches Ziel ist dabei die Beeinflussung der Nachleistungs- und der wiederkehrenden Kosten.[231]

Der Begriff des **Terotechnology** weist darüber hinaus auf ein umfassendes, interdisziplinäres Managementkonzept hin und wird definiert als „a combination of management, financial, engineering, and other practices applied to physical assets in pursuit of economic life cycle costs"[232]. Es versteht sich als Kombination verschiedener Aufgabenbereiche bei der Entwicklung, Herstellung, Erhaltung und Entsorgung von Anlagen, Maschinen und Produkten.[233] Die Interdisziplinarität des Konzepts soll dazu beitragen, die benötigten Fähigkeiten und Methoden verfügbar zu machen, um einen effizienten und effektiven Einsatz der Ressourcen sicherzustellen. Life Cycle Costing als reines Rechenkonzept wird als wichtiger Bestandteil des Terotechnology gesehen.[234]

Trotz der unterschiedlichen Details kann festgehalten werden, dass auch in der Literatur eine eindeutige Abgrenzung zwischen Life Cycle Costing, Lebenszykluskostenrechnung und Terotechnology nicht gegeben ist. So taucht insbesondere der Begriff Life Cycle Costing auch in der deutschsprachigen Literatur immer wieder auf.[235]

---

[229] Zehbold, C. (1996), S. 4. Neben der Arbeit von ZEHBOLD finden sich weitere Ansätz zu Lebenszykluskostenrechnungen (i.w.S.) bei Riezler, S. (1996); Siegwart, H./Senti, R. (1995); Back-Hock, A. (1988).
[230] Vgl. Zehbold, C. (1996), S. 4.
[231] Vgl. Günther, T./Kriegbaum, C. (1999), S. 234 f.
[232] Blanchard, B.S. (1978), S. 239.
[233] Vgl. Zehbold, C. (1996), S. 4; Sizer, J. (1981), S. 133 f., sowie Blanchard, B.S. (1978), S. 239 f.
[234] Vgl. Günther, T./Kriegbaum, C. (1999), S. 234.
[235] So z.B. bei Back-Hock, A. (1992), S. 704. Auch Siestrup, G. (1999), S. 141, trennt nicht zwischen Life Cycle Costing und Lebenszykluskostenrechnung.

3.3 Besonderheiten und Vorteile einer Lebenszyklusrechnung

Zusammenfassend können die folgenden Besonderheiten einer Lebenszyklusrechnung aufgeführt werden:

Eine Lebenszyklusrechnung kann sehr unterschiedlich ausgestaltet sein und sich auf unterschiedliche **Objekte** beziehen. So können neben Produktklassen auch Produktarten und Produktgruppen sowie einzelne Produkte im Rahmen der Rechnung betrachtet werden. Das Bezugsobjekt ist exakt festzulegen.

Es besteht nicht nur die Möglichkeit, eine langfristige Kostenbetrachtung über mehrere Phasen anzustellen; sondern zwischen den einzelnen Phasen, insbesondere zwischen der Vorleistungs- und der Nachleistungsphase kann ein systematischer Zusammenhang festgestellt werden.[186] Im Rahmen des Kostenmanagements wird angestrebt, diesen systematischen Zusammenhang zu erkennen und aufzudecken, um eine Steuerung der Kosten bereits frühzeitig zu ermöglichen. Dazu ist eine **Festlegung der Lebenszyklusphasen** erforderlich, die sich durch die ihnen zugrunde liegenden Aktivitäten unterscheiden.

Der besondere Vorteil der Betrachtung der Kosten über den gesamten Lebenszyklus ist darin zu sehen, dass die anfallenden Kosten nebst Folgekosten insgesamt und zugleich phasenspezifisch deutlich werden. Eine isolierte Betrachtung wird somit zugunsten einer **ganzheitlichen, dynamischen Sichtweise** vermieden. Zugleich zeigen sich unterschiedliche Kostenaufkommen während der einzelnen Phasen und somit Informationen über kostenintensive Phasen und die Veränderung der Zahlungsströme bei Veränderung der Produktbeschaffenheit.

Im Hinblick auf eine Minimierung der Gesamtlebenszykluskosten wird die Bedeutung von Entscheidungen in frühen Lebensphasen für die nachfolgenden Phasen deutlich, die **Entscheidungsinterdependenzen** werden sichtbar.[187] Dabei bleibt zu berücksichtigen, dass die „Freiheitsgrade der Entscheidung"[188] ebenso wie der Wert der Entscheidungen im Zeitablauf sinken, d.h. die Entscheidungen, die in der Initiierungsphase getroffen werden, legen sowohl die weitere Entwicklung des Produkts (weitere Maßnahmen) als auch die Höhe der Kosten weitgehend fest.

---

[186] Vgl. Wübbenhorst, K L. (1992), S. 254.
[187] Vgl. Günther, E. (1994), S. 252.
[188] Wübbenhorst, K.L. (1992), S. 249.

Die Bedeutung der Entscheidungsinterdependenzen wird deutlich, wenn man die Unterteilung in Anfangs- und Folgekosten und in einmalige und wiederkehrende Kosten betrachtet.[189] Anfangskosten fallen in der Vorleistungsphase an, Folgekosten betreffen die Markt- und die Nachleistungsphase. Zwischen Anfangs- und Folgekosten besteht ein Trade-off der Art, dass Primärmaßnahmen in den Anfangsphasen Entsorgungs- oder Recyclingmaßnahmen in den Folgephasen nach sich ziehen können, die Art der frühen Maßnahme demnach die Folgemaßnahme und somit auch die Höhe der Kosten bestimmt. Neben der Unterteilung in Anfangs- und Folgekosten sind ebenso einmalige und wiederkehrende Kosten zu unterscheiden, zwischen denen ebenfalls ein Trade-off auftreten kann, da eine Erhöhung der einmaligen Kosten eine Senkung der wiederkehrenden Kosten bewirken kann, was wiederum eine Senkung der Lebenszykluskosten zur Folge hat. Eine Aufdeckung der Zusammenhänge zwischen Anfangs-, Folge-, einmaligen und wiederkehrenden Kosten dient der **Steuerung der Kosten** derart, dass eine gezielte Steuerung (evtl. Anhebung) von Anfangs- und einmaligen Kosten eine Reduzierung ökologisch bedingter Folge- und wiederkehrender Kosten nach sich zieht.

---

[189] Vgl. Günther, E. (1994), S. 252.

3.4   Probleme im Rahmen einer Lebenszyklusrechnung

Ein grundlegendes Problem der Vorbereitung langfristiger Entscheidungen liegt in der *Ermittlung und Prognose der benötigten Daten*. WÜBBENHORST stellt zu Recht fest, „daß der zu einem beliebigen Zeitpunkt bestehende Informationsstand immer geringer sein wird als der eigentlich gewünschte bzw. für notwendig erachtete"[186]. Dieses Problem stellt sich auch im Rahmen einer Lebenszyklusrechnung; denn gerade zu Beginn des Lebenszyklus, wo die Auswirkungen der Entscheidungen am weitesten reichen, ist der Infomationsstand niedrig und die Unsicherheit hoch. Daher ist zu diesem Zeitpunkt die Wahl der Prognosemethoden bzw. -verfahren besonders wichtig.

Speziell gilt dieses Problem auch für die *Prognose der Kostenverläufe*. Die Kostenbindung steigt degressiv, d.h. sie wird insbesondere in der Vorleistungsphase festgelegt, obwohl hier die Unsicherheit am größten ist. Umgekehrt ist die Beeinflussbarkeit der Kosten in der ersten Phase des Lebenszyklus noch relativ hoch und sinkt im Zeitablauf. (Vgl. Abb. 3-8 auf der nachfolgenden Seite.)

Für eine Lebenszyklusrechnung bedeutet dies, dass bei Prognosebeginn der Unsicherheit Rechnung getragen werden muss, indem die prognostizierten Daten zunächst als grobe Daten erfasst und erst im Zeitablauf konkretisiert werden. Dies macht eine ständige Revision der prognostizierten Daten unumgänglich.

---

[186] Wübbenhorst, K.L. (1992), S. 251.

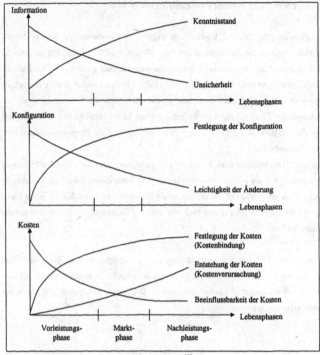

Abb. 3-8: Tendenzdarstellung charakteristischer Dilemmata[187]

Neben der Unsicherheit der Daten gilt es im Rahmen der Entwicklung der Lebenszyklusrechnung die folgenden weiteren Probleme zu berücksichtigen:

Wie bereits erwähnt, erfolgt häufig eine *Vernachlässigung der Erlösseite*. Ein Einbezug der Erlösseite ist jedoch ausschlaggebend für die Entscheidungsunterstützung, denn erst die Ergebnisrechnung kann Informationen für die Steuerung aufdecken.

Bei Anwendung einer Lebenszyklusrechnung sollte Zyklus i.S. eines sich *wiederholenden* Zeitabschnitts verstanden werden. Nur so kann es gelingen, dem Kreislaufgedanken näher zu

---

[187] In Anlehnung an Wübbenhorst, K.L. (1992), S. 252.

kommen und *Entsorgungskosten* entsprechend zu berücksichtigen.[188] In diesem Zusammenhang ist neben den Faktoren Kosten und Erlöse auch ein Einbezug der Faktoren Umweltleistung (Qualität) und Zeit erforderlich.[189]

Bei der Ausgestaltung der Rechnung muss auf *dynamische Verfahren der Investitionsrechnung* zurückgegriffen werden, um der Mehrperiodigkeit und der Unsicherheit der Datenverfügbarkeit gerecht zu werden. „Spezifisch umweltbezogene Investitionsrechnungsverfahren,
denen explizit ein Lebenskreisdenken zugrunde liegt, werden gegenwärtig allenfalls in ersten
Ansätzen diskutiert. Jedoch ist eine zunehmende Integration investitionsrechnerischer Aufga-
benstellungen insbesondere in umweltorientierte Kosten- und Erlösrechnungen zu beobachten."[190]

---

[188] „Der schärfste regulative wie marktmäßige Druck zur Veränderung von Produkten geht gegenwärtig nicht
von Haftungsausdehnungen, sondern von Rücknahmeverpflichtungen aus. Somit erweist sich die Entsorgungsphase als Motor der Kreislaufwirtschaft." Janzen, H. (1997), S. 325.
[189] Vgl. dazu auch Siegwart, H./Senti, R. (1995), S. 59 ff.
[190] Janzen, H. (1997), S. 325. Vgl. zu einem Ansatz zur Integration der Investitionsplanung Faßbender-
Wynands, E./Pohl, I. (2000).

4 Einführung eines mehrstufigen Konzepts zur Berücksichtigung von Umweltwirkungen im Rahmen einer Lebenszyklusrechnung

Um der Komplexität der Umweltwirkungen gerecht zu werden, wird die Anwendung eines umfassenden Konzepts vorgeschlagen, welches die Umweltwirkungen sowie die aus ihnen resultierenden Kosten- und Erlöswirkungen stufenweise berücksichtigt. Nachfolgend werden dazu zunächst die Grundlagen erläutert, bevor anschließend das Konzept vorgestellt und stufenweise erläutert wird.

4.1 Grundlagen zur Konzepteinführung

Im Rahmen dieser grundlegenden Vorbemerkungen werden einige wichtige Aspekte aufgegriffen, die für die Konzepteinführung relevant sind. Es handelt sich bei diesen Aspekten um den Bezug des Lebenszyklusrechnungskonzepts, um die relevanten Phasen des Lebenszyklus, um die Bedeutung der externen Effekte und um den Einfluss der Umweltschutzorientierung der Unternehmen.

4.1.1 Zeitlicher, sachlicher und inhaltlicher Bezug des Konzepts

4.1.1.1 Zeitlicher Bezug des umweltorientierten Lebenszyklusrechnungskonzepts

Grundsätzlich lassen sich drei Möglichkeiten der zeitlichen Ausrichtung einer Lebenszyklusbetrachtung festhalten:[245]

1. Eine *zyklusorientierte* Sichtweise, auch als integrierte Sichtweise zu bezeichnen, die die Umweltwirkungen und die Kosten und Erlöse über den gesamten Lebenszyklus in der Rechnung abbildet.

2. Eine *phasenorientierte* Sichtweise, die einzelne Phasen des Lebenszyklus betrachtet. Die isolierte Analyse z.B. der Instandhaltungsphase kann sinnvoll sein zur Beurteilung der Qualitäts- und Wartungsleistung des Unternehmens.[246] Wenig sinnvoll sind separate Be-

---

[245] Vgl Back-Hock, A. (1988), S. 102, die jedoch nur eine Zweiteilung vornimmt, da sie die zyklusorientierte Sichtweise in die integrierte und die phasenorientierte unterteilt und somit mit der stichtagsbezogenen Betrachtung nur auf zwei Möglichkeiten der Differenzierung kommt.
[246] Vgl. Back-Hock, A. (1988), S. 102.

trachtungen einzelner Phasen in der Entwicklung, da hier die Kostenbetrachtung domi-
niert und Erlöse nur einen kleinen Anteil ausmachen.

3   Eine *stichtagsbezogene* Sichtweise, die die Umweltwirkungen und die Kosten und Erlöse
    bis zu einem vorher festgelegten Stichtag im Rahmen des gesamten Produktlebenszyklus
    gegenüberstellt.

Im Rahmen dieser Arbeit wird die **zyklusorientierte Sichtweise**, d.h. die ganzheitliche Betrachtung der Umweltwirkungen und der Kosten und Erlöse über den Produktlebenszyklus,
zugrunde gelegt. Die unter Kostengestaltungsgesichtspunkten besondere Bedeutung der Vorleistungsphase und ihre Auswirkungen auf die Markt- und die Nachleistungsphase[247] begrün-
den diese ganzheitliche, den gesamten Produktlebenszyklus umfassende Betrachtung der
Umweltwirkungen und der Kosten und Leistungen. Unterstützt wird dies durch den speziellen
Charakter der Vorleistungs- und Nachleistungskosten als Einmalkosten, die eine periodenübergreifende, ganzheitliche Rechnung erforderlich machen.[248] Die Berücksichtigung möglicher Trade-off-Beziehungen zwischen den Entwicklungs-, Nutzungs- und Entsorgungskosten
führt zu Optimierungsüberlegungen, die nur unter Einbezug aller Phasen des Produktlebenszyklus zu einem Ergebnis führen können.

Eine ganzheitliche Sichtweise ermöglicht zudem den Einbezug von Kapazitäts- und Quali-
tätsänderungen, möglicherweise sind Risikobetrachtungen ebenfalls durchführbar.[249]

Die ganzheitliche Betrachtung des Lebenszyklus von der Entwicklungs- bis zur Nachleistungsphase unterstützt die langfristige, strategische und periodenübergreifende Bedeutung des
Umweltkostenmanagements. Die Lebenszyklusrechnung dient insbesondere der Prognose und
Planung von Produktlebenszyklusergebnissen zwecks Steuerung und Gestaltung der Umweltwirkungen sowie der mit ihnen zusammenhängenden Kosten und Leistungen und ist
demnach als Planungsrechnung zu verstehen.[250]

---

[247] Vgl. die Ausführungen in Kap. 4.1.2.
[248] Vgl. Männel, W. (1994), S. 109.
[249] Eine phasenorientierte Betrachtung kann bei Bedarf ebenfalls angestellt werden, soll aber nicht Gegenstand
      dieser Arbeit sein, da das ganzheitliche Konzept auf die phasenorientierte Betrachtung übertragbar ist. Glei-
      ches gilt für die stichtagsbezogene Betrachtung, die einem verkürzten Produktlebenszyklus gleichzusetzen
      ist.
[250] Vgl ebenso Rückle, D./Klein, A. (1994), S. 339 f. Die Langfristigkeit der Rechnung impliziert mögliche
      Veränderungen der ursprünglichen Ausstattung an Potenzialfaktoren und unterscheidet sich in diesem Punkt
      von kurzfristigen Entscheidungen, die innerhalb einer gegebenen Ausstattung an Potenzialfaktoren getroffen
      werden.

4.1.1.2   Sachlicher Bezug des umweltorientierten Lebenszyklusrechnungskonzepts

In diesem Abschnitt sind zwei Aspekte zu untersuchen: Zum einen soll das **Objekt** des Lebenszyklusrechnungskonzepts (,*Was* betrachtet das Konzept?'), zum anderen das **Subjekt**
(,*Wessen* Sicht nimmt das Konzept ein?') festgelegt werden.

Als **Objekt** des Konzepts wird in der vorliegenden Arbeit das Produkt eines Unternehmens
betrachtet, wobei grundsätzlich zwischen einer stückbezogenen[251] und einer produktgruppen-
bezogenen Sichtweise differenziert werden kann. Im Vordergrund steht bei beiden Sichtweisen, dass eine Analyse über den gesamten Lebensweg[252] erfolgt und somit von der im traditionellen Rechnungswesen üblichen Periodenbetrachtung abgewichen wird. Aufgrund der besseren Zurechenbarkeit von Gemeinkosten (bspw. der Bereiche F&E sowie Verwal-
tung/Vertrieb) bei einer produktgruppenspezifischen Sichtweise steht diese im Folgenden im
Mittelpunkt. Dies erscheint auch in umweltbezogener Hinsicht sinnvoll, da sich Umweltwirkungen ebenfalls nur schwer auf einzelne Produkte zurechnen lassen. Aus diesem Grund wird
dieser Arbeit eine Betrachtung der **Produktgruppe** zugrunde gelegt.[253] Dabei wird die folgende Abgrenzung vorgeschlagen: In einer Produktgruppe sind die Produkte zusammenzufas-
sen, die

- ähnliche Inputstoffe und Produktionsverfahren[254] beanspruchen,
- ähnliche Nutzungs- bzw. Anwendungsmöglichkeiten bieten,
- ähnliche Lebenszyklusverläufe aufweisen,
- ähnliche Entsorgungs- und Recyclingverfahren durchlaufen und
- ähnliche Umweltwirkungen hervorrufen.

Bei relativ homogenen Produkten wird sich diese Abgrenzung regelmäßig auf Produktklassen
beziehen (z.B. bei Seife, Nägeln), sie kann sich aber auch im Einzelfall auf Produktarten beziehen (z.B. bei abweichenden Inputstoffen). Insgesamt ist eine relativ hoch aggregierte Ebene zu suchen, da diese eine bestmögliche Zuordnung von Umweltwirkungen ermöglicht.

---

[251] Die stückbezogene Rechnung könnte sich ebenfalls nur auf einen bestimmten Einsatzstoff eines Produktes
beziehen, so dass eine Zusammensetzung verschiedener Einsatzstoffe zu einem Endprodukt als eine Art Pro-
duktprojektrechnung betrachtet werden könnte. Dieser Weg wird hier jedoch nicht verfolgt, sondern – falls
notwendig – als eine mögliche Vorrechnung betrachtet, die für die Vorleistungsphase interessant sein könnte.
[252] Dies entspricht der Betrachtung der Totalperiode.
[253] Produktgruppen werden teilweise den Produktklassen gleichgesetzt. Vgl. bspw. Höft, U. (1992), S. 27 Produktklassen lassen sich als Oberbegriff für bestimmte Produktarten definieren, Letztere wiederum stellen einen Oberbegriff für bestimmte Produktmarken dar. Vgl. z.B. Schwinn, R. (1996), S. 438.
[254] Die Bildung von Produktgruppen nach produktionstechnischen Gesichtspunkten ist auch in der Kostenrechnung, insbesondere in der Deckungsbeitragsrechnung, häufig anzutreffen. Vgl. z.B. Däumler, K.-D./Grabe, J.
(1994), S. 158.

Bei der Festlegung des **Subjekts** kann grundsätzlich zwischen einer Rechnung aus der Perspektive des *Produktherstellers* oder des *Produktabnehmers* unterschieden werden. Eine Beschränkung auf die erste Sichtweise kann nicht ausreichend sein, da die Sphäre des Produktabnehmers wesentlich die Erlösgrößen des Herstellers bestimmt und somit auf jeden Fall Bestandteil des Rechnungskonzepts sein soll. Zusätzlich muss berücksichtigt werden, dass die Nutzungsphase einen Teil des Lebenszyklus ausmacht, der nicht einfach übersprungen werden darf, denn besonders unter Umweltgesichtspunkten ergeben sich hieraus wichtige Informationen für den Hersteller. Eine Beschränkung auf die Perspektive des Produktabnehmers ist jedoch genauso wenig ausreichend, da wesentliche Informationen des Vorleistungs- und Herstellungsprozesses verloren gehen, welche für eine umweltorientierte Betrachtungsweise wichtig sind. Daher wird in dieser Arbeit eine Sichtweise gewählt, die von der Sicht des Herstellers ausgehend die Sphäre des Produktabnehmers einbezieht. Somit kann sichergestellt werden, dass beide Interessenlagen berücksichtigt und Wirkungszusammenhänge erkannt werden.[255] Gleichzeitig stellt dieser Ansatz jedoch auch hohe Anforderungen an die Informationsbeschaffung und die Ermittlung der Kosten- und Leistungsgrößen.

4.1.1.3   Inhaltlicher Bezug des umweltorientierten Lebenszyklusrechnungskonzepts

Neben dem zeitlichen und sachlichen Bezug des Konzepts ist sein Inhalt festzulegen. Dabei wird deutlich, dass nicht nur Informationen aus dem Produktionsbereich, sondern darüber hinaus auch solche aus anderen Unternehmensbereichen relevant sind. Dies führt zur **Integration angrenzender Bereiche und Unternehmen**:

Eine ganzheitliche Betrachtung der Kosten- und Erlöswirkungen über den Produktlebenszyklus ist nicht allein durch ein Kosten- und Erlösmanagement des Produktionsprozesses zu bewältigen. Es fehlen hierzu Informationen aus anderen Unternehmensbereichen, wie bspw. Informationen aus dem F&E-Bereich über mögliche Auswirkungen von eingesetzten Stoffen u.ä. oder auch Informationen aus dem Marketingbereich über Verhaltensweisen und Konsumgewohnheiten der Käufer.[256] Darüber hinaus werden auch Informationen von in der Wertschöpfungskette vor- oder nachgelagerten Stufen, wie Lieferanten oder Kunden, benötigt.

---

[255] Vgl. Zehbold, C. (1996), S. 168. SHIELDS/YOUNG unterscheiden ebenfalls zwischen „life cycle costs" und „whole life costs", wobei Letztere neben den beim Hersteller anfallenden Kosten (den „life cycle costs") auch die Kosten einschließen, die beim Konsumenten entstehen. Vgl. Shields, M.D./Young, S.M (1991), S. 39 f.

[256] Vgl. Rückle, D./Klein, A. (1994), S. 342, sowie Shields, M.D /Young, S.M. (1991), S. 41 ff.

Hierzu können idealerweise Kooperationen angestrebt werden, die sich über das eigene Unternehmen hinaus auch auf andere Unternehmen erstrecken und in langfristig angelegte Produktionsnetzwerke münden.[257] Die Art der Kooperation und/oder die Anzahl kooperierender Unternehmen ist fallweise festzulegen und soll an dieser Stelle nicht abschließend erörtert werden.[258]

Die festgelegte Datenmenge führt schließlich zur **Gliederung der Rechnungsgrößen**: In Anlehnung an die Hauptphasen des Produktlebenszyklus können die Rechnungsgrößen in

- Vorleistungskosten/-erlöse,
- Marktbezogene Kosten/Erlöse und
- Nachleistungskosten/-erlöse

gegliedert werden. Der Differenzierungsgrad des Kosten- und Erlösausweises erfolgt entsprechend dem jeweiligen Planungsstadium. In einem frühen Planungsstadium werden die Rechnungsgrößen lediglich grob vorliegen; erst im Zeitablauf können sie angepasst und verfeinert werden.

4.1.2 Betrachtung der Phasen des Produktlebenszyklus

Aufbauend auf den in Kapitel 3 vorgestellten bekannten Ansätzen einer Lebenszyklusrechnung wird nachfolgend zunächst die für diese Arbeit relevante Phaseneinteilung vorgestellt. Anschließend wird verdeutlicht, dass die angestrebte Umweltorientierung der Lebenszyklusrechnung eine Verlagerung der schwerpunktmäßigen Betrachtung von der Marktphase[259] hin zur Nachleistungs- und Vorleistungsphase bedingt, wodurch insbesondere die letzten beiden eine besondere Bedeutung erhalten.

---

[257] Vgl. dazu ausführlich Siestrup, G. (1999), S. 25 ff., der die Bedeutung zwischenbetrieblicher Kooperationen für die Umsetzung von produktorientierten Umweltschutzstrategien hervorhebt.

[258] Vgl. die Ausführungen zur Entwicklung und Bewertung von Produktkreislaufsystemen bei Siestrup, G (1999), S. 55 ff., sowie bei Siestrup, G./Haasis, H.-D. (1997), S. 149 ff.

[259] Vgl. den im Marketing gebräuchlichen Produktlebenszyklus als Marktzyklus und die Ausführungen in Kapitel 3.

4.1.2.1   Darstellung der Phasen des Produktlebenszyklus

In Erweiterung der marketingorientierten Sichtweise bietet sich für das Kostenmanagement eine Betrachtung des gesamten Lebenszyklus mit den drei Hauptphasen Vorleistung, Markt und Nachleistung an.[260] Diese drei Hauptphasen können zur näheren Analyse weiter unterteilt werden in die folgenden Teilphasen und Aktivitäten (vgl. Abb. 4-1):[261]

In die Teilphase der **Initiierung** fällt der Prozess der Problemerkennung, in dem es gilt, eine Produktidee zu generieren und zu konkretisieren. Der Bereich der Forschung spielt in dieser Phase eine besondere Rolle.

Die **Planungsphase** kann unterteilt werden in die Aktivitäten der Konzeption, des Designs sowie der Konstruktion. Bei der Konzeption erfolgt eine Detaillierung der Aufgabenstellung, deren Präzisierung in einem Forderungskatalog und eine Analyse der Durchführbarkeitsmöglichkeiten. Beim Design erfolgt die ingenieurmäßige Realisierung, die die Detaillierung, Dimensionierung und die Auswahl verschiedener Produkte umfasst. Die Konstruktion beinhaltet die Entwicklung von Details, die Erstellung von Konstruktionszeichnungen, Plänen, Anweisungen etc. Die Aktivitäten der Planungsphase werden begleitet von Maßnahmen und Überlegungen zur Beschaffung des benötigten Materials/der benötigten Stoffe. Insgesamt wird die Planungsphase stark von Entwicklungsaufgaben geprägt.

Die **Realisierungsphase** wird unterteilt in die Aktivitäten der Herstellung des Produkts und des Tests/der Einführung. Die Herstellung umfasst Fertigung/Montage der ersten Einheiten (z.B. sog. „Prototypen") sowie die Sicherstellung der Betriebsbereitschaft am Standort. Der sich anschließende Test dient der Überprüfung der Betriebsbereitschaft.

Zusätzlich zu der absatzbestimmten Fertigung des Produkts und dessen wirtschaftlicher Nutzung sind während der **Betriebsphase** Maßnahmen zur Instandhaltung und somit Serviceleistungen des Betriebs zu berücksichtigen. Der Übergang von der Realisierungs- in die Betriebsphase wird von Vertriebsmaßnahmen des Unternehmens begleitet.

Die letzte Phase, die **Entsorgungsphase**, betrifft Maßnahmen zur Abfallbeseitigung und Abfallverwertung (Recycling).[262]

---

[260] Dabei wird grundlegend von dem Modell des Integrierten Lebenszyklus ausgegangen, wobei die Entstehungsphase in die Vorleistungsphase fällt und der Beobachtungszyklus als überlagernder Zyklus betrachtet wird. Vgl. Kap 3.2.2.

[261] Vgl. Günther, E. (1994), S. 251, sowie Wübbenhorst, K.L (1992), S. 247. Die Autoren verwenden den Begriff „Teilphasen" in einer unterschiedlichen Einteilung. GÜNTHER bezeichnet die fünf Phasen Initiierung, Planung, Realisierung, Betrieb und Stillegung als Teilphasen, wohingegen WÜBBENHORST die weitere Untergliederung dieser Phasen als Teilphasen bezeichnet. In dieser Arbeit wird der Bezeichnung GÜNTHERS gefolgt, wobei allerdings für die Betriebs- und Stillegungsphase eine erweiterte Unterteilung gewählt wird.

[262] In Anlehnung an § 3 Abs. 7 des Kreislaufwirtschafts- und Abfallgesetzes (KrW-/AbfG) umfasst der Begriff Entsorgung sowohl die Abfallbeseitigung als auch die Abfallverwertung. Vgl. § 3 Abs. 7 KrW-/AbfG.

Phasenübergreifend sind zudem Transport- und Logistikleistungen zu berücksichtigen. Der Beobachtungszyklus, der im Rahmen des integrierten Produktlebenszyklusmodells die Aufgabe der fortlaufenden Informationssammlung übernimmt, wird auch hier phasenübergreifend aufgenommen.

Die nachfolgende Abb. 4-1 zeigt die idealtypische Darstellung des Lebenszyklus eines Produkts:

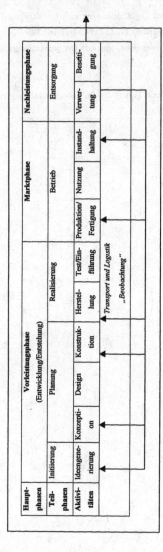

Abb. 4-1: Idealtypischer Lebenszyklus eines Produkts[263]

---

[263] In Anlehnung an Wübbenhorst, K.L. (1992), S. 247.

4.1.2.2 Bedeutung der Vorleistungsphase

Haupt-phasen	Vorleistungsphase						Markt-phase	Nachleis-tungsphase
Teilphasen	Initiierung	Planung		Realisierung			...	...
Aktivitäten	Ideengenerierung	Konzeption	Design	Konstruktion	Herstellung	Test / Einführung		...

Tab. 4-1: Hervorhebung der Vorleistungsphase

Im Lebenszyklus eines Produkts wird die Bedeutung der Vorleistungsphase immer größer[264] In dieser Phase werden nicht nur die Umweltbelastungen sowie die Kosten des Produktionsprozesses, sondern auch die der Nachleistungsphase festgelegt, da bspw. in der Konzeptions- und Designphase über Material und Nutzungsmöglichkeiten und somit auch über Entsorgungsmöglichkeiten und -kosten entschieden wird. Das Kostenmanagement muss demnach bereits in der Vorleistungsphase beginnen, da es insbesondere in dieser Phase möglich ist, „spätere Kosten (...) zu planen bzw. variierend zu gestalten, wenn diese noch beeinflussbar sind"[265]. Mit fortschreitender Konkretisierung des Produktionsverfahrens und der Produktausgestaltung nehmen die kostenpolitischen Handlungsspielräume immer weiter ab[266], ebenso wie die Beeinflussung der Umwirkungen stetig schwieriger wird.

Mit der Zunahme der Wichtigkeit und des Anspruchs an die Entwicklungen in dieser Phase nimmt ebenso der Zeitaufwand zu, so dass zum einen eine absolute zeitliche Verlängerung der Entwicklungsphase, zum anderen ebenso ein Anstieg des relativen Anteils der Entwicklungsphase am Gesamtlebenszyklus eines Produkts festzustellen ist.

Dem steigenden Zeitaufwand in der Vorleistungsphase steht jedoch der Wettbewerbsdruck einer möglichst zügigen Entwicklung, Produktion und Vermarktung entgegen, so dass die **Zeit** zu einem strategischen Erfolgs- und Wettbewerbsfaktor wird. Um sowohl dem Erfordernis der zeitlichen Angemessenheit als auch der qualitativen und umweltschutzbezogenen Leistungen gerecht zu werden, kann von einem Anstieg der Vorleistungskosten ausgegangen werden.[267] Als Vorleistungskosten sind vor allem die Forschungs-, Entwicklungs- und Konstruktionskosten zu nennen und ihre Relevanz im Rahmen des Lebenszyklus hervorzuheben.

---

[264] Damit einher geht auch die steigende Bedeutung der phasenübergreifenden „Beobachtung", die mit der Ideengenerierung beginnt und sich in den folgenden Phasen fortsetzt.

[265] Rückle, D./Klein, A. (1994), S. 337. Vgl. ebenso Schneider, D. (1997), S. 96; Shields, M.D./Young, S.M. (1991), S. 39.

[266] Vgl. Männel, W. (1994), S. 106.

[267] Vgl Männel, W. (1994), S. 109.

Hierbei handelt es sich um Einmalkosten, d.h. um Kosten, die ähnlich wie Investitionsausgaben einmalig für den gesamten Produktlebenszyklus anfallen.[268]

Ohne die Wirtschaftlichkeit eines Produkts aus den Augen zu verlieren, müssen demnach bereits in der Vorleistungsphase die potenziellen Belastungen für die Umwelt in allen Lebensphasen erfasst und gegeneinander abgewogen werden, so dass ein Gesamtoptimum anzustreben ist, welches mehrere Parameter, wie Kosten, technische Eigenschaften und Umweltqualität, gleichzeitig berücksichtigt.

SCHEMMER et al. schlagen dazu in der Vorleistungsphase die Beachtung der folgenden vier Punkte vor, die eine **umweltgerechte Produktion** ermöglichen helfen:[269]

-    Die Materialauswahl soll unter Umweltgesichtspunkten erfolgen.

-    Die Produkte sollen leicht demontierbar sein, um Wartungs- und Reparaturarbeiten zu erleichtern sowie Recyclingmöglichkeiten zu eröffnen.

-    Die Abfallvermeidung bzw. –verminderung sollte im Vordergrund der Konzeption stehen. Eine entsprechende Materialauswahl und Demontagefreundlichkeit unterstützt diesen Aspekt.

-    Ebenso steht die Ressourcen- und Energieschonung im Vordergrund, die häufig durch technische Entwicklung und Innovationen Unterstützung findet.

4.1.2.3   Bedeutung der Marktphase

Hauptphasen	Vorleistungs-phase	Marktphase			Nachleistungs-phase
Teilphasen	...	Betrieb			...
Aktivitäten	...	**Produktion/ Fertigung**	**Nutzung**	**Instandhaltung**	...

Tab 4-2: Hervorhebung der Marktphase

In vielen Branchen, Publikationen und empirischen Studien wird eine Verkürzung der Marktphase bei gleichzeitiger Verlängerung der Entwicklungsphase festgestellt.[270] Begründet wird

---

[268]   Vgl Zehbold, C (1996), S. 123, sowie Männel, W. (1994), S. 109.

[269]   Vgl Schemmer, M. et al. (1994), S. 25. Weiterhin zeigen die Autoren Methoden und Software-Tools auf, die eine umweltorientierte Produktgestaltung in der Vorleistungsphase ermöglichen bzw. unterstützen. Vgl. Schemmer, M. et al. (1994), S. 26 ff.

[270]   Die Rede ist dabei von sich verkürzenden Produktlebenszyklen, wobei der im Marketing gebräuchliche Produktlebenszyklus als Marktzyklus gemeint ist. Vgl. Schneider, D. (1997), S. 99 f., sowie Zehbold, C. (1996), S. 119. Bei einer solchen Konzeption beginnt der Lebenszyklus eines Produkts erst mit seiner Einführung am Markt.

dies zum einen mit den sich schneller wandelnden Kundenwünschen, welche auf eine Veränderung in den Ge- und Verbrauchsgewohnheiten und in den Ansprüchen hinsichtlich technischer Ausstattung, Qualität, Neuartigkeit, Individualität etc. zurückzuführen sind, und zum anderen mit den Bestrebungen der Unternehmen, über Produktdifferenzierungen eigene Marktanteile auszubauen und zu sichern. Unter wettbewerbsstrategischen Gesichtspunkten bemühen sich die Unternehmen daher aktiv, bei den Kunden neue Bedarfe zu wecken, und sind demnach „... sowohl Getriebene, als auch Treiber der Produkt- und Variantenvielfalt und der rascher werdenden Abfolge von Produktlebenszyklen"[271] (i.S.v. Marktphasen).

Die beschriebene Verkürzung der Marktphasen lässt sich nicht nur in der Konsumgüterindustrie, sondern auch in der Investitionsgüterindustrie beobachten, denn Veränderungen in der Letztgenannten ergeben sich aus den konsumgüterseitigen Entwicklungen, welche über den in den Unternehmen eingesetzten Anlagenpark auf die Investitionsgüter zurückwirken. Somit gilt für beide Industrien, dass durch die Verkürzung der Marktphasen die Möglichkeit zur Erfolgserwirtschaftung auf einen kürzeren Zeitraum beschränkt wird.[272]

Unter Umweltschutzgesichtspunkten ist die zu beobachtende Verkürzung der Marktphasen zweifach zu beurteilen: Zum einen negativ, denn die Langlebigkeit der Güter wird unter dem Stichwort „Nachhaltigkeit" als wünschenswert angesehen, da Güter so lange nicht entsorgt werden müssen, solange sie genutzt werden; zum anderen positiv, denn bei kürzeren Marktphasen entsteht grundsätzlich die Möglichkeit, technische Neuerungen, die eine Schonung der Ressourcen bewirken können, schneller einzuführen. Insgesamt kann somit eine Verkürzung der Marktphase nicht per se negativ beurteilt werden. Über eine „optimale Länge" der Marktphase kann an dieser Stelle allerdings keine Aussage getroffen werden.

Im Hinblick auf die Sicherung der Qualität der Leistung herrscht die Erkenntnis vor, dass eine Beseitigung von Leistungsstörungen zu immer höheren Kosten führt, je später sie erkannt werden.[273] Daher ist es besonders unter ökonomischen Gesichtspunkten sinnvoll, präventive Qualitätssicherungssysteme einzuführen, um Nicht-Qualität zu vermeiden.[274] Unterstützt werden können diese Bemühungen durch den Aufbau sog. Qualitätsmanagementsysteme nach

---

[271] Zehbold, C. (1996), S. 120. Zehbold lehnt sich hier an eine Formulierung von Riebel, P. (1989), S. 247, an.
[272] Vgl. Schneider, D. (1997), S. 100.
[273] Vgl. Zehbold, C. (1996), S. 128.
[274] Wie weiter oben bereits erwähnt, wirken auch Gesetzgebung und Rechtsprechung in diese Richtung.

DIN EN ISO 9000 ff.[275], welche durch unternehmensinterne Richtlinien ergänzt und konkretisiert werden können. Ein solches Qualitätsmanagementsystem – auch QMS genannt[276] – unterstreicht den Vorrang der Prävention vor Reparation.[277]

4.1.2.4   Bedeutung der Nachleistungsphase

Hauptphasen	Vorleistungsphase	Marktphase	Nachleistungsphase	
Teilphasen	...	...	Entsorgung	
Aktivitäten	...	...	Verwertung	Beseitigung

Tab. 4-3: Hervorhebung der Nachleistungsphase

Die aktuellen gesetzlichen Veränderungen (neben der Umweltgesetzgebung z.B. auch die Verpackungsverordnung sowie das Produkthaftungsgesetz) bewirken eine Zunahme der unternehmerischen Bedeutung der Nachleistungsphase und der in ihr entstehenden Kosten und Erlöse. Die Verpflichtungen der Unternehmen zur Entsorgung von Abfällen und zum Recycling von Materialien[278] steigen ebenso wie die damit in Verbindung stehenden Kosten.[279]

Die erfolgswirtschaftliche Relevanz der Entsorgungskosten trägt dazu bei, dass die Unternehmen vermehrt eine Vermeidung oder zumindest eine Verminderung dieser Kosten anstreben. Dies ist grundsätzlich auf zwei Arten möglich: Zunächst können Unternehmen versuchen, das Recycling zu optimieren und/oder möglichst günstige Entsorgungsunternehmen zu finden. Damit würde sich an den Produktionsverfahren nichts ändern. Andererseits ist eine Kostenvermeidung bzw. -verminderung durch frühzeitige Berücksichtigung der (Pro-

---

[275] Die Internationale Normungsorganisation ISO hat im Jahre 1987 die Normenreihe ISO 9000 ff. festgeschrieben, welche anerkannte Rahmenempfehlungen zum Aufbau eines Qualitätsmanagementsystems gibt. Diese Norm wurde als DIN-Norm (DIN EN ISO 9000 ff.) übernommen. Vgl. DIN (1995).

[276] In der englischsprachigen Terminologie wird von Total Quality Management bzw. TQM gesprochen. Vgl bspw. Pfohl, C. (1992).

[277] Im Hinblick auf eine umweltorientierte Lebenszyklusrechnung kann hier abermals die Bedeutung der Vorleistungsphase hervorgehoben werden. Die in ihr festgelegten Konzeptionen und Konstruktionen sind dadurch entstehenden Kosten und Erlöse bestimmen weitgehend die Umweltbelastungen und den Kosten- und Erlösverlauf in der Marktphase, so dass ein besonderes Gewicht auf die Vorleistungsphase gelegt wird.

[278] Entsorgungsaufgaben und -kosten entstehen an verschiedenen Stellen im Wertschöpfungsprozess, besondere Bedeutung erhalten sie jedoch in der Nachleistungsphase, so dass sie ihr zugeordnet werden können. Vgl. ähnlich Zehbold, C. (1996), S. 124.

[279] Eine Beeinträchtigung der vier Hauptfunktionen der natürlichen Umwelt durch Produktion und Konsumtion kann als Ursache für die zunehmende politische und wirtschaftliche Bedeutung der Entsorgungsaspekte angesehen werden. So sehen sich bspw. Hersteller und Vertreiber elektrischer und elektronischer Geräte in immer stärkerem Maße zur Rücknahme und ordnungsgemäßen Verwertung bzw. Beseitigung von Altgeräten verpflichtet. Vgl. Schemmer, M. et al. (1994), S. 24

duktions-) Auswirkungen und durch entsprechende präventive Maßnahmen möglich; dieser zweite Fall hat Auswirkungen auf die Produktionsverfahren. Eine Prävention führt i.d.R. zu höheren Vorleistungskosten, allerdings stehen diesen möglicherweise entsprechend reduzierte Nachleistungskosten gegenüber.[280] Unterstützt werden die Bemühungen zur Vermeidung der Nachleistungskosten durch sog. Umweltmanagementsysteme – auch UMS genannt – wie sie im Rahmen der EG-Öko-Audit-Verordnung[281] oder gemäß ISO 14001[282] festgeschrieben sind.[283]

4.1.3 Bedeutung externer Effekte für eine umweltorientierte Lebenszyklusrechnung

Die Theorie der externen Effekte wurde maßgeblich durch die Arbeiten von Alfred Marshall und Arthur C. Pigou begründet.[284] Grundsätzlich stellen Effekte Handlungsfolgen dar, die sowohl bewusst angestrebt als Primäreffekte vorliegen als auch als (unbewusst hervorgerufene) Nebenwirkungen, d.h. als Sekundäreffekte auftreten können. Liegen Sekundäreffekte vor und lassen sie sich zudem nicht dem eigenen, sondern dem Aktionsfeld oder Handlungsbereich einer anderen Wirtschaftseinheit zuordnen, so spricht man von **externen Effekten**[285]. Externe Effekte stellen somit von bestimmten Aktivitäten (z.B. Produktion oder Konsum) ausgehende Einwirkungen auf die Produktions- oder Konsumfunktion von Dritten dar, die nicht durch den Markt erfasst werden, d.h. bei einem Dritten fallen diese Nebenwirkungen an, ohne dass er einen Ausgleich oder eine Kompensationszahlung erhält oder leistet.

---

[280] Vgl. Zehbold, C. (1996), S. 125.

[281] Vgl. die Verordnung (EWG) Nr. 1836/93 der Europäischen Wirtschaftsgemeinschaft aus dem Jahre 1993 zum Öko-Audit, auch kurz EMAS (Environmental Management and Audit Scheme) genannt.

[282] Vgl. DIN EN ISO 14001. Wichtige Hinweise und Kommentare zu der Norm ISO 14001 finden sich bei Dorn, D. (1998).

[283] Vgl. die Ausführungen zum QMS im vorherigen Kapitel. Eine Zusammenführung von qualitäts- und umweltbezogenen Aspekten bietet sich an, da zum einen der Schwerpunkt der Betrachtung für beide in die Vorleistungsphase fällt und zum anderen die Umweltschutzleistung ebenso als ein Qualitätsmerkmal betrachtet werden kann. Darauf beruht auch die Entwicklung hin zu einem gemeinsamen Qualitäts- und Umweltmanagementsystem (Total Quality Environmental Management – TQEM), welches auf den beiden ISO-Normenreihen 9000 ff. und 14001 aufbaut. Dieses ganzheitliche Managementsystem hebt den Aspekt der Prävention ebenfalls hervor. Zu TQEM vgl. bspw. Groll, U. (1994).

[284] Grundlagen zum Verständnis des Kostenzusammenhangs von Ökonomie und Umwelt legten insbes. die Arbeiten von A.C. Pigou, K.W. Kapp und R. Coase. Vgl. Weizsäcker, E.U. v./Seifert E. K. (1997), S. 285.

[285] Genau handelt es sich hier um sog. technologische externe Effekte, die von den (unechten) pekuniären externen Effekten unterschieden werden müssen. Pekuniäre externe Effekte beziehen sich auf Einwirkungen, die über Preis- oder Kostenwirkungen (und somit über den Markt) deutlich werden, im Gegensatz zu den technologischen externen Effekten, die sich durch außermarktmäßige Beziehungen ergeben. Vgl. Tietzel, M. (1972), S. 66 ff. Pekuniäre externe Effekte werden nicht als Gegenstand der vorliegenden Arbeit betrachtet und daher auch nicht weiter behandelt.

Externe Effekte lassen sich unterscheiden in positive externe Effekte (externe Nutzen), d.h. außermarktliche Wirkungen, die die (wirtschaftliche) Lage Dritter positiv beeinflussen, und in negative externe Effekte (externe Kosten), die Belastungen für Dritte in Form erhöhter Aufwendungen bzw. Ausgaben oder immaterieller Beeinträchtigungen, wie z.B. gesundheitliche Schädigungen, darstellen.

Zusammenfassend lassen sich die folgenden Charakteristika externer Kosten festhalten:
- Die Belastungen (Kosten) werden nicht vom Verursacher getragen, sondern auf Dritte abgewälzt. Daraus ergibt sich eine Beziehung zwischen Produktions- und Nutzenfunktionen von Verursacher und Träger (sog. Interdependenzkriterium).
- Die Wirkungen der Handlungen des Verursachers auf den Träger werden nicht marktmäßig erfasst und bewertet. Somit findet auch keine Kompensation z.B. in Form von Entschädigungszahlungen o.ä. statt. (sog. Unentgeltlichkeitskriterium).

In der Literatur werden die Begriffe externe Kosten, „soziale Zusatzkosten" und „soziale Kosten" sehr oft synonym verwendet, obwohl ihre Inhalte nicht exakt deckungsgleich sind.

Der Begriff der „sozialen Kosten"[286] beschreibt die Kosten, die von der Gesellschaft insgesamt für ein Produkt oder eine Leistung aufzuwenden sind. Somit ergibt sich eine Zweiteilung der „sozialen Kosten" in[287]
- einzelwirtschaftliche („private", „interne" oder „internalisierte") Kosten und in
- „soziale Zusatzkosten", die zusätzlich zu den Produktionskosten des Herstellers eines Produkts oder einer Leistung bei anderen Wirtschaftssubjekten anfallen.

Der Begriff der „sozialen Zusatzkosten" deckt sich demnach mit dem der externen Kosten; der Begriff der „sozialen Kosten" kann als Oberbegriff angesehen werden und umfasst die „sozialen Zusatzkosten" bzw. externen Kosten neben den einzelwirtschaftlichen Kosten.

Durch die Produktionsaktivitäten der Unternehmen entstehen externe Effekte, z.B. in Form von umweltbelastenden Nebenwirkungen, die oftmals nicht direkt ersichtlich und messbar sind, sondern erst mit zeitlicher und teilweise auch örtlicher Veränderung auftreten. Aufgrund der fehlenden direkten Zurechenbarkeit dieser Nebenwirkungen zu den produzierenden Unternehmen sind sie bislang als externe Kosten (evtl. auch Erlöse) von Dritten, i.d.R. der Gesellschaft, zu (er-)tragen gewesen und wurden nicht marktmäßig erfasst. Kurzfristig betrachtet könnte man zu dem Schluss kommen, dass diese Lösung für die Unternehmen die ange-

---

[286] Auch als „Sozialkosten", „volkswirtschaftliche Kosten" oder „gesellschaftliche Kosten" bezeichnet. Vgl. Günther, E. (1994), S. 140; Wicke, L. (1989), S. 44.
[287] Vgl. Roth, U. (1992), S. 161 f.

nehmste ist; allerdings zeigt sich bei längerfristiger Betrachtung, dass das Auftreten von Umweltbelastungen die Unternehmen früher oder später wieder einholt, z.b. entweder in Form von Auflagen oder von Imageverlusten (eines einzelnen Unternehmens oder auch einer ganzen Branche). Zur langfristigen Existenzsicherung kommt ein Unternehmen demnach nicht umhin, mögliche (und erst recht bekannte) Nebenwirkungen der Produktion in die Planung einzubeziehen.

Da im Fall der externen Effekte von Marktversagen ausgegangen werden kann, d.h. für die entstehenden externen Effekte existieren keine Preise und somit auch keine monetären Bewertungsgrundlagen, sind sie zu den bereits oben genannten nicht direkt monetär erfassbaren Aspekten zu zählen. Es sind daher zusätzlich zur eigentlichen Rechnung weitere Instrumente einzusetzen, um externe Effekte zu erfassen und ins Kalkül einzubeziehen.

4.1.4 Einfluss der Stärke der Umweltschutzorientierung der Unternehmen

Die Art und Weise des Einbezugs externer Effekte (insbesondere externer Kosten) in die Lebenszyklusrechnung hängt sehr stark von dem Ausmaß der Umweltschutzorientierung der Unternehmen ab, denn diese ist – soweit sie vorhanden ist - letztendlich Motivation für einen Einbezug. Hierbei spielt die Stärke der Umweltschutzorientierung eine große Rolle, denn je stärker die Umweltschutzorientierung, desto eher ist das Unternehmen bereit, externe Effekte in das Kostenmanagement einzubeziehen. Bei schwacher Umweltschutzorientierung wird bei dem Unternehmen auch keine oder nur wenig Bereitschaft vorhanden sein, externe Effekte zu berücksichtigen. Es kann somit von einer Korrelation zwischen dem Einbezug externer Effekte und der Umweltschutzorientierung ausgegangen werden.

Unter Rückgriff auf Kapitel 2 dieser Arbeit und der dort vorgenommenen Typisierung der Umweltschutzorientierung soll eine Systematisierung der Einbezugsmöglichkeiten externer Effekte vorgenommen werden.

Vom Unternehmenstyp 1 (Passive), der sich neben einer passiven Unternehmenspolitik durch eine Betrachtung des Umweltschutzes als exogenem Sachziel auszeichnet, kann nicht mehr als Auflagen- und Gesetzeseinhaltung erwartet werden. Bei den Passiven erfolgt lediglich eine Berücksichtigung bereits internalisierter Effekte in Form von Steuern und/oder Auflagen, jedoch keine Berücksichtigung externer, (noch) nicht internalisierter Effekte.

Der Unternehmenstyp 2 (Folger und Innovatoren) betrachtet Umweltschutz als Unterziel zur Erreichung des renditeorientierten Formalziels, d.h. Umweltschutz ist hier endogenes Sachziel bei aktiver Unternehmenspolitik. Ein Einbezug externer Effekte in das Kostenmanagement ist denkbar, wenn das Oberziel dadurch positiv beeinflusst wird.

Beim Unternehmenstyp 3 (Selektive) dient Umweltschutz lediglich als Public-Relations-Objekt. Ein Einbezug externer Effekte in das Kostenmanagement ist hier nicht zu erwarten, da die grundlegende Notwendigkeit des Einbezugs vom Unternehmen nicht anerkannt wird.

Neben dem Unternehmestyp 2 lässt sich auch beim Unternehmenstyp 4 (Innovatoren) eine aktive Umweltpolitik feststellen. Zusätzlich wird hier der Umweltschutz als endogenes Formalziel mit Zielkomplementarität zum Renditeziel angesehen. Das Unternehmen ist überzeugt, durch Umweltschutz neue Gewinnpotenziale aufbauen zu können, so dass ein Einbezug externer Effekte bei diesem Typ erwartet werden kann.

Zusammenfassend kann festgehalten werden, dass bei den Folgern und den Innovatoren (Typen 2 und 4) ein Einbezug externer Effekte erfolgen wird. Bei den Passiven und Selektiven (Typen 1 und 3) werden lediglich bereits internalisierte Effekte (z.B. in Form von Abgaben), also interne Umweltschutzkosten, einbezogen werden.

Für die umweltorientierte Lebenszyklusrechnung, welche die Berücksichtigung externer Effekte anstrebt, bedeutet dies, dass lediglich Folger und Innovatoren potenzielle Anwender darstellen. Sofern auch passive und selektive Unternehmenstypen eine Lebenszyklusrechnung durchführen, ist davon auszugehen, dass sie auf einen Einbezug externer Effekte verzichten.

4.2   Darstellung des mehrstufigen Konzepts

Der Aufbau des Konzepts erfolgt in Anlehnung an die in Kapitel 3 erläuterten **Ziele einer Lebenszyklusrechnung** (Prognose, Erklärung, Abbildung und Gestaltung). Diese Vorgehensweise wird gewählt, da sie den höchstmöglichen Grad an Zielerreichung vorbereitet. Stellenweise werden jedoch Erweiterungen notwendig; die wichtigsten zu berücksichtigenden Aspekte dabei sind:

* In das Konzept werden mehrere **Entscheidungsvariablen** einbezogen, d.h. neben den betrieblichen Kosten und Erlösen finden auch die Variablen Zeit und Umweltleistung (Qualität) Berücksichtigung. Betriebliche Kosten und Erlöse sind keine neuen Bestandteile der Lebenszyklusrechnung; die Variable Zeit spielte bislang nur implizit eine Rolle, da Lebenszyklusrechnungen i.d.R. längerfristig aufgebaut wurden. Hingegen wurde der Umweltleistungsaspekt bislang außen vor gelassen. Im Konzept wird hierauf jedoch besonderer Bezug genommen, da die Umweltleistung als Unternehmensleistung gewertet wird. Damit eine Umweltleistung berücksichtigt werden kann, müssen die zugrunde liegenden Umweltwirkungen prognostiziert, abgebildet und bewertet werden. Erst dann können Umweltleistungen adäquat beurteilt und mögliche Kosten- und Erlöseffekte erfasst werden.

* In das Konzept fließen zudem die **Ziele des Kostenmanagements** (Gestaltung und Steuerung) ein, die eine Verbindung zu den Zielen der Lebenszyklusrechnung aufweisen, denn hier wird die Gestaltung ebenfalls als Ziel hervorgehoben.

* Neben der Erfassung monetärer Auswirkungen wird das Konzept weiterhin auch eine **Aufnahme nicht monetärer Aspekte** anstreben. Diese sog. „weichen" Faktoren werden zusätzlich zur eigentlichen Rechnung erfasst. Dieses Zusammenspiel unterschiedlicher Aspekte verdeutlicht, dass es sich bei diesem Konzept nicht nur um eine (Kosten-)Rechnung handelt, sondern dass ein umfassendes (Kosten-)Managementsystem angestrebt wird.

Um diese vielfältigen Aspekte berücksichtigen zu können, wird der folgende Konzeptaufbau vorgeschlagen:

Die erste Stufe umfasst die **Prognose** der Umweltwirkungen und der aus ihnen resultierenden Kosten- und Erlösentwicklung. Auf dieser Stufe spielt der Zeitaspekt (und somit der Zinseffekt) ebenso wie die einzusetzenden Prognoseverfahren eine besondere Rolle. Darüber hinaus

wird bereits auf dieser Stufe versucht, mögliche Interdependenzen zwischen Kosten- und Erlösstrukturen zu **erklären**.

Auf der zweiten Stufe erfolgt die **Abbildung** der Umwelt- sowie der Kosten- und Erlöswirkungen. Dazu werden die Umwelt*ein*wirkungen (die vom Unternehmen verursachten Wirkungen [z.B. Emissionen]) und die sich aus den Umwelteinwirkungen ergebenden Umwelt-
*aus*wirkungen (Wirkungen auf die natürliche Umwelt [z.B. Immissionen]) ebenso wie internalisierte und externe Kosten/Erlöse berücksichtigt.

Nach der Abbildung erfolgt auf der dritten Stufe die **Bewertung** der Umweltwirkungen, welche sowohl monetär als auch nicht monetär erfolgen kann. Die Möglichkeit der monetären
Bewertung wird soweit wie möglich und sinnvoll versucht. Aufgrund der Grenzen der monetären Bewertung wird eine nicht monetäre Bewertung angeschlossen. Auf der Grundlage der
monetären Bewertung und mit den Erkenntnissen, die aus der nicht monetären Bewertung
gewonnen werden, wird versucht, die Umweltauswirkungen einschätzen zu können.

Auf der vierten Stufe wird die **Berechnung** der Lebenszykluskosten und -erlöse vorgenommen, wobei bereits an dieser Stelle festgehalten werden soll, dass diese Rechnung nicht losgelöst betrachtet, sondern um entsprechende Instrumente zur Erfassung nicht monetärer Wirkungen ergänzt werden soll. Es wird angestrebt, ein umfassendes Rechnungssystem zu
erstellen.

Die fünfte und letzte Stufe umfasst die **Gestaltung** und **Steuerung** sowohl der Umweltwirkungen als auch der aus ihnen resultierenden Kosten und Erlöse. Zur Gestaltung und Steuerung der Umweltwirkungen, d.h. zur Minimierung der negativen Auswirkungen der Unternehmensaktivitäten, werden verschiedene Maßnahmen in Betracht gezogen und mit ihren
jeweiligen Kosten- und Erlöswirkungen abgebildet.

Das Konzept ist nach diesen fünf Stufen nicht als abgeschlossen anzusehen. Aufgrund der
Umwelt- und Umfelddynamik ist eine ständige Revision notwendig, so dass das Konzept eher
als Kreislauf denn als Prozesskette gesehen werden kann. Die folgende Abbildung 4-2 verdeutlicht das Konzept:

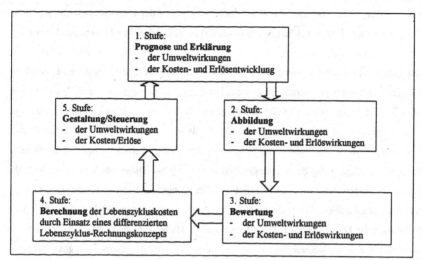

Abb. 4-2: Mehrstufiges Konzept zur Lebenszyklusrechnung

Obwohl sich die einzelnen Stufen separat darstellen lassen, werden die nachfolgenden Ausführungen zeigen, dass die Übergänge zwischen den Stufen fließend sind.

4.3   Erste Stufe: Prognose der Umweltwirkungen und der Kostenentwicklung in den einzelnen Lebenszyklusphasen sowie Erklärung möglicher Interdependenzen

Zur Durchführung einer Lebenszyklusrechnung ist es notwendig, die möglichen Umweltwirkungen[245] in den entsprechenden Phasen des Lebenszyklus zu prognostizieren[246], um in einem nächsten Schritt die relevanten Rechnungsgrößen bestimmen zu können. Dabei interessiert sowohl die Art der Umweltwirkung/Kostengröße als auch die Höhe derselben. Grundsätzlich ist bei der Prognose das Problem der Prognoseunsicherheit zu berücksichtigen, welches umso höher ist, je längerfristig der Planungszeitraum angelegt ist. Daher ist es nicht Aufgabe der Prognose, ausgewählte, detaillierte Daten hervorzubringen, sondern umfassende, grobe Informationen zu liefern, die im Zeitablauf verfeinert werden können. Würden bereits im Vorfeld detaillierte Daten ausgewählt und festgelegt, so würden sich diese möglicherweise schon nach kurzer Zeit als unbrauchbar erweisen, da weitere Informationen verfügbar geworden sind.

4.3.1   Prognose der Umweltwirkungen

Im Folgenden wird aufgezeigt, welche Arten von Umweltwirkungen – unterteilt nach den drei Hauptphasen des Produktlebenszyklus – im Unternehmen entstehen können. Darüber hinaus werden Möglichkeiten zur Bestimmung der Höhe derselben vorgenommen. Da unternehmensbezogene Unterschiede existieren, ist eine exakte Analyse der Umweltwirkungen nur unternehmensindividuell durchführbar. Nachfolgende Darstellungen können als „Katalog" möglicher Umweltwirkungen betrachtet werden.

---

[245] Es sind zunächst die Umwelteinwirkungen als durch unternehmerisches Handeln hervorgerufene Wirkungen zu berücksichtigen. Aus ihnen ergeben sich die Umweltauswirkungen, die wiederum Auslöser externer Effekte sein können. Vgl. Kap. 2.1.2.

[246] Die Zuordnung zu den Phasen orientiert sich dabei an sachlichen Kriterien, die einen inhaltlichen Bezug herstellen. Eine rein zeitliche Zuordnung kommt nicht in Betracht, da sie zu Informationsverzerrungen führen kann; denn gerade bei Umweltwirkungen ist festzustellen, dass Auslösung und Identifizierung oft zeitlich auseinanderfallen.

4.3.1.1   Arten der Umweltwirkungen

Eine Betrachtung des integrierten Lebenszyklusmodells mit den drei Hauptphasen Vorleistung, Markt und Nachleistung führt zu den folgenden Überlegungen.

4.3.1.1.1   Umweltwirkungen in der Vorleistungsphase

Hauptphase	Vorleistungsphase					
Teilphasen	Initiierung	Planung		Realisierung		
Aktivitäten	Ideengenerierung	Konzeption	Design	Konstruktion	Herstellung	Test/Einführung

Tab. 4-4: Vorleistungsphase

In der **Vorleistungsphase** (insbesondere in den Teilphasen der Planung und Realisierung) ist - neben den üblichen Leistungen in dieser Phase[247] - unter Umweltschutzaspekten die Gewinnung und der Einsatz von Energien und Rohstoffen von besonderer Bedeutung. Die Umweltwirkungen, die sich aus dieser Gewinnung/diesem Einsatz ergeben (bspw. Erhöhung der ökologischen Knappheit, Emissionen), sind zu berücksichtigen und ihre Vermeidung/Verminderung anzustreben. Dazu ist eine Kooperation mit den Lieferanten dringend notwendig, da nur sie Auskunft über Stoffzusammensetzungen u.ä. geben können. Ähnliches gilt auch für die (vorhandenen oder neu zu beschaffenden) Betriebsmittel sowie für Hilfs- und Betriebsstoffe. Bei bestehenden Anlagen und Maschinen sind Energieverbrauch und Emissionsmengen von Bedeutung; Umrüstmöglichkeiten sind im Hinblick auf einen geringeren Energieverbrauch oder geringere Emissionsmengen (und somit geringere Umweltwirkungen) zu untersuchen. Bei neu anzuschaffenden Anlagen/Maschinen sollten Aspekte wie Energieverbrauch und Effizienz des Rohstoffeinsatzes ebenso in die Investitionsentscheidung einbezogen werden. Gleichermaßen ist beim Bezug von Roh-, Hilfs- und Betriebsstoffen (RHB) darauf zu achten, in welcher Form ihr Einsatz Emissionen und/oder Abfälle verursacht.

Einen Überblick über mögliche Umwelt ein- und -auswirkungen in der Vorleistungsphase gibt die folgende Tabelle 4-5:

---

[247] Vgl. zu einer ausführlichen Darstellung der üblichen Vorleistungen (z.B. Arbeitsvorbereitung, Stücklisten- und Arbeitsplanerstellung) Zehbold, C. (1996), S. 154 ff. ZEHBOLD unterteilt alle Leistungen in produkt- und potenzialbezogene Leistungen. Obwohl diese Aufteilung grundsätzlich sinnvoll erscheint, wird in dieser Arbeit darauf verzichtet, da der Schwerpunkt auf der Betrachtung der Umweltwirkungen liegt.

Aktivitäten	Umwelteinwirkungen	Umweltauswirkungen
Ideengenerierung / Konzeption / Design / Konstruktion		
- Rohstoffgewinnung (inkl. mögliche Transporte)	Emissionen Ressourcenbeanspruchung	Immissionen Ressourcenverknappung
- Rohstoffeinsatz	Emissionen Abfall, Abwasser	Immissionen
Herstellung / Test / Einführung		
- Herstellung / Beschaffung von Hilfs- und Betriebsstoffen (inkl. mögliche Transporte)	Emissionen Ressourcenbeanspruchung	Immissionen Ressourcenverknappung
- Einsatz von Hilfs- und Betriebsstoffen	Emissionen Abfall	Immissionen
- Herstellung / Beschaffung von Betriebsmitteln (inkl. mögliche Transporte)	Emissionen	Immissionen
- Einsatz von Betriebsmitteln	Emissionen Flächenbeanspruchung	Immissionen

Tab. 4-5: Umweltwirkungen in der Vorleistungsphase

Die Tabelle macht deutlich, dass bei den Umwelteinwirkungen die Emissionen im Vordergrund stehen. Die Umwelteinwirkungen können dabei direkt oder auch indirekt entstehen, je nach dem, ob das betrachtete Unternehmen die Vorprodukte/Rohstoffe selber herstellt oder von einem Lieferanten bezieht.[248] Neben den Emissionen spielen Ressourcen- und Flächenbeanspruchung eine wichtige Rolle, die sich durchaus auch als optisch wahrnehmbare Veränderungen der Landschaften auswirken können.

Inwieweit die bei der Produktionsvorbereitung entstehenden Umwelteinwirkungen zu negativen Auswirkungen führen (insbesondere sind Immissionen als negative Auswirkungen festzustellen), hängt sowohl von der Größenordnung der gesamten Umwelteinwirkungen als auch vom Umweltzustand ab. Bis zu einem gewissen Grad ist es dem Ökosystem möglich, Umwelteinwirkungen zu kompensieren; erst bei Überschreiten bestimmter Grenzen, sog. „Grenzen der ökologischen Tragfähigkeit"[249], zeigen sich negative Umweltauswirkungen, die zu Belastungen und Schäden führen können.[250]

---

[248] Zur Unterscheidung zwischen direkten und indirekten Umwelteinwirkungen vgl. die Ausführungen in Kap. 2.1.2.
[249] Umweltbundesamt (1999), S. 2.
[250] Vgl. Umweltbundesamt (1999), S. 2, sowie die Ausführungen in Kap. 2.1.2.

4.3.1.1.2   Umweltwirkungen in der Marktphase

Hauptphase	Marktphase		
Teilphase	Betrieb		
Aktivitäten	Produktion/Distribution	Nutzung	Instandhaltung

Tab. 4-6: Marktphase

In der **Marktphase** spielt ebenso wie in der Vorleistungsphase der (laufende) Einsatz von Energien, Rohstoffen, Materialien und Zwischenprodukten eine besondere Rolle.[251] Zudem fallen Schadstoffe, Abwässer und Abfälle aus den Produktionsverfahren an, die es zu vermeiden oder zu vermindern gilt. Weiterhin treten in dieser Phase Umweltwirkungen bei der Nutzung durch den Konsumenten sowie bei der Instandhaltung/Reparatur auf (sowohl im Rahmen der Serviceleistungen des Unternehmens als auch der unternehmenseigenen Anlagen und Maschinen).

Die nachfolgende Tabelle 4-7 stellt die Umweltein- und -auswirkungen im Überblick dar:

Aktivitäten	Umwelteinwirkungen	Umweltauswirkungen
Produktion / Distribution / Nutzung / Instandhaltung (inkl. möglicher Transporte)	Emissionen, Ressourcen- und Flächenbeanspruchung, Abwasser, Abfall	Immissionen (Verschlechterung der Wasserqualität, Bodenversauerung)

Tab. 4-7: Umweltwirkungen in der Marktphase

Hinsichtlich der Umweltwirkungen in der Marktphase ist Folgendes zu konstatieren:[252] Das Ausmaß der Umweltauswirkungen ist von der Art und Stärke der (direkten und indirekten) Umwelteinwirkungen abhängig, nur die negativen Auswirkungen führen zur Belastung der Umwelt und zu möglichen Schäden.

---

[251] Zu den grundsätzlichen (produkt- und potenzialbezogenen) Leistungen in der Marktphase vgl. Zehbold, C. (1996), S. 156 f.
[252] Vgl. auch Kap. 4.3.1.1.1.

4.3.1.1.3   Umweltwirkungen in der Nachleistungsphase

Hauptphase	Nachleistungsphase	
Teilphase	Entsorgung	
Aktivitäten	Verwertung	Beseitigung

Tab. 4-8: Nachleistungsphase

Die **Nachleistungsphase** gewinnt sowohl unter dem wirtschaftlichen als auch unter dem Umweltschutzaspekt immer mehr an Bedeutung.[253] Die wesentlichen Umweltwirkungen entstehen durch die Beseitigung von Abfällen (z.B. Emissionen aus Müllverbrennungsanlagen) und die Verwertung von Abfällen (z.B. Wasserverbrauch bei der Reinigung von Pfandflaschen). Dabei ist zu beachten, dass Beseitigung und Verwertung sowohl auf zurückgenommene Produkte als auch auf im Unternehmen genutzte Materialien, Stoffe und auch Anlagen und Maschinen zu beziehen sind. Die dabei ausgelösten Umweltwirkungen stehen in starker Abhängigkeit zu den in der Vorleistungsphase getroffenen Entscheidungen (bspw. bestimmt der eingesetzte Stoff auch den Grad an Emissionen oder an verbrauchten Ressourcen). Die Möglichkeit der Beeinflussung der entstehenden Umweltwirkungen ist in der Nachleistungsphase nur noch sehr gering.

Zusammenfassend zeigt Tabelle 4-9 die Umweltwirkungen der Nachleistungsphase auf:

Aktivitäten	Umwelteinwirkungen	Umweltauswirkungen
Beseitigung / Verwertung (inkl. möglicher Transporte)	Emissionen, Abfall, Abwasser, Ressourcen- und Flächenbeanspruchung	Immissionen (Verschlechterung der Wasserqualität, Bodenversauerung)

Tab. 4-9: Umweltwirkungen in der Nachleistungsphase

---

[253] Vgl. dazu z.B. die Diskussion um die Elektronik-Schrott-Verordnung (ESVO = Verordnung über die Vermeidung, Verringerung und Verwertung von Abfällen gebrauchter elektrischer und elektronischer Geräte). Die Verordnung verfolgt das Ziel, potenzielle Entsorgungskosten durch eine Rücknahmeverpflichtung dem Entscheidungsbereich des Herstellers zuzuordnen. Am 11. Juli 1991 wurde die ESVO als Entwurf vom Bundesumweltminister vorgelegt, am 15.10.1992 wurde ein weiterer Entwurf als Arbeitspapier präsentiert. Ihr Inkrafttreten steht bis heute aus, wenngleich Diskussionen weiterhin geführt werden. Vgl. Günther, T./Kriegbaum, C. (1999), S. 245 f. Am 13.06.2000 verabschiedete die EU-Kommission einen Richtlinienentwurf, wonach ab 2003 Elektrogeräte von den Herstellern auf eigene Kosten entsorgt werden sollen. Vgl. Bundesumweltministerium (2000), S. 361.

4.3.1.2   Höhe der Umweltwirkungen

Bei der Erfassung der Höhe der Umweltwirkungen ist ebenfalls zwischen Umweltein- und -
auswirkungen zu unterscheiden, und in einem ersten Schritt sind zunächst die Umwelteinwirkungen zu messen. Die direkten Umwelteinwirkungen[254] eines Unternehmens beziehen sich
in erster Linie auf Ressourcen- und Flächenbeanspruchungen sowie auf Emissionen, deren
mögliche Messung im Folgenden aufgezeigt wird. Bei den indirekten Umwelteinwirkungen[255]
können die gleichen Messmethoden angewandt werden; hier ist allerdings zu bedenken, dass
nicht das betrachtete Unternehmen die Messung vornimmt, sondern z.B. das zuliefernde Unternehmen, welches dann die relevanten Informationen an das betrachtete Unternehmen wei-
tergibt.

Die Erfassung der Ressourcen- und Flächenbeanspruchung kann anhand von Stücklisten bzw.
Bauplänen o.ä. erfolgen. Die Emissionsmessung als messtechnische Feststellung von Emissionswerten[256] erfolgt durch Experten und auf der Grundlage detaillierter Vorschriften, wie
bspw. der TA Luft oder der TA Lärm.[257] Zur Durchführung der Messung ist kaufmännisches
Wissen nicht ausreichend, eine Zusammenarbeit mit Experten aus den Gebieten der Naturwis-
senschaften ist unerlässlich.

Aufbauend auf den o.g. Daten (Stücklisten, Baupläne, Emissionsmessungen u.ä.) kann die
Erstellung einer Plan-Ökobilanz versucht werden, welche die einzelnen Werte als Input- und
Outputgrößen aufnimmt und gegenüberstellt.[258] Dabei ist zu berücksichtigen, dass einige
Umwelteinwirkungen aufgrund mangelnder Datenverfügbarkeit, schlechter Datenqualität oder
der Unsicherheit über Wirkungszusammenhänge nicht quantitativ erfasst werden können,
sondern qualitativ beschrieben werden müssen.[259]
Um den Erhebungsaufwand in Grenzen zu halten, wird teilweise empfohlen, nicht alle mit
den betrieblichen In- und Outputs verbundenen Umwelteinwirkungen zu berücksichtigen,

---

[254] Die direkten Umwelteinwirkungen stellen die Umwelteinwirkungen dar, die sich aus der unternehmerischen
Tätigkeit am Standort ergeben. Vgl. Kap. 2.1.2 und 4.3.1.1.1.
[255] Zu den indirekten Umwelteinwirkungen zählen die Aktivitäten anderer Unternehmen, mit denen das betrachtete Unternehmen in Beziehung steht. Zur Messung dieser Umwelteinwirkungen sind überbetriebliche
Kooperationen notwendig, die unterschiedlich ausgestaltet werden können. Vgl. zu möglichen Kooperations-
formen bspw. Siestrup, G. (1999), S. 25 ff.
[256] Unter Emissionswerten versteht man Maßeinheiten zur Feststellung und zum Vergleich von Emissionen.
Vgl. Olsson, M./Piekenbrock, D. (1996), S. 103.
[257] Vgl. Olsson, M./Piekenbrock, D. (1996), S. 102.
[258] Diese Möglichkeit wird im Rahmen der Abbildung (2. Stufe) näher erläutert. Vgl. Kap. 4.4.
[259] Vgl. Umweltbundesamt (1999), S. 5. Auf die Nutzung qualitativer Daten wird im Folgenden noch eingegangen. Vgl. Kap. 4.5.

sondern sich auf die wesentlichen Umwelteinwirkungen zu konzentrieren.[260] Dabei muss man sich jedoch darüber im Klaren sein, dass die Auswahl einiger Umwelteinwirkungen und die damit verbundene Nicht-Berücksichtigung anderer Umwelteinwirkungen eine Gratwanderung darstellt und es schwierig sein kann, die „Wesentlichen" von den „Unwesentlichen" zu trennen.

Auch die Messung möglicher Umweltauswirkungen, insbesondere der Immissionen, kann nur mit Unterstützung von Experten erfolgen. Immissionsgrenzen, -standards oder -richtwerte geben Hinweise zur Einhaltung/Realisierung von Umweltqualitätszielen.[261] Neben den Immissionen ist die Ressourcenverknappung als weitere bedeutende Umweltauswirkung zu erfassen. Auch hier können Experten entsprechende Hinweise in Bezug auf die Höhe der Ressourcenverknappung geben (und Warnungen aussprechen, sofern sich abzeichnet, dass das Überschreiten einer bestimmten Höhe zu Umweltbelastungen bzw. zu -schäden führen wird). In diesem Zusammenhang wird ein besonderes Problem deutlich: Die Grenzen naturwissenschaftlicher Kenntnisse und deren Zusammenhänge führen dazu, dass nicht alle Umweltauswirkungen erkannt und erfasst werden oder dass sie nicht rechtzeitig erkannt/erfasst werden. Diese Grenzen bestehen, und es ist weiterer Forschungsbedarf gegeben, diese Grenzen zu überwinden.

In der Literatur finden sich die folgenden Hilfestellungen zur Annäherung an die Problemlösung:[262]

- Zum einen kann die **Toxizität** eines Schadstoffes Auskunft über die Art und Höhe der Umweltauswirkung geben. Die Toxizität kann dabei in Humantoxizität und Ökotoxizität unterschieden werden.[263]

- Zum anderen kann die **ökologische Knappheit** bei der Erfassung der Umweltauswirkungen berücksichtigt werden. Hierbei sind die Funktionen der natürlichen Umwelt, insbesondere die Aufnahme- und die Regelungsfunktionen[264], von besonderer Bedeutung. Die Fähigkeit der natürlichen Umwelt, Schadstoffe aufzunehmen und abzubauen sowie entnommene Ressourcen regenerieren zu lassen, spielen bei der Beurteilung der Umweltauswirkungen eine bedeutende Rolle. In Anlehnung an MÜLLER-WENK[265] kann Knappheit

---

[260] Vgl. Umweltbundesamt (1999), S. 4. Das Umweltbundesamt stellt im Anhang entsprechende Checklisten vor, die helfen sollen, die wesentlichen Umwelteinwirkungen zu erfassen.
[261] Vgl. Olsson, M./Piekenbrock, D. (1996), S. 182.
[262] Vgl. Letmathe, P. (1998), S. 69 f.
[263] Unter Toxizität versteht man die vergiftende Wirkung von Stoffen auf Menschen (Humantoxizität) und auf Tiere und Pflanzen (Ökotoxizität). Vgl. Henseling, K.O. (1998), S. 32.
[264] Zu den Funktionen der natürlichen Umwelt vgl. die Ausführungen in Kap. 2.1.1.
[265] Vgl. Müller-Wenk, R. (1978), S. 35 ff.

differenziert werden in Ratenknappheit und Kumulativknappheit. *Ratenknappheit* bezieht sich auf eine bestimmte Rate an Schadstoffen, die die natürliche Umwelt aufnehmen und abbauen kann (bspw. Abwasser in einem Fluss), ohne dass negative Auswirkungen auf den Zustand derselben entstehen. Ebenso ist die Nutzung von Ressourcen bis zu einer bestimmten Rate möglich, ohne die Möglichkeit der Regeneration zu behindern (bspw. die Nutzung von Holz). Bei *Kumulativknappheit* führt jede Belastung bzw. Ressourcenentnahme zu einer Verschlechterung/Verringerung des natürlichen Zustands/Bestands, d.h. die ökologische Knappheit steigt mit jeder Entnahme. Eine Ressourcenbeanspruchung mit kumulativer Knappheit kann daher zu einer höheren Umweltauswirkung führen als eine Ressourcenbeanspruchung mit Ratenknappheit.

4.3.2   Prognose der relevanten Rechnungsgrößen in den einzelnen Lebenszyklusphasen

4.3.2.1   Arten der relevanten Rechnungsgrößen

In Anlehnung an die in Kapitel 2.1.3 vorgestellten Ausführungen zu den Maßnahmen des betrieblichen Umweltschutzes sowie an die in Kapitel 4.1.3 durchgeführten Untersuchungen zu den externen Effekten ergibt sich die folgende Zusammenstellung möglicher umweltorientierter Lebenszykluskosten und -erlöse, die zusammen mit den üblicherweise in der Lebenszyklusrechnung betrachteten Kosten und Erlösen (den betrieblichen Umweltschutzkosten) in die umweltorientierte Lebenszyklusrechnung einfließen:

Betriebliche Umweltschutzkosten (internalisierte Kosten)	Negative externe Effekte / Externe Kosten (i.d.R. nicht internalisiert)
a) aus Maßnahmen *zur Vermeidung* von Umweltbelastungen: - Substitutionsmaßnahmen - Fremdbezug statt Eigenfertigung b) aus Maßnahmen *zur Verminderung* von Umweltbelastungen: - Verwertungsmaßnahmen - Entsorgungsmaßnahmen c) aus Maßnahmen *zum Schutz* vor potenziellen Umweltbelastungen: - Sicherheitsmaßnahmen - Kontrollmaßnahmen	a) Sachschäden: - Gebäudeschäden - Waldschäden b) Personenschäden: - Gesundheitsschäden - Lärmbelästigung - Minderung der Lebensqualität (auch z.B. durch Sachschäden)
Betriebliche Umweltschutzerlöse (internalisierte Erlöse)	**Positive externe Effekte / Externe Erlöse** (i.d.R. nicht internalisiert)
= Teil der Umsatzerlöse, der aufgrund erfolgreich durchgeführter Umweltschutzmaßnahmen (zusätzlich) erzielt werden kann.	- Kundenzufriedenheit - Imageverbesserung - Mitarbeiterzufriedenheit - Reduktion externer Kosten

Tab. 4-10: Umweltkosten und -erlöse

Die Tabelle 4-10 gibt eine allgemeine Darstellung umweltbezogener Kosten und Erlöse wieder, die aus den Umweltwirkungen resultieren können. Demnach lassen sich die betrieblichen Umweltschutzkosten grundsätzlich in Bezug zu den Maßnahmen zur Vermeidung, Verminderung und zum Schutz vor potenziellen Umweltbelastungen gliedern; die externen Kosten beziehen sich regelmäßig auf Sach- und auf Personenschäden.

Der Bereich der umweltbezogenen Erlöse lässt sich nur beispielhaft erläutern, eine Möglichkeit zur Strukturierung bietet sich hier nicht an.

Auf der Grundlage dieser allgemeinen Klassifizierung der Umweltkosten und -erlöse sollen diese nun den einzelnen Lebenszyklusphasen zugeordnet werden.[266] Im Hinblick auf eine

---

[266] Wie bereits in Kap. 4.3 angesprochen, erfolgt die Zuordnung auf der Basis sachlicher und nicht rein zeitlicher Kriterien.

Vollständigkeit der Rechnung werden dabei auch die Rechnungsgrößen einbezogen, die der traditionellen Lebenszyklusrechnung zugrunde liegen.[267]

4.3.2.1.1 Kosten und Erlöse in der Vorleistungsphase

Die Vorleistungsphase ist zwar nicht durch einen hohen Kostenanfall gekennzeichnet[268], aber sie bestimmt in hohem Maße das Kostenaufkommen in den nachfolgenden Phasen. Eine Berücksichtigung der Umweltein- und -auswirkungen führt tendenziell eher zu einem Anstieg der Kosten, da neben den Grundkosten kalkulatorische Größen hinzugenommen werden. Zudem kann eine Analyse der Umweltwirkungen auch eine Reduzierung der Kosten bewirken, wenn dadurch z.B. Einsparpotenziale oder Möglichkeiten zum Einsatz anderer Ressourcen festgestellt werden.

Auf der Erlösseite sind grundsätzlich nur geringe Möglichkeiten zu verzeichnen (evtl. Lizenzeinnahmen oder Subventionen). Eine Berücksichtigung der Umweltwirkungen kann ggfs. zu einer Erhöhung der Lizenzeinnahmen und Subventionen beitragen, so dass auch hier Vorleistungserlöse erzielt werden können.

Vorleistungskosten:

Allgemein können Vorleistungskosten[269] definiert werden als Kosten, die im Vorfeld der Leistungserstellung und –verwertung anfallen und die die Leistungspotenziale für spätere Perioden/Phasen festlegen. In Anlehnung an KILGER[270] können die folgenden Charakteristika der Vorleistungskosten herausgestellt werden:

- Die Kosten dienen der Schaffung von Leistungspotenzialen für spätere Perioden, sie bestimmen somit mögliche Wettbewerbsvorteile.

- Vorleistungskosten entstehen für die Schaffung zeitungebundener Nutzungspotenziale und stellen somit Kosten für eine im Voraus unbestimmte Anzahl von Perioden dar.

---

[267] Vgl. die Ausführungen zu einer traditionellen Lebenszyklusrechnung z.B. bei Zehbold, C. (1996), insbes. S. 153 ff.
[268] SIESTRUP nennt in diesem Zusammenhang weniger als zehn Prozent der Gesamtkosten eines Produktprojekts. Vgl. Siestrup, G. (1999), S. 179.
[269] Synonym werden auch die Begriffe Vorlaufkosten oder taktische Kosten verwendet. Vgl. Zehbold, C. (1996), S. 159 f.; Back-Hock, A. (1988), S. 25; Kilger, W. (1987), S. 52.
[270] Vgl. Kilger, W. (1987), S. 52 f.

- Die Höhe der Vorleistungskosten lässt sich etwas leichter verändern als die Höhe der Fix-kosten.[271]

- Nach der Entscheidung über Art und Höhe der Vorleistungskosten haben sie ebenso wie die Fixkosten keine funktionale Beziehung mehr zur zukünftigen Nutzung.

- Vorleistungskosten stellen i.d.R. Einmalkosten dar (nur bei Betrachtung mehrerer Zyklen können sie als wiederholt auftretende Kosten bezeichnet werden).

Diese Charakteristika für traditionelle Vorleistungskosten lassen sich auf umweltbezogene Vorleistungskosten übertragen. Hier gilt ebenfalls, dass Leistungs- und somit Wettbewerbs-potenziale für zukünftige Perioden geschaffen werden, dass zeitungebundene Nutzungspoten-ziale entstehen und die funktionale Beziehung zur künftigen Nutzung fehlt. Ebenso stellen auch sie regelmäßig Einmalkosten dar.

In Anlehnung an die eingangs (nicht phasenbezogen) aufgeführten Umweltkosten ergibt sich folgende konkrete Darstellung der Vorleistungskosten:

---

[271] KILGER begründet dies damit, dass ein Vorstands- oder Aufsichtsratsbeschluss ausreicht, um die Höhe der Vorleistungskosten steigen oder sinken zu lassen. Vgl. Kilger, W. (1987), S. 52.

Traditionelle Vorleistungskos-ten:[272]	Betriebliche Umwelt-schutzkosten der Vorleistungsphase:	Negative externe Effekte der Vorleistungsphase:
- Kosten für F&E, Konstruktion und Erprobung, - Kosten für Marktforschung, -beobachtung, Einführungswerbung und Öffentlichkeitsarbeit, - evtl. Anpassungs- oder Änderungskosten, - Anschaffungs- oder Herstellkosten für Anlagen und Maschinen, - Umrüstkosten für eine neue Produktlinie, - Gebäudekosten (spezielle Produktionsgebäude, Lagerhallen), - Kosten für Softwareprogrammierung und die Anpassung vorhandener Programmsysteme, - Kosten für Mitarbeiterschulungen, - Kosten für den Aufbau (oder die Anpassung) von Zulieferer-Abnehmer-Beziehungen, - Kosten für Organisation, Logistik/Transport und Sonstiges.	Kosten für Maßnahmen *zur Vermeidung* von Umweltbelastungen: - Kosten für umweltschutzbezogene F&E, Konstruktion und Erprobung, - Substitutionskosten für den Bezug und Einsatz umweltfreundlicherer Materialien und Anlagen (inkl. Anpassung und Änderung)[273]; Kosten für Maßnahmen *zum Schutz* vor potenziellen Umweltbelastungen: - Kosten für Mitarbeiterschulungen zum Umweltschutz, Umweltschutzbeauftragte, - Kosten für Sicherheits- und Kontrollmaßnahmen, z.B. für (Abgas-, Emissions-) Messgeräte, Einführung eines Umweltmanagementsystems.	Sachschäden: - Gebäudeschäden, - Waldschäden; Personenschäden: - Gesundheitsschäden, - Lärmbelästigung, - Minderung der Lebensqualität (auch z.B. durch Sachschäden).

Tab. 4-11: Vorleistungskosten

---

[272] Vgl. Zehbold, C. (1996), S. 161 f., die eine Einteilung in produkt- und potenzialbezogene Kosten beibehält, sowie Back-Hock, A. (1988), S. 26, die eine Einteilung in technologische, vertriebliche, sonstige Vorlaufkosten und Anpassungs-/Änderungskosten wählt. Vgl. ebenfalls Kilger, W. (1987), S. 52 f.

[273] Kosteneinsparpotenziale auch für die folgenden Phasen sind bereits an dieser Stelle zu berücksichtigen.

Vorleistungserlöse:

In Analogie zu den Kosten können Vorleistungserlöse[274] definiert werden als Erlöse, die (ebenfalls) im Vorfeld der Leistungserstellung und -verwertung anfallen. Vorleistungserlöse sind eher selten bzw. gering; beispielhaft können Lizenzeinnahmen oder Subventionen aufgezählt werden, die aufgrund von besonderen Innovationen bzw. Leistungen an das Unternehmen fließen.[275]

Vorleistungserlöse weisen die folgenden Charakteristika auf:

- Sie entstehen im Zusammenhang mit den Vorleistungen des Unternehmens.[276] (Bspw. können besondere F&E-Leistungen zu Lizenzeinnahmen führen.) Umgekehrt ist i.d.R. kein direkter Zusammenhang zum Sachziel des Unternehmens gegeben.[277]

- Sie stellen einmalige Erlöse dar.

- Ihre Entstehung ist ungewiss.

Diese Charakteristika bestimmen traditionelle Vorleistungserlöse ebenso wie umweltbezogene.

Unter Bezugnahme auf die einleitend dargestellten Umwelterlöse kann folgende konkrete Einteilung der Vorleistungserlöse vorgenommen werden:

Traditionelle Vorleistungs-erlöse:	Betriebliche Umwelt-schutzerlöse der Vorleis-tungsphase:	Positive externe Effekte der Vorleistungsphase:
- Lizenzeinnahmen allg. Art, - Subventionen (Investitionszuschüsse und -zulagen, verbilligte Kredite oder Steuervergünstigungen).	- Besondere Lizenzeinnahmen für Innovationen im Umweltschutz, - Subventionen für umweltschutzbezogene Leistungen.	- Imageverbesserung bei Bekanntwerden umweltschützender Innovationen, - Mitarbeiterzufriedenheit, - Reduktion externer Kosten.

Tab. 4-12: Vorleistungserlöse

---

[274] BACK-HOCK verwendet den Begriff Vorlauferlöse. Vgl. Back-Hock, A. (1988), S. 26.

[275] Denkbar wären auch Erlöse aus dem Verkauf bereits genutzter Anlagen und Maschinen, die aufgrund einer technischen Anpassung abgegeben werden. Allerdings kann eine Zuordnung solcher Erlöse sowohl zum laufenden als auch zum vorhergehenden Lebenszyklus (hier allerdings als Nachleistungserlöse) erfolgen. Für Erstere spricht die zeitliche Nähe, für Letztere der Leistungszusammenhang. Da in dieser Arbeit der Leistungszusammenhang betont wird, wird von einer sachlichen Zuordnung zum vorhergehenden Lebenszyklus ausgegangen.

[276] Vgl. Zehbold, C. (1996), S. 162.

[277] Ein direkter Zusammenhang der Vorleistungserlöse in Form von Lizenzeinnahmen zum Sachziel des Unternehmens könnte lediglich z.B. bei Forschungsinstituten festgestellt werden, deren Sachziel darin besteht, Neuerungen zu entwickeln und weiterzugeben. Bei Industrieunternehmen oder anderen Dienstleistungsunternehmen ist ein solcher direkter Zusammenhang i.d.R. nicht feststellbar.

4.3.2.1.2 Kosten und Erlöse in der Marktphase

Der Kostenanfall in der Marktphase ist im Wesentlichen durch die Design- und Konstruktionsentscheidungen in der Vorleistungsphase festgelegt. Ein Einbezug der Kosten der Umweltwirkungen führt hier zum gleichen Effekt wie in der Vorleistungsphase: Kosteneinsparungen können sich aufgrund von Energie-, Strom- und/ oder Verpackungseinsparungen ergeben, Kostenerhöhungen aufgrund eines Einsatzes umweltfreundlicherer, aber teurerer Materialien.[278]

Auf der Erlösseite sind neben den (üblichen) Absatzerlösen auch (Mehr-) Erlöse zu berücksichtigen, die dadurch entstehen, dass umweltbewusste Neukunden gewonnen werden können.[279]

Kosten der Marktphase:

Diese beziehen sich – entsprechend den Aktivitäten der Marktphase – auf die Produktion einer Leistung, ihre Nutzung durch den Konsumenten/Käufer und ihre Instandhaltung. Die Kosten der Marktphase weisen die folgenden Charakteristika auf:

- Durch die Entscheidungen in der Vorleistungsphase sind die Kosten i.d.R. in Art und Höhe bereits festgelegt. Kurzfristige Änderungen sind nicht grundsätzlich, sondern nur in Bezug auf alternative Einsatzstoffe o.ä. möglich.

- Sie fallen nicht nur beim Unternehmen an: Produktionskosten entstehen im Unternehmen, wohingegen Nutzungskosten beim Käufer anfallen. Instandhaltungskosten können in Form von Serviceleistungen beim Unternehmen, in Form von Reparaturkosten beim Käufer anfallen. Im Rahmen der Lebenszyklusrechnung sind auch die beim Käufer anfallenden Kosten für das Unternehmen entscheidungsrelevant, da sie wichtige Informationen über die Lebenszykluskosten geben und somit eine Vollständigkeit der Rechnung gewährleisten.

Unter Umweltaspekten fallen in der Marktphase insbesondere die möglichen externen Kosten ins Gewicht, da sie von den Unternehmensbeteiligten in dieser Phase am leichtesten wahrgenommen werden können.[280]

---

[278] Umweltfreundlichere Materialien müssen nicht, können aber u.U. teurer sein.
[279] Dieser Aspekt ist schwer messbar, evtl. über eine Beobachtung der Verkaufsbedingungen, wenn ansonsten die Marktbedingungen gleich bleiben. Dieser Aspekt wird in Kapitel 4.3.2.2 erneut aufgegriffen.
[280] Bei dem Anblick eines qualmenden Schornsteins liegt es nahe, die dabei entstehenden Umweltwirkungen dem Produktionsprozess zuzuschreiben. Die Umweltwirkungen des Vorleistungsprozesses sind für die übrigen Unternehmensbeteiligten nicht so offensichtlich.

Entsprechend lassen sich folgende Marktkosten aufführen:

Traditionelle Kosten der Marktphase:	Betriebliche Umweltschutzkosten der Marktphase:	Negative externe Effekte der Marktphase:
- Anschaffungskosten für Roh-, Hilfs- und Betriebsstoffe, die laufend genutzt werden, - laufende Gebäudekosten (evtl. Mietkosten, Instandhaltungskosten), - laufende Strom-, Wasserkosten u.ä., - Kosten für Werbung und Öffentlichkeitsarbeit, - Kosten für Logistik/ Transport, - Verwaltungs- und Vertriebskosten, - Personalkosten und evtl. Kosten für Mitarbeiterschulungen, - Kosten für die Pflege von Zulieferer-Abnehmer-Beziehungen, - Instandhaltungskosten (Wartungs-, Reparatur- und Garantiekosten) - Dienstleistungskosten, - Kosten eines Produktrückrufs, - Steuern, Abgaben, Gebühren, Beiträge.	Kosten für Maßnahmen *zur Vermeidung* von Umweltbelastungen: - Substitutionskosten für den Bezug und Einsatz umweltfreundlicherer Materialien und Stoffe; Kosten für Maßnahmen *zur Verminderung* von Umweltbelastungen: - Kosten für eine Umweltschutz ermöglichende Ausstattung (Behälter für Sondermüll, Mitarbeiterschulungen zum Umgang mit umweltbelastenden Stoffen u.ä.); Kosten für Maßnahmen *zum Schutz* vor potenziellen Umweltbelastungen: - Kosten für Mitarbeiterschulungen zum Umweltschutz, Umweltschutzbeauftragte, - Kosten für Sicherheits- und Kontrollmaßnahmen, z.B. für (Abgas-, Emissions-) Messgeräte, Einführung eines Umweltmanagementsystems.	Sachschäden: - Gebäudeschäden, - Waldschäden; Personenschäden: - Gesundheitsschäden, - Lärmbelästigung, - Minderung der Lebensqualität (auch z.B. durch Sachschäden).

Tab. 4-13: Kosten der Marktphase

Erlöse der Marktphase:

Die Erlöse in der Marktphase beziehen sich in erster Linie auf die Erlöse aus dem Produktverkauf. Zusätzlich sind Erlöse für Neben- und Zusatzleistungen zu berücksichtigen (so z.B. Erlöse für Reparatur- und Serviceleistungen, die nicht zur Garantieleistung des Unternehmens zählen, oder auch Einführungs-/Beratungsleistungen, die vom Käufer nachgefragt werden können).

Unter Umweltaspekten ist hier auch der (zusätzliche) Teil der Umsatzerlöse zu berücksichtigen, der auf die Umweltschutzaktivitäten und ihre Anerkennung durch die Käufer zurückzuführen ist, ebenso wie die positiven externen Effekte der Unternehmenstätigkeit. Insgesamt ergibt sich somit das folgende Bild umweltorientierter Lebenszykluserlöse in der Marktphase:

Traditionelle Umsatzerlöse:	Betriebliche Umweltschutz-erlöse:	Positive externe Effekte der Marktphase:
- Erlöse aus dem Produktverkauf, - Erlöse aus Nebenleistungen (Service, Reparatur, Ersatzteillieferungen)[281], - Erlöse aus Zusatzleistungen (Beratung, Einführung), - Erlösminderungen (Rabatte, Skonti, Boni) und Erlösmehrungen (Mindermengenzuschläge).	- Teil der Umsatzerlöse, der aufgrund von erfolgreich durchgeführten Umweltschutzmaßnahmen und ihrer Anerkennung durch die Käufer zusätzlich entsteht, - Erlöse aus dem Sekundärrohstoffgeschäft[282].	- Kundenzufriedenheit, - Imageverbesserung, - Mitarbeiterzufriedenheit, - Reduktion externer Kosten.

Tab. 4-14: Erlöse der Marktphase

4.3.2.1.3 Kosten und Erlöse in der Nachleistungsphase

Insgesamt ist in der Nachleistungsphase insbesondere der Kostenanfall von Bedeutung, die Möglichkeit zur Erlöserzielung ist auf Anlagenverkäufe o.ä. reduziert. In Abhängigkeit von den in der Vorleistungsphase getroffenen Entscheidungen haben die Umweltwirkungen in der Nachleistungsphase erhöhenden/einsparenden Charakter.

Nachleistungskosten:

Nachleistungskosten[283] stellen die Kosten dar, die nach dem eigentlichen Leistungserstellungs- und Nutzungsprozess anfallen, insbesondere zu nennen sind hier die Beseiti-

---

[281] BACK-HOCK zählt diese Erlöse bereits zu den Nachleistungserlösen (bei ihr „Folgeerlöse" genannt). Vgl. Back-Hock, A. (1988), S. 26. Dieser Einteilung soll hier nicht gefolgt werden, da die Instandhaltung eine weitere Nutzung bzw. weiteren Gebrauch des Produkts erlaubt und somit der Marktphase zugerechnet wird. Gleichzeitig wird deutlich, dass der von BACK-HOCK zugrunde gelegte Produktlebenszyklus kürzer greift als der in dieser Arbeit betrachtete: „Die Planung und Kontrolle von Kosten und Erlösen bzw. Erfolgen soll über alle Phasen des Produktlebens, von der Entwicklung bis hin zu den Nachsorgeverpflichtungen durch Garantie- und Serviceleistungen, unterstützt werden." Back-Hock, A. (1988), S. 1.

[282] Vgl. Siestrup, G. (1999), S. 181.

[283] Synonym werden die Begriffe „Nachlaufkosten" und „Folgekosten" verwendet. Vgl. Zehbold, C. (1996), S. 163. BACK-HOCK verwendet bspw. den Begriff „Folgekosten", bezeichnet damit jedoch in erster Linie die Instandhaltungskosten, die in dieser Arbeit noch zu den Kosten der Marktphase gezählt werden (vgl. o.). Lediglich die „Sonstigen Folgekosten" beziehen sich bei BACK-HOCK auf Beseitigungskosten; Verwertungs- oder Recyclingkosten bleiben unerwähnt. Vgl. Back-Hock, A. (1988), S. 26.

gungs- und Verwertungskosten für Abfälle (vgl. die Aktivitäten der Nachleistungsphase).

Nachleistungskosten weisen die folgenden Charakteristika auf:

- Sie werden zunächst in Art und Höhe durch Entscheidungen in der Vorleistungsphase festgelegt, zusätzlich bestimmen externe Störgrößen sowie die Abläufe in der Marktphase ihr Aufkommen. Eine Änderung des Kostenaufkommens ist nur in Bezug auf Entsorgungsalternativen gegeben, grundsätzliche Änderungen sind in der Nachleistungsphase nicht mehr möglich.

- Ihre Planung erfolgt aufgrund des weiten zeitlichen Horizonts unter einem hohen Maß an Unsicherheit.

- Sie stellen ebenso wie die Vorleistungskosten Einmalkosten dar.

- Bei vielen Produkten ist (noch) unklar, ob die Kosten der Entsorgung beim Käufer oder beim Hersteller anfallen.[284] Im Rahmen einer Lebenszyklusrechnung sind jedoch sowohl die beim Käufer als auch die beim Hersteller anfallenden Kosten entscheidungsrelevant.

Unter umweltbezogenen Gesichtspunkten sind insbesondere die Kosten der Umweltwirkungen zu berücksichtigen, für die die gleichen Charakteristika gelten.

Die folgenden Nachleistungskosten sind festzuhalten:

Traditionelle Kosten der Nachleistungsphase:	Betriebliche Umweltschutzkosten der Nachleistungsphase:	Negative externe Effekte der Nachleistungsphase:
- Kosten für den Abbau und die Entsorgung spezieller Produktionsanlagen, - Säuberungs-, Reinigungs-, Sanierungs- und ähnliche Kosten zur Wiederherstellung der Einsatzbereitschaft, - Kosten für Logistik/ Transport.	Kosten für Maßnahmen *zur Verminderung* von Umweltbelastungen: - Kosten zur Ermöglichung der Wiederverwendbarkeit, - Kosten für Verwertungsmaßnahmen, - Kosten für Beseitigungsmaßnahmen; Kosten für Maßnahmen zum *Schutz* vor potenziellen Umweltbelastungen: - Kosten für Mitarbeiterschulungen zur Verwertung/Entsorgung, - Kosten für Sicherheits- und Kontrollmaßnahmen.	Sachschäden: - Gebäudeschäden, - Waldschäden; Personenschäden: - Gesundheitsschäden, - Lärmbelästigung, - Minderung der Lebensqualität (auch z.B. durch Sachschäden).

Tab. 4-15: Nachleistungskosten

---

[284] Vgl. die Diskussion um die Elektronik-Schrott-Verordnung in Kap. 4.3.1.1.3.

Nachleistungserlöse:

Nachleistungserlöse stellen Erlöse dar, die nicht durch die eigentliche Leistungserstellung, sondern als Folge derselben anfallen. Wie bereits eingangs erwähnt, bestehen in der Nachleistungsphase nicht sehr viele Möglichkeiten zur Erlöserzielung; i.d.R. handelt es sich um Verkäufe genutzter Anlagen, wieder- oder weiterverwendbarer Stoffe und Materialien (ggfs. nach Aufbereitung), u.U. auch Grundstücke und Gebäude (Desinvestitionen).

Charakteristisch für Nachleistungserlöse ist festzuhalten:

- Sie stehen in engem Zusammenhang mit den Leistungen der Nachleistungsphase.

- Ebenso wie bei der Planung der Nachleistungskosten ergeben sich auch für die Planung der Nachleistungserlöse erhebliche Unsicherheiten aufgrund des zeitlichen Vorlaufs der Planungen.

- Sie stellen Einmalerlöse dar.

Es ergibt sich die folgende Darstellung von Nachleistungserlösen:

Traditionelle Nachleistungserlöse:	Betriebliche Umweltschutzerlöse der Nachleistungsphase:	Positive externe Effekte der Nachleistungsphase:
- Erlöse aus Desinvestitionen.	- Erlöse aus dem Verkauf wiederverwend- oder -verwertbarer Stoffe und Materialien.	- Kundenzufriedenheit, - Imageverbesserung, - Mitarbeiterzufriedenheit, - Reduktion externer Kosten.

Tab. 4-16: Nachleistungserlöse

Insgesamt muss festgehalten werden, dass eine Betrachtung der Kosten/Erlöse in den einzelnen Phase zeigt, dass sowohl die traditionellen Kosten/Erlöse als auch die betrieblichen Umweltschutzkosten/-erlöse phasenspezifisch sind, dass aber im Gegensatz dazu die externen Kosten/Erlöse in allen Phasen fast die gleichen Dimensionen aufweisen: Sachschäden und Personenschäden als externe Kosten und Kundenzufriedenheit[285], Imageverbesserung, Mitarbeiterzufriedenheit sowie die Reduktion externer Kosten als externe Erlöse.

---

[285] Dieser Effekt spielt nur in der Vorleistungsphase keine bedeutende Rolle.

4.3.2.2   Höhe der relevanten Rechnungsgrößen

Bei der Planung der Höhe der Rechnungsgrößen im Rahmen der umweltorientierten Lebenszyklusrechnung ist zu berücksichtigen, dass die Kosten-/Erlösprognose sowohl für die traditionellen Kosten/Erlöse und für die betrieblichen Umweltschutzkosten/-erlöse als auch für die
potenziellen externen Kosten/Erlöse erfolgen muss.

In Anlehnung an die unter Kapitel 4.3.2.1.1 bis 4.3.2.1.3 aufgeführten Kosten- und Erlösarten
kann eine Prognose der entsprechenden Höhe für die traditionellen Kosten/Erlöse und die
betrieblichen Umweltschutzkosten/-erlöse nach den gleichen Prognoseverfahren erfolgen, da
es sich in beiden Fällen um internalisierte Größen handelt. Für den Bereich der externen
Kosten/Erlöse müssen andere Verfahren herangezogen werden.

Bei der **Prognose internalisierter Größen** können bekannte Kosten- (und Erlös-) Prognoseverfahren angewendet werden.[286] Die Wahl entsprechender Prognoseverfahren ist abhängig
vom jeweiligen Stand der Planung; so ist es in den frühen Phasen ausreichend, grobe Verfahren anzuwenden, die keine genauen Detailinformationen bereitstellen, und erst im Zeitablauf
solche Verfahren einzusetzen, die die Kostenplanung verfeinern. Zu den erstgenannten (gro-
ben) Verfahren werden Expertenschätzungen und Analogieverfahren gezählt. Expertenschätzungen beruhen in hohem Maße auf Erfahrungswerten; bei den Analogieverfahren werden
bereits dokumentierte Kosten/Erlöse abgeschlossener Projekte unter Berücksichtigung be-
kannter Besonderheiten fortgeschrieben.[287] Im weiteren Verlauf der Planung können dann
analytische Verfahren angewendet werden, die auf Kenntnis der Kosteneinflussgrößen aufbauen. Zu den analytischen Verfahren können ökonomische Studien, Regressionsanalysen,
Zeitvergleiche und Kostenrelationsfunktionen gezählt werden. Mit der Verfeinerung der Verfahren steigt auch die Genauigkeit der Prognose (vgl. Abb. 4-3):

---

[286] Vgl. bspw. Zehbold, C. (1996), S. 210.
[287] Vgl. Zehbold, C. (1996), S. 210.

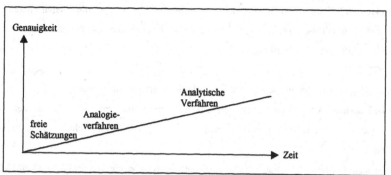

Abb. 4-3: Prognoseverfahren im Zeitablauf

Trotzdem kann nicht davon ausgegangen werden, dass die Prognoseunsicherheit aufgehoben wird, denn es liegt im Wesen einer Planung/Prognose, dass ein gewisser Grad an Ungenauigkeit verbleibt. Im Hinblick auf das Prinzip der Wirtschaftlichkeit muss festgelegt werden, welcher Genauigkeitsgrad bzw. welche Zielgenauigkeit erreicht werden soll.[288]

Ist die Unsicherheit in Bezug auf die zu planenden Daten sehr hoch, kann auch versucht werden, diese mit Hilfe der Szenariotechnik zu verringern, indem drei (oder mehr) Entwicklungen aufgezeigt werden (eine pessimistische, eine mittlere, die i.d.R. die am häufigsten zu beobachtende Entwicklung widerspiegelt, und eine optimistische). Diese verschiedenen Szenarien sind im Rahmen der Prognose so lange beizubehalten, bis sich ein Szenario als wahrscheinlich herausstellt.

Die Prognose der Höhe **externer Kosten/Erlöse** stellt weiterhin ein schwer lösbares Problem dar und ist nur mit Hilfe von Experten lösbar. Diese sind vornehmlich im Bereich der Naturwissenschaftler zu suchen, die näherungsweise Auskunft darüber geben können, wie hoch ein Waldschaden (als Beispiel für einen Sachschaden) oder die Beeinträchtigung der Gesundheit (als Beispiel für einen Personenschaden) aufgrund einer bestimmten Umweltauswirkung sein können. Dabei kann allerdings nicht erwartet werden, dass monetäre Größen genannt werden, denn insbesondere die monetäre Erfassung dieser Größen erweist sich bislang als strittig. Es können jedoch (mengenmäßige) Hinweise auf die Entstehung bestimmter Schäden und/oder (qualitative) Hinweise über die Schwere der Schäden (z.B. Erkrankung) gegeben werden.

---

[288] Vgl. Neff, T. et al. (2000), S. 21.

Bei externen Effekten steht der Versuch im Vordergrund, möglichst alle Auswirkungen einzubeziehen. In Abhängigkeit von der Zielsetzung der Unternehmen ist über das Maß der Einbeziehung externer Effekte zu entscheiden.[289]

Bei der Erfassung externer Effekte sind folgende Schwierigkeiten zu beachten:[290]

- **Diffusionseffekte**: Naturwissenschaftliche Zusammenhänge sind nicht ausreichend bekannt, so dass eine Wirkungsanalyse zwischen Schadenquelle und Schaden nicht erfolgen kann.

- **Synergieeffekte** können auftreten, wenn mehrere Schadstoffe, die von demselben Unternehmen emittiert werden, bei Zusammentreffen einen höheren Schaden verursachen als aus der Summe der einzelnen emittierten Schadstoffe zu erwarten wäre.

- **Kumulativeffekte** können in ähnlicher Weise auftreten, wenn mehrere Unternehmen Schadstoffe emittieren, die isoliert betrachtet nur geringfügige Schäden, bei Zusammentreffen jedoch große Schäden verursachen.

- **Distanzeffekte** verdeutlichen, dass zwischen Schadenquelle und auftretenden Belastungen große Entfernungen liegen können.

- **Langzeiteffekte** zeigen zudem, dass zwischen Schadenquelle und den Auswirkungen des Schadens große Zeiträume (mehrere Perioden) liegen können, womit oftmals das Problem verbunden ist, dass der Verursacher des Schadens nicht mehr feststellbar ist.

Trotz der aufgezeigten Probleme soll betont werden, dass eine Erfassung externer Effekte im Rahmen einer umweltorientierten Lebenszyklusrechnung entsprechend der Zielsetzung des Unternehmens soweit wie möglich erfolgen soll. Dem Problem der Langzeiteffekte kann eine Lebenszyklusrechnung entgegenwirken, da sie darauf ausgerichtet ist, mehrere Perioden (den gesamten Lebenszyklus eines Produktes) zu umfassen.

---

[289] Vgl. die Ausführungen in Kap. 4.1.4.
[290] Vgl. Günther, E. (1994), S. 141 f.

4.3.3 Erklärung möglicher Interdependenzen zwischen den Kosten- und Erlösstrukturen der einzelnen Phasen

Eine Betrachtung der Kosten und Erlöse in den einzelnen Phasen des Lebenszyklus führt in einem nächsten Schritt zur Analyse möglicher Interdependenzen. Die Beziehungen zwischen den einzelnen Phasen stellen sich dabei wie folgt dar:

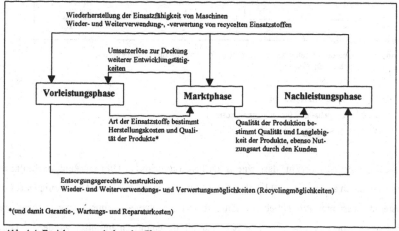

Abb. 4-4: Beziehungen zwischen den Phasen

Abb. 4-4 macht die direkte Beziehung zwischen Vorleistungs- und Nachleistungsphase sowie zwischen Vorleistungs- und Marktphase deutlich. Die Beziehung zwischen Markt- und Nachleistungsphase spiegelt in hohem Maße die Folgewirkung der Entscheidungen in der Vorleistungsphase wider.

Die Berücksichtigung von Trade-off-Beziehungen zwischen den Kosten der Vorleistungs- und denjenigen der nachfolgenden Phasen findet in der Literatur besondere Beachtung[291], die Untersuchung möglicher Erlösbeziehungen unterbleibt.

---

[291] Häufiges Beispiel stellt die Beziehung zwischen Investitionen in zuverlässigere Systeme und den damit zusammenhängenden niedrigeren Wartungskosten dar. Vgl. Back-Hock, A. (1988), S. 7. Stärker umweltbezogen finden sich Beispiele in Bezug auf höhere Anschaffungskosten, die durch niedrigere Betriebskosten (z.B. durch Möglichkeiten zur Stromeinsparung) oder durch niedrigere Entsorgungskosten (z.B. durch Einsatz umweltfreundlicherer Materialien) kompensiert werden. Vgl. Günther, T./Kriegbaum, C. (1999), S. 242 f. Dabei sind die Ausdrücke hohe/niedrige Kosten (bzw. Erlöse) relativ zu verstehen, d.h. unter Berücksichtigung eines bestimmten Kosten-/Erlösniveaus sind die Veränderungen relevant.

Die Kostenbeziehungen lassen sich grafisch folgendermaßen darstellen:

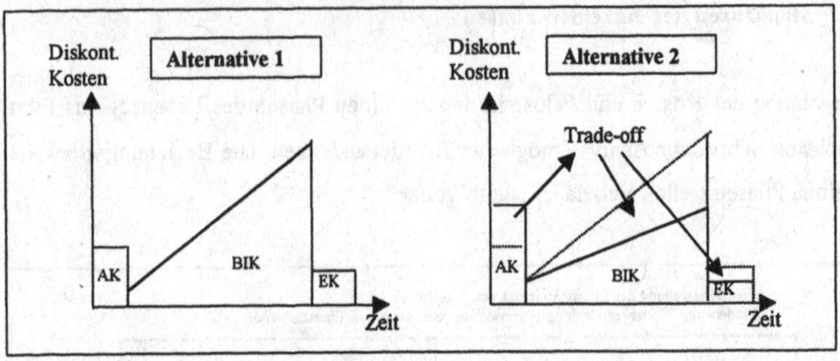

Abb. 4-5: Trade-off-Beziehungen zwischen den Vorleistungs- und den Markt- und
Nachleistungskosten[292]

mit: AK = Anschaffungskosten

BIK = Betriebs- und Instandhaltungskosten

EK = Entsorgungskosten

Die Abbildung verdeutlicht, dass eine frühe Investition in den Umweltschutz nachfolgende
Kosten deutlich senken kann, d.h., dass eine frühe Investition deutliche Auswirkungen auf die
Kosten des gesamten Produktlebenszyklus hat. Der Beziehungszusammenhang zwischen frü-
her Kostenfestlegung und späterem Kostenanfall ist empirisch bestätigt worden.[293] Unter
Umweltschutzgesichtspunkten tritt daneben das Bestreben, die Umweltwirkungen über den
gesamten Lebensweg eines Produktes zu verringern.[294] Im Folgenden werden mögliche Inter-
dependenzen sowohl im Hinblick auf die Kostenstrukturen der einzelnen Phasen als auch im
Hinblick auf die Erlösstrukturen untersucht.

1) Analyse der Interdependenzen zwischen Vorleistungs- und Nachleistungsphase:

Bezüglich der **Kosten** kann das o.g. Beispiel aufgegriffen und hohe Vorleistungskosten i.S.v.
Anschaffungskosten (für Investitionen in zuverlässigere Systeme) oder F&E-Leistungen angenommen werden. Diese Belastung zu Beginn des Lebenszyklus kann in der Nachleistungsphase dazu führen, dass die Nachleistungskosten geringer ausfallen (wenn z.B. eine einfache

---

[292] In Anlehnung an Günther, T./Kriegbaum, C. (1999), S. 243.

[293] Vgl. Zehbold, C. (1996), S. 168 ff.

[294] Hierbei wird davon ausgegangen, dass eine Verringerung der Umweltwirkungen auch zu einer Verringerung
der Gesamtkosten führt. Umgekehrt wird angenommen, dass eine Berücksichtigung des Kosten-Trade-offs
auch eine Verringerung der Umweltwirkungen bewirkt.

Entsorgung möglich ist, fällt kein Sondermüll an).[295] Umgekehrt ist der Fall denkbar, dass niedrige Vorleistungskosten aufgrund unterlassener Investitionen oder F&E-Leistungen in der Nachleistungsphase zu hohen Entsorgungskosten führen. Insgesamt ist somit bei den Kosten durchaus ein möglicher Trade-off zu berücksichtigen.

Etwas anders zeigt sich die Analyse der **Erlöse**: Hohe Vorleistungserlöse (z.B. Subventionen für besondere Forschungsaktivitäten) können dazu führen, dass in der Nachleistungsphase ein Verkauf recycelbarer Stoffe und Materialien und somit hohe Nachleistungserlöse möglich werden. In diesem Fall muss jedoch unterstellt werden, dass der Empfang der Subventionen Voraussetzung für die Durchführung der F&E-Leistungen ist, denn ansonsten ist die Verkaufsmöglichkeit in der Nachleistungsphase abhängig von den Vorleistungskosten. Gleiches gilt für den Fall niedriger Vorleistungserlöse, so dass eine Beziehung zwischen Vor- und Nachleistungserlösen nicht unmittelbar festzustellen ist.

2) Analyse der Interdependenzen zwischen Vorleistungs- und Marktphase:

Auch hier kann bei den **Kosten** ein Trade-off festgehalten werden. Hohe Vorleistungskosten (z.B. die Anschaffung qualitativ höherwertiger Materialien) kann zu niedrigeren Fertigungskosten (reibungsloser Ablauf, wenig Ausschuss) in der Marktphase führen. Umgekehrt können niedrigere Vorleistungskosten zu höheren Kosten der Marktphase führen, so dass die o.g. Trade-off-Beziehung bei den Kosten bestätigt werden kann.

Bei den **Erlösen** hingegen treten die angedeuteten Schwierigkeiten der Analyse wieder hervor: Die Vorleistungserlöse stehen nicht in direktem Zusammenhang mit den Erlösen der Marktphase, so dass nur tendenzielle Aussagen getroffen werden können: Hohe Vorleistungserlöse können zu hohen Markterlösen führen, wenn z.B. durch die Verfügbarkeit von Subventionen umweltfreundlichere Produkte entwickelt werden, die von den Kunden als solche erkannt und angenommen werden. In diesem Fall würden umgekehrt entsprechend niedrige Vorleistungserlöse zu ebenfalls niedrigen Markterlösen führen. Bei den Erlösen ist somit eine Trade-off-Beziehung nicht zu beobachten.

3) Analyse der Interdependenzen zwischen Markt- und Nachleistungsphase:

Zwischen den Kosten und Erlösen der Markt- und der Nachleistungsphase bestehen keine direkten Zusammenhänge, Aussagen lassen sich aus den unter 1) und 2) aufgeführten Bezie-

---

[295] Die hier beschriebenen Beziehungen stellen grundsätzlich zu beachtende Möglichkeiten dar, was jedoch nicht bedeuten soll, dass eine solche Beziehung stets gegeben sein muss. Sicherlich sind auch Beispiele zu finden, die die dargestellten Beziehungen widerlegen; regelmäßig dürften jedoch die o.g. Beziehungen zu beobachten sein.

hungen ableiten. Aufgrund ihres Zusammenhangs mit den Vorleistungskosten bedingen niedrige **Kosten** in der Marktphase (z.b. durch niedrige BIK aufgrund hoher Qualität der Anlagen/Maschinen und somit hohen Vorleistungskosten) und eine damit in Verbindung zu bringende reibungslose und ausschussniedrige Produktion somit auch niedrige Nachleistungskosten (z.B. durch geringe Ensorgungskosten). Umgekehrt können hohe Marktkosten durch einen teuren Produktionsprozess auch zu hohen Entsorgungskosten führen. Zwischen Kosten der Marktphase und denen der Nachleistungsphase ist somit kein Trade-off festzuhalten, im Gegenteil, ihre Abhängigkeit von den Vorleistungskosten unterstreicht den unter 1) und 2) beschriebenen Zusammenhang.

Bei den **Erlösen** in der Markt- und Nachleistungsphase kann ebenfalls kein direkter Beziehungszusammenhang festgestellt werden. Ihre Abhängigkeit von den Vorleistungserlösen legt auch hier eine Korrelation nahe: Hohe Vorleistungserlöse (z.B. umweltschutzbezogene Subventionen) ermöglichen die Produktion umweltfreundlicher Produkte, die insgesamt zu einem Anstieg der Markterlöse beitragen. Nach der Nutzung können diese Produkte leicht demontiert und wieder- bzw. weiterverwendet oder -verwertet werden, so dass ebenfalls ein Anstieg der Nachleistungserlöse erwartet werden kann.

Im Gegensatz zu der Untersuchung der Kostenbeziehungen, die bereits empirisch bestätigt werden konnten, steht eine entsprechende Überprüfung der Erlösbeziehungen noch aus. Obige Überlegungen zeigen mögliche Korrelationen auf, die ggfs. widerlegbar sind.

Insgesamt lassen sich die Kosten- und Erlöswirkungen wie folgt zusammenfassen:

Vorleistungskosten hoch	⇒	Nachleistungskosten niedrig
Vorleistungskosten niedrig	⇒	Nachleistungskosten hoch
Vorleistungserlöse hoch/niedrig	⇒	Nachleistungserlöse unbestimmt (kein Zusammenhang)
Vorleistungskosten hoch	⇒	Kosten der Marktphase niedrig
Vorleistungskosten niedrig	⇒	Kosten der Marktphase hoch
Vorleistungserlöse hoch/niedrig	⇒	Markterlöse unbestimmt (kein Zusammenhang)
Kosten der Marktphase niedrig	⇒	Nachleistungskosten niedrig
Kosten der Marktphase hoch	⇒	Nachleistungskosten hoch
Erlöse der Marktphase hoch/niedrig	⇒	Nachleistungserlöse unbestimmt (kein Zusammenhang)

Tab. 4-17: Interdependenzen

4.3.4   Analyse der Kosten- und Erlöstreiber unter Umweltschutzgesichtspunkten

Die Prognose der Umweltwirkungen und der daraus resultierenden Kosten- und Erlöswirkungen wird mit einer Analyse der kosten- und erlöstreibenden Faktoren abgeschlossen.[296] Die Analyse der Treiber soll dazu beitragen, mögliche Kostensenkungspotenziale und/oder Erlössteigerungspotenziale aufzudecken. Dies bietet sich im Anschluss an die erste Prognose der Kostenwirkungen an, da auf dieser Stufe eine Revision der Kosten- und Erlösplanung früh möglich ist. Die Verbindung zu den Entscheidungsvariablen Zeit und Umweltleistung wird an dieser Stelle besonders deutlich.[297]

Kosten- und Erlöstreiber lassen sich aus den folgenden Zusammenhängen erkennen:

1. Aus der unter Kapitel 4.3.3 dargestellten Dynamik der Kosten- und Erlösbeziehungen: Mögliche Trade-off-Beziehungen müssen berücksichtigt und ihre Kosten- und Erlöswirkungen erfasst werden.

2. Aus der Berücksichtigung der Umweltwirkungen und somit der möglichen Umweltleistungen des Unternehmens: Auf der Grundlage einer Stoffstromanalyse, die sowol betriebs- als auch prozess- und produktbezogen durchgeführt werden kann, werden Umweltwirkungen deutlich, die erheblichen Einfluss auf die Kosten- und Erlösstruktur im Unternehmen haben.[298]

3. Aus der Berücksichtigung des Faktors Zeit: Die Länge der einzelnen Phasen entscheidet in hohem Maße über Dauer und Intensität der Nutzung der Produkte und Produktteile und entscheidet, somit auch über Wieder- bzw. Weiterverwendungs- und -verwertungsmöglichkeiten. Die Möglichkeit des Wiedereinsatzes im Sinne einer Kreislaufwirtschaft bewirkt eine veränderte Kosten- und Erlösstruktur der eingesetzten Materialien und Teile.

Diese Überlegungen führen zu den folgenden umweltschutzbezogenen Kosten- und Erlöstreibern:[299]

• **Erfahrungs- und Lerneffekte** z.B. aus dem schonenderen Umgang mit knappen Ressourcen stellen Kostensenkungspotenziale dar.

---

[296] Da klassische Kosten- und Erlöstreiber (wie bspw. Betriebsgröße, Standort und Produktionsprogramm) ausreichend in der Literatur diskutiert werden, erfolgt in dieser Arbeit eine Beschränkung auf umweltschutzbezogene Kosten- und Erlöstreiber.

[297] Vgl. dazu z.B. auch Kapitel 4.2.

[298] Vgl. dazu Barankay, T./Jürgens, G./Rey, U. (2000), S. 45 ff.

[299] Diese Kosten- und Erlöstreiber ähneln den strategischen Kostenbestimmungsfaktoren bei Ewert, R./ Wagenhofer, A. (1997), S. 283.

- **Strukturen der Kapazitätsausstattung und -nutzung** stellen ebenfalls Kostensenkungs- und Erlössteigerungspotenziale bereit. In diesem Zusammenhang sind die bereits oben erwähnten Trade-off-Beziehungen relevant ebenso wie die Möglichkeiten, die der technische Fortschritt im Umweltbereich eröffnet.

- **Kooperationsmöglichkeiten mit Lieferanten und Abnehmern** zur gemeinsamen Umsetzung von Umweltschutzmaßnahmen können ebenfalls Kostensenkungspotenziale bergen.

- **Institutionelle Rahmenvorschriften** wie bspw. die Umweltgesetzgebung können Kostensteigerungen bedeuten, jedoch kann die Vorwegnahme möglicher Gesetzeseinführungen auch zu Kostensenkungen im Unternehmen führen.

Kosten- und Erlöstreiber sind nicht immer unabhängig voneinander, ebenso können gleichzeitig mehrere Treiber für die Kosten- oder Erlösänderung verantwortlich sein.[300] Eine Analyse der Kostentreiber ist daher notwendig, um die Zusammenhänge zu den entstehenden Kosten und Erlösen deutlich zu machen.

---

[300] Vgl. ebenso Ewert, R./Wagenhofer, A. (1997), S. 283.

4.4 Zweite Stufe: Abbildung der Umwelt- und der Kosten- bzw. Erlöswirkungen

An die Prognose der Umweltwirkungen und der Kosten/Erlöse schließt sich die Abbildung derselben an. Der Übergang zwischen den beiden Stufen ist dabei als fließend zu betrachten.

4.4.1 Die Produkt-Ökobilanz als Instrument zur Abbildung der Umweltwirkungen

Die Abbildungen der Umweltein- und -auswirkungen erfolgen sukzessive, denn die Abbildung der Umweltauswirkungen baut auf derjenigen der Umwelteinwirkungen auf.

Zur Abbildung der Umweltwirkungen wird hier die Produkt-Ökobilanz[344] vorgestellt, die der Erfassung der Stoff- und Energieströme dient, also auf einer Stoff- und Energiebilanz[345] beruht. Auf der Grundlage von Stoff- und Energiebilanzen kann eine produktgruppenbezogene Zuordnung der Umweltwirkungen erfolgen und die Datenbeschaffung zum Aufbau der umweltorientierten Lebenszyklusrechnung unterstützt werden.[346]

In einer Produkt-Ökobilanz erfolgt die systematische Erfassung aller in das Produkt einfließenden Stoffe und Energien sowie der mit dem Produkt in Zusammenhang stehenden Umwelteinwirkungen (z.B. Emissionen), wobei die Betrachtung alle Phasen des Produktlebenszyklus umfasst und ebenfalls Transport- und Recyclingvorgänge berücksichtigt.[347]

Aufgrund der vielfältigen Ausgestaltungen von Produkt-Ökobilanzen[348] bemühten sich einige gesellschaftliche Gruppen[349], eine Vereinheitlichung der Methodik herbeizuführen. Auf dieser

---

[344] Im angelsächsischen Sprachraum findet der Begriff „Life Cycle Assessment", abgekürzt LCA, Verwendung. Teilweise wird auch von „Lebenswegbilanz" gesprochen. Vgl. Rautenstrauch, C. (1997), S. 8; Schmidt, M./Schorb, A. (1996), S. 94. Etwas verwirrend ist der alleinige Gebrauch des Begriffs „Ökobilanz", da es sich hierbei sowohl um Produkt- als auch um Betriebs- oder Prozess-Ökobilanzen handeln kann. Trotzdem hat das deutsche Normungsinstitut (DIN) in einem Beschluss festgelegt, dass der Begriff „Ökobilanz" ausschließlich für Produkt-Ökobilanzen verwendet wird. Vgl. Rubik, F./Criens, R.M. (1999), S. 115.

[345] Unter einer Stoff- und Energiebilanz versteht man die mengenmäßige Gegenüberstellung umweltrelevanter Stoffe und Energien, die in ein Unternehmen eingehen (Inputs) und dieses verlassen (Outputs). Vgl. Letmathe, P. (1998), S. 58 ff.; Müller, A. (1995), S. 176 ff.; Schulz, E./Schulz, W. (1993), S. 49 ff.

[346] SCHALTEGGER/STURM sehen die Möglichkeit, Stoff- und Energiebilanzen lebenszyklusbezogen auszugestalten und somit eine Grundlage für die Bewertung der Wirkungen in den einzelnen Lebenszyklusphasen zu schaffen. Vgl. Schaltegger, S./Sturm, A. (1992), S. 64 f.

[347] Vgl. Schmidt, M./Schorb, A. (1996), S. 95, sowie Günther, E. (1994), S. 271.

[348] Erste Überlegungen gehen bereits auf die siebziger Jahre zurück und beziehen sich vorwiegend auf die Untersuchung von Packstoffen und Verpackungssystemen (sog. REPA-Studien [REPA = resource and environmental profile analysis]), doch erst in den späten achtziger Jahren stellte sich die Bedeutung von Produkt-Ökobilanzen heraus. Vgl. Scholl, G./Rubik, F. (1997), S. 10. Die Bezeichnung „Bilanz" ist in diesem Zusammenhang nicht unumstritten; denn der gleichnamige betriebswirtschaftliche Fachbegriff bezeichnet eine Bestandsaufnahme zu einem bestimmten Zeitpunkt, wohingegen die Ökobilanz eine Aufzeichnung von Stromgrößen, d.h. eine Zeitraumrechnung darstellt und der Bilanzbegriff i.d.S. lediglich den Ausgleich der In- und Outputströme bezeichnet. Vgl. Baumann, S./Schiwek, H. (1996), S. 9 f.

Grundlage entwickelte die internationale Normungsorganisation ISO im Jahre 1997 den ISO Standard 14040 („Umweltmanagement – Ökobilanz – Prinzipien und allgemeine Anforderungen"), der die Grundlagen und den Aufbau der Ökobilanz für Produkte folgendermaßen festlegt (vgl. Abb. 4-7):[350]

1. Festlegung des Ziels und Untersuchungsrahmens („Goal Definition and Scope")

2. Sachbilanz („Life Cycle Inventory Analysis [LCI]")[351]

3. Wirkungsabschätzung („Life Cycle Impact Assessment [LCIA]")

4. Auswertung („Life Cycle Interpretation").[352]

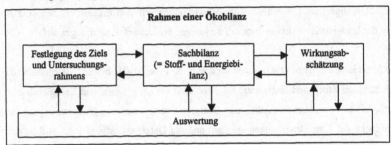

Abb. 4-6: Aufbau einer Produkt-Ökobilanz nach DIN EN ISO 14040[353]

ad 1.: In einem ersten Schritt wird das **Ziel** der Untersuchung, wie z.B. Produktoptimierung, Produktvergleich o.ä. festgelegt und der **Untersuchungsrahmen** (Systemgrenzen technischer, räumlicher und zeitlicher Art) abgesteckt. Dabei spielt der zugrunde gelegte Bilanzraum eine bedeutende Rolle: Aufgrund der lebenszyklusübergreifenden Betrachtung ist der Bilanzraum i.d.R. sehr umfassend und ermöglicht somit die Aufdeckung von Maßnahmen und deren Effekten, die ein Problem u.U. nur verlagern, aber nicht beseitigen.[354] Weiterhin erfolgt in

[349] Von besonderer Bedeutung sind hierbei die Society of Environmental Toxicology and Chemistry (SETAC), die 1992/93 den sog. „Code of Practice" veröffentlichte, und das Deutsche Institut für Normung (DIN), welches Ende 1993 die „Grundsätze produktbezogener Ökobilanzen" verabschiedete. Vgl. SETAC (1993) sowie o.V. (1994), S. 208 ff.

[350] Neben den aufgeführten vier Bestandteilen der Produkt-Ökobilanz (LCA) kann eine Schwachstellen- und Optimierungsanalyse (sog. „Improvement Analysis") einbezogen werden. Diese erfolgt entweder parallel zur Sachbilanz oder im Anschluss an die Auswertung. Vgl. Schmidt, M. (1995), S. 4; Giegrich, J. et al. (1995), S. 122.

[351] Zieldefinition und Sachbilanz werden in der zweiten internationalen Norm, DIN EN ISO 14041, festgelegt. Diese zweite Norm ist seit Herbst 1998 in Kraft.

[352] Die Wirkungsabschätzung wird in der Norm DIN EN ISO 14042, die Auswertung in der Norm DIN EN ISO 14043 geregelt. Beide Normen haben seit Juli 2000 den Status einer Deutschen Norm. Für die Zukunft wird eine Reduzierung von derzeit vier auf zwei Normen durch eine Zusammenfassung aller Rahmenvorschriften und aller Anleitungen/Empfehlungen angestrebt. Vgl. Binggeli-Wüthrich, T. (2000), S. 48.

[353] In Anlehnung an Lecouls, H. (1999), S. 245.

[354] So kann bspw. untersucht werden, ob ein geringerer Benzinverbrauch leichterer Automobilkarosserien nicht durch einen höheren Energieaufwand für Roh- und Werkstoffe aufgewogen wird. Vgl. Schmidt, M./Schorb, A. (1996), S. 95.

diesem ersten Schritt die Festlegung von Regeln und Annahmen, von Möglichkeiten der Datenbeschaffung und der Zielgruppe(n), eine allgemeine Beschreibung der Produkte, von Informationen über den Ablauf der Untersuchung sowie Aussagen über den Detaillierungsgrad.[355]

ad 2.: In der **Sachbilanz** erfolgt die Datenerhebung über den gesamten Lebenszyklus, d.h. es werden sämtliche Stoff- und Energieströme des Bilanzraums als Input- und Outputströme sowie sämtliche Umweltbeeinträchtigungen erfasst. Dies erfolgt mit Hilfe eines Modells, dem sog. „Produktbaum", der aus Lebenszyklus-Modulen aufgebaut ist, welche Rohstoffgewinnung, Fertigung von Vorprodukten und Waren, Nutzung, Entsorgung sowie Transportvorgänge unter Einbezug auch qualitativer Aspekte umfassen. In Anlehnung an die Module des Produktbaums erfolgt die Erfassung der Input- und Outputdaten. Es werden entweder direkt erhobene Daten (für Produktion und Vorprodukte) oder generische Daten (für Energiebereitstellung, für Transporte und häufig eingesetzte Rohstoffe und Materialien) verwendet, wobei Letztere i.d.R. Mittelwerte oder repräsentative Einzelwerte darstellen. Die folgende Tabelle zeigt eine mögliche Sachbilanz auf:

Input		Lebenszyklusphase (Teilphasen)	Output	
Material X	70 l	1. Initiierung/Planung	Rohstoff Z	8 kg
Energie Y	35 kwh		Abwasser	20 l
...		(Rohstoffgewinnung und -verarbeitung)	Abfall	15 kg
			Emissionen	25 kg
			...	
Rohstoff Z	8 kg	2. Realisierung	Produkt A	100 ME
Wasser	9 l		Abwasser	7 l
Material S	5 kg		Emissionen	52 kg
...			...	
...		...	...	

Tab. 4-18: Sachbilanz (Beispiel)[356]

Die Sachbilanz stellt eine Stofffluss- oder Stoffstromerfassung dar, die die für die Wirkungsabschätzung und die Auswertung benötigten Informationen liefert.[357] Da sie u.U. sehr kom-

---

[355] Vgl. Giegrich, J. et al. (1995), S. 123 f.

[356] Die verwendeten Buchstaben zur Abgrenzung der Stoffe und Energien sind, ebenso wie die Mengenangaben, willkürlich gewählt und haben keine Bedeutung.

[357] Aus diesem Grund ist im Zusammenhang mit Ökobilanzen auch häufig von Stoffstromanalysen die Rede. Vgl. Schmidt, M. (1995), S. 5. Zudem ist es möglich, die Produkt-Ökobilanz im Rahmen des Stoffstrommanagements einzusetzen. Vgl. dazu Ankele, K. (1997), S. 26 f.

plexe Ausmaße annehmen kann, empfiehlt sich eine computergestützte Erfassung der Daten.[358]

Eine Sachbilanz kann dazu beitragen, interessante Ergebnisse herauszustellen, bspw. kann „festgestellt werden, welche Anteile einzelne Lebenszyklusphasen an der gesamten ökologischen Last eines betrachteten Inputflusses bzw. Outputflusses haben"[359].

ad 3.: Die **Wirkungsabschätzung**[360] dient dazu, die in der Sachbilanz ermittelten Stoff- und Energieflüsse (Umwelteinwirkungen) potenziellen Umweltauswirkungen zuzuordnen. Durch diese Zuordnung („Klassifizierung") ergeben sich sog. **Wirkungskategorien**, die input- und outputbezogen unterschieden werden können (vgl. die rechte Hälfte der Abb. 4-7):[361]

(*Zusammenfassung der Sachbilanzdaten und Zuordnung zu Wirkungskategorien [= Klassifizierung])

Abb. 4-7: Wirkungskategorien und Sachbilanzdaten

---

[358] Die Modellierung erfolgt i.d.R. mittels linearer Gleichungssysteme (Matrixverfahren), teilweise auch mit sequenziellen Methoden oder mit Hilfe von Stoffstromnetzen. Vgl. Schmidt, M./Schorb, A. (1996), S. 97; Frischknecht, R./Kolm, P. (1995), S. 84.

[359] Rubik, F./Criens, R.M. (1999), S. 119.

[360] Die Norm DIN EN ISO 14040 lässt die Möglichkeit zum Verzicht auf die Wirkungsabschätzung offen. Vgl. Rubik, F./Criens, R.M. (1999), S. 120.

[361] Die Norm DIN EN ISO 14042 hat auf eine Festlegung einzelner Wirkungskategorien verzichtet und überlässt dies der Ausarbeitung der Experten. Allerdings bestehen über die Arten und Abgrenzungen der Wirkungskategorien keine allgemeinen Übereinkünfte, sie werden subjektiv festgelegt und sind nicht wissenschaftlich begründet. Über eine allgemeingültige Einteilung wird noch diskutiert. Vgl. Inaba, A./Siegenthaler, C.P. (1998), S. 3.

Auf der Grundlage dieser Wirkungskategorien sollen die quantitativen Daten der Sachbilanz in sog. **Wirkungsindikatoren**[362] umgewandelt werden („Berechnung"). Man bedient sich dazu sog. Charakterisierungsfaktoren, die von Experten ausgearbeitet wurden. So benutzt man bspw. für die Wirkungskategorie „Treibhauseffekt" den Faktor GWP (Global Warming Potential), der in kg CO_2 gemessen wird, bzw. für die Kategorie „Versauerung" den Faktor AP (Acidification Potential), der in kg SO_2 gemessen wird.[363] Der Charakterisierungsfaktor wird mit der aus der Sachbilanz zugeordneten Größe multipliziert und ergibt den entsprechenden Indikator einer Wirkungskategorie.

Insgesamt entstehen somit gemeinsame Einheiten und die Möglichkeit der Zusammenfassung der umgewandelten Ergebnisse innerhalb der Wirkungskategorie. Nach Abschluss der Berechnung zeigt sich ein „numerisches Indikatorergebnis"[364]:

Wirkungskategorie	Charakterisierungsfaktor	berechneter Indikator
Treibhauseffekt	GWP (kg)	GWP x Emissionen in Luft
Ozonabbau	ODP (kg)	ODP x Emissionen in Luft
Versauerung	AP (kg)	AP x Emissionen in Luft
Abwärme (Wasser)	1 (MJ)	Energie-Emissionen in Wasser (MJ)
Aquatische Ökotoxizität	ECA (m^3)	ECA (m^3/mg) x Emissionen in Wasser (mg)
Terrestrische Ökotoxizität	ECT (kg)	ECT (kg/mg) x Emissionen in Böden (mg)
Eutrophierung	NP (kg)	NP x Emissionen in Luft (kg)
Geruch	1/OTV (m^3)	Emissionen in Luft (kg) / OTV (kg/m^3)
(...)	(...)	(...)

Tab. 4-19: Wirkungskategorie-Indikatoren (Beispiele)[365]

mit:

AP =	Acidification Potential
ECA =	Ecological Classification Factor for Aquatic Ecosystems
ECT =	Ecological Classification Factor for Terrestrial Ecosystems
GWP =	Global Warming Potential
MJ =	Megajoule
NP =	Nutrification Potential
ODP =	Ozone Depletion Potential
OTV =	Odour Threshold Value

---

[362] Auch die Norm DIN EN ISO 14042 benutzt den Ausdruck „Wirkungsindikator", merkt jedoch an, dass der vollständige Ausdruck „Wirkungskategorie-Indikator" lautet. Vgl. DIN (2000a), S. 3 f.

[363] Allerdings muss angemerkt werden, dass weder für alle Kategorien noch für alle entsprechenden Charakterisierungsfaktoren allgemeine Übereinkunft besteht. Vorschläge hierzu liegen z.B. von der SETAC-Europe working group vor. Vgl. SETAC-Europe (1999), S. 167 ff.

[364] Vgl. DIN (2000a), S. 11, sowie das Beispiel bei Rubik, F./Criens, R.M. (1999), S. 129 ff.

[365] In Anlehnung an Pick, E./Marquardt, R. (1999), S. 28 f.

Grundsätzlich ist die Wirkungsabschätzung mit der Berechnung abgeschlossen. Jedoch erlaubt die Norm DIN EN ISO 14042 weitere drei optionale Bestandteile:[366]

1. Normierung der Indikatorergebnisse zum besseren Verständnis des relativen Verhältnisses,

2. Ordnung der Wirkungskategorien in verschiedenen Klassen und Rangbildung,

3. Gewichtung der Ergebnisse.

Von den optionalen Bestandteilen erscheint im Rahmen der Lebenszyklusrechnung lediglich die Gewichtung von Bedeutung, weshalb auf weitere Ausführungen zur Normierung und Ordnung verzichtet wird. Die Gewichtung wird im Rahmen der Bewertung wieder aufgegriffen.[367]

ad 4.: Ziel der **Auswertung** ist es, die Ergebnisse der Sachbilanz (und der Wirkungsabschätzung – sofern diese durchgeführt wird) auf ihre Übereinstimmung mit dem festgelegten Ziel zu überprüfen, um zu Schlussfolgerungen, Empfehlungen und Entscheidungshilfen zu gelangen.[368] Dieser letzte Schritt wird häufig auch Interpretation genannt und kann Schwachstellen- und Sensitivitätsanalysen umfassen. Er bildet eine Verbindung zwischen den vielfältigen ökologischen Informationen der vorangehenden Phasen und konkreten Handlungsmöglichkeiten und hebt somit die bisherigen Ergebnisse in einer leichter verständlichen Darstellung hervor.

Die Norm DIN EN ISO 14043 schlägt folgendes Vorgehen in der Phase der Auswertung vor:[369]

1. Identifizierung der signifikanten Parameter der Sachbilanz und der Wirkungsabschätzung,

2. Beurteilung z.B. durch Vollständigkeits-, Sensitivitäts- oder Konsistenzprüfungen,

3. Ableitung von Schlussfolgerungen, Empfehlungen und Entscheidungshilfen.

Die Aufgabe der Produkt-Ökobilanz besteht vor allem in der Aufdeckung von ökologischen Schwachstellen und deren Optimierung. Aufgrund der ihr entnehmbaren Informationen sind Beurteilungen ökologischer Folgen von Produktion und Konsumtion möglich.[370] SCHMIDT beschreibt die Vorteile der Ökobilanz wie folgt:

---

[366] Vgl. DIN (2000a), S. 12 ff.

[367] Vgl. Kap. 4.5.

[368] Vgl. DIN (2000b), S. 2. Ebenso sind Erläuterungen zu den Einschränkungen bei der Erstellung der Ökobilanz gefragt. Vgl. ebenda, S. 4.

[369] Vgl. DIN (2000b), S. 5 ff.

[370] Vgl. Scholl, G./Rubik, F. (1997), S. 10.

- *„In einer Ökobilanz werden sektorale Verlagerungen oder Fehloptimierungen im Gesamt-
  zusammenhang des zu untersuchenden Systems erkannt.* So können sich z.B. ökologisch
  vermeintlich sinnvolle Maßnahmen im Abfallentsorgungs- oder Recyclingbereich negativ
  auf den Verkehr oder die Produktion und die damit einhergehenden Umweltbelastungen
  auswirken.

- *In einer Ökobilanz werden mediale Verlagerungen von Umweltproblemen erfasst.* Rauch-
  gasreinigungen führen beispielsweise häufig zu erhöhten Gewässerbelastungen oder zu
  zusätzlichen Abfällen."[371]

Zur Abbildung von Umweltwirkungen liefert die Produkt-Ökobilanz wichtige Informationen
über Mengenwerte der Stoffe und Energien, über die Umweltrelevanz verschiedener Abschnitte und Bereiche eines Produktlebenswegs und über umweltbezogene Verbesserungspo-
tenziale bei der Herstellung eines Produkts.[372] Mittels Wirkungsabschätzung und Auswertung
erhält der Anwender wichtige Hinweise auf mögliche Bewertungsansätze. Die Produkt-
Ökobilanz ist somit ein umfassendes Analyseinstrument[373], das eine breite Datengrundlage
schafft.

Die Entwicklung der Produkt-Ökobilanz ist in den vergangenen Jahren bereits gut vorange-
kommen, problematisch ist jedoch weiterhin das Problem der Datenauswertung. Insbesondere
die Behandlung komplexer Bereiche wie die Human- oder Ökotoxikologie erweist sich aufgrund ihrer verschiedenen Wirkungen und der vielen relevanten Einzelsubstanzen als sehr
schwierig.[374]

4.4.2   Abbildung der Kosten/Erlöse

Die Prognose der Kosten und Erlöse hat gezeigt, dass sich im Wesentlichen drei Kosten- bzw.
Erlösarten unterscheiden lassen: Traditionelle Kosten/Erlöse, Betriebliche Umweltschutzkos-
ten/-erlöse und externe Kosten/Erlöse. Die traditionellen Kosten/Erlöse und die betrieblichen

---

[371] Schmidt, M. (1995), S. 8. Diese umfassende Analysemöglichkeit zeigt jedoch gleichzeitig die Wichtigkeit
der entsprechenden Abgrenzung des Bilanzraumes auf. Vgl. Schmidt, M. (1995), S. 8.
[372] Vgl. Giegrich, J. et al. (1995), S. 122.
[373] Insgesamt wird der Ökobilanz eine wachsende Bedeutung für innerbetriebliche Optimierungsaufgaben zuge-
dacht, aus diesem Grund bleibt sie auch häufig unveröffentlicht. Vgl. Schmidt, M. (1995), S. 8.
[374] Vgl. Schmidt, M./Schorb, A. (1996), S. 96.

Umweltschutzkosten/-erlöse stellen bereits internalisierte Größen dar und stehen somit im Gegensatz zu den externen Kosten/Erlösen.

Externe Kosten/Erlöse lassen sich zurückführen auf die Umweltauswirkungen (= Produktions- und Konsumauswirkungen auf die Umwelt).[375] Aufgrund der Schwierigkeit der Abbildung bleiben externe Kosten/Erlöse entweder als solche in traditionellen Rechnungssystemen unberücksichtigt oder werden über umweltpolitische Instrumente (z.B. Auflagen, Steuern o.ä.) einbezogen, d.h. internalisiert. Sie gehören dann zu den betrieblichen Umweltschutzkosten (und ggfs. -erlösen). Im Rahmen der Abbildung der Kosten/Erlöse steht demnach die Abbildung sowohl internalisierter als auch externer Kosten/Erlöse im Vordergrund, wie die folgende Abbildung verdeutlicht:

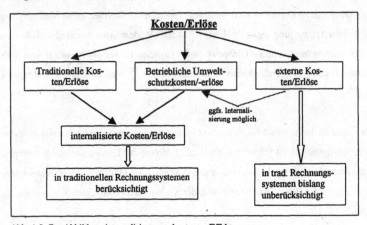

Abb. 4-8: Zur Abbildung internalisierter und externer Effekte

4.4.2.1 Abbildung internalisierter Kosten/Erlöse

Wenig gravierend zeigt sich das Abbildungsproblem bei bereits internalisierten Kosten/Erlösen. Zu den internalisierten Kosten/Erlösen gehören neben den traditionellen Kosten/Erlösen insbesondere die betrieblichen Umweltschutzkosten/-erlöse (vgl. Abb. 4-8), die in erster Linie die finanziellen Konsequenzen der vom Staat erlassenen Gesetze, Auflagen o.ä.

---

[375] So werden bspw. Immissionen zu den Umweltauswirkungen gezählt, die ihrerseits Auslöser externer Effekte darstellen. Vgl. Janzen, H. (1996), S. 261. Ein weiteres Beispiel stellt die starke Rodung der Wälder dar, die zu fehlenden Aufnahmemedien für CO_2-Emissionen führt, was als Ratenknappheit erfasst werden kann und seinerseits wiederum negative externe Effekte in dem Sinne bewirkt, dass die Ozonbelastung für die Menschen ansteigt.

(dazu zählt z.B. auch der Einbau gesetzlich vorgeschriebener Filteranlagen) oder der von den Konsumenten geforderten Produkteigenschaften (z.B. umweltfreundlichere Verpackung, Herstellung ohne Verwendung von gentechnisch veränderten Rohstoffen) abbilden. Darüber hinaus werden auch freiwillige Internalisierungen externer Effekte (bspw. Einrichtung einer betriebseigenen Kläranlage) berücksichtigt.[376]

Die Abbildung internalisierter Kosten/Erlöse sollte im Rahmen des traditionellen Rechnungswesens erfolgen. Vorstellbar ist eine erweiterte Kosten-/Erlösartenrechnung, die neben der Trennung in Einzel- und Gemeinkosten/-erlöse sowie in fixe und variable Kosten/Erlöse auch eine Unterscheidung zwischen traditionellen und Umweltschutzkosten aufbereitet. Eine EDV-Unterstützung ist möglich und sinnvoll.

4.4.2.2   Abbildung externer Kosten/Erlöse

Zur Abbildung externer Kosten/Erlöse wird vorgeschlagen, auf die in Kapitel 4.4.1 vorgestellte Produkt-Ökobilanz zurückzugreifen und diese entsprechend zu erweitern.

Die Wirkungsabschätzung stellt bereits wichtige Informationen zur Verfügung, die um mögliche Ausprägungen externer Effekte ergänzt werden können.

In Anlehnung an die Tabelle 4-19 kann folgende Erweiterung vorgenommen werden:

---

[376] Vgl. Günther, E. (1994), S. 138 f.

Wirkungskategorie	Ökologische Bedeutung	Externe Effekte als mögl. Konsequenzen für Menschen und natürliche Umwelt
Treibhauseffekt	sehr groß	Ozonbelastung/Gesundheitsschäden
Bildung von Photooxidantien	groß	Ozonbelastung/Gesundheitsschäden
Verbrauch fossiler Energieträger	groß	Verknappung
Versauerung von Böden und Gewässern	mittel	Boden-, Wasserschäden, Verknappung der Umweltmedien, Gesundheitsschäden
Eintrag von Nährstoffen in Gewässer	mittel	Gesundheitsschäden, Schädigung von Organismen und Ökosystemen
Flächenverbrauch durch Deponien	gering bis mittel	Bodenschäden, Gesundheitsschäden
Lärmbelästigung - siedlungsnah - siedlungsfern	 mittel gering bis mittel	Gesundheitsschäden
Kernenergie	nicht festlegbar	nicht festlegbar, hohes Risiko
Holzverbrauch	gering	Waldschäden
Wasserverbrauch	gering	Verknappung

Tab. 4-20: Abbildung externer Effekte im Rahmen der Ökobilanz

Die vorgestellte Tabelle kann bei Bedarf beliebig ergänzt werden. Allerdings ist festzuhalten, dass ihre Erstellung nicht ohne Expertenhilfe möglich ist, da viele Konsequenzen möglicher Wirkungen nur mit Fachwissen erkennbar sind.

Für bereits internalisierte Effekte kann eine Ansatzpflicht festgehalten werden, wohingegen für externe Effekte – in Abhängigkeit von der unternehmerischen Zielsetzung – von einem Ansatzwahlrecht gesprochen werden kann.[377]

---

[377] Vgl. Günther, E. (1994), S. 119.

4.5   Dritte Stufe: Bewertung der Umweltwirkungen und Bezug zu den Kosten/ Erlösen

Prognose und Abbildung der Umweltwirkungen dienen als Grundlage einer Bewertung, welche grundsätzlich sowohl monetär als auch nicht monetär erfolgen kann. Im Folgenden werden die Grundlagen der Bewertung und die unterschiedlichen Bewertungsmöglichkeiten aufgezeigt.

4.5.1   Vorüberlegungen zur Bewertung aus Unternehmenssicht

In der betriebswirtschaftlichen Literatur zu umweltbezogenen Unternehmensrechnungen überwiegen Überlegungen zu anwendbaren Bewertungsverfahren; eine Auseinandersetzung mit den Charakteristika der Bewertung findet hingegen nur selten statt. JANZEN[344] greift diesen Mangel auf: Ausgehend von der Definition der Bewertung als „Zuweisung (und ggf. [...] vorlaufende Ermittlung) von *Werten* zu Gütern und Handlungsalternativen"[345] stützt er sich auf die im Rahmen der Ökonomie betrachteten Werttheorien, wobei grundsätzlich drei Sichtweisen auszumachen sind:

• Die **objektive Werttheorie** betrachtet den Wert als Eigenschaft eines Gutes, die allgemeingültigen Charakter hat. Somit müssten rational handelnde Individuen einem Gut oder einer Handlungsalternative denselben Wert zuordnen. Dieser u.U. wünschenswerte Zustand ist in der Realität jedoch nicht oder nur zufällig anzutreffen, so dass auf die objektive Werttheorie nur mit Einschränkung Bezug genommen werden kann.

• Im Gegensatz zur objektiven Werttheorie stellt die **subjektive Werttheorie** gänzlich auf individuelle Einschätzungen ab, woraus zwangsläufig unterschiedliche Wertansätze resultieren. Die Bewertung gilt hier als (psychologisches) Phänomen, das Zustandekommen des Wertes wird nicht untersucht, ebenso wenig ist eine Unterstützung bei der Wertfindung möglich.

• Als eine Art Kompromiss zwischen den beiden genannten Ansätzen kann die **gerundive Werttheorie** verstanden werden: Hier ist der Zweck der Bewertung ausschlaggebend und für das Wertesystem begründend. „Ist der Zweck bekannt, sind daraufhin vorgenommene Bewertungen intersubjektiv nachprüfbar."[346] Es entsteht eine Trennung zwischen Wert

---

[344] Vgl. Janzen, H. (1996), S. 262 ff.
[345] Janzen, H. (1996), S. 262. Vgl. ebenso Günther, E. (1994), S. 142.
[346] Janzen, H. (1996), S. 263.

und Bewertung: Werte (und Zwecke) sind zwar weiterhin subjektiv, die auf ihnen aufbau-
ende Bewertung ist jedoch objektivierbar. Dies kann dadurch erreicht werden, dass subjektive Einflüsse transparent gemacht werden, damit der Bewertungszweck nachvollziehbar wird.

Die Zugrundelegung der gerundiven Werttheorie bedingt eine Verlagerung des Problem-
schwerpunkts auf die Erkennung der *Bewertungsvoraussetzungen*, d.h. der verfolgten Ziele
und deren Rahmenbedingungen, und des *Bewertungsumfeldes*, d.h. des Kenntnisstandes über
relevante Einflussgrößen und über die Ziele und Rahmenbedingungen. Somit ist denn auch
die Unsicherheit kein eigentliches Bewertungsproblem mehr, sondern ein Problem im Zusammenhang mit dem Kenntnisstand über den der Bewertung zugrunde liegenden Sachver-
halt.[347] Daher gilt es, die Bedingungen, unter denen die Bewertung erfolgt, so deutlich wie
möglich zu machen, damit eine Transparenz der Bewertung möglich wird.

Der Zweck der Bewertung rückt im Rahmen der gerundiven Werttheorie deutlich in den Vordergrund. Im Rahmen der Lebenszyklusrechnung ist er in erster Linie in der Unterstützung
des Umweltmanagements durch Verdeutlichung der (externen und internalisierten) Kos-
ten/Erlöse, die aus den Umweltwirkungen resultieren, zu sehen. Die Knappheit der Güter und
Handlungsalternativen macht eine Zuordnung von Werten notwendig.[348] Die Aufgabe der
Bewertung obliegt dem Unternehmen.

4.5.2   Anforderungen an Bewertungsverfahren

Aus der Knappheit der Güter ergibt sich die Notwendigkeit der Bewertung, um einen best-
möglichen, d.h. effizienten Gütereinsatz zu gewährleisten. Dazu ist es allerdings auch notwendig, genau solche Bewertungsverfahren zu wählen, die bestimmte Voraussetzungen erfüllen. Im Rahmen der Lebenszyklusrechnung werden die folgenden Voraussetzungen[349] als
wichtig erachtet:

---

[347] Der Unsicherheit des Sachverhalts kann auch durch Bildung von Szenarien entgegengewirkt werden. Vgl.
Janzen, H. (1996), S. 265.
[348] Vgl. Günther, E. (1994), S. 142.
[349] Vgl. Steven, M. (1999), S. 1087 f.; Bundesumweltministerium/Umweltbundesamt (1995), S. 124 f., sowie
Günther, E. (1994), S. 144.

a) Reliabilität:

Eine sehr wichtige Voraussetzung ist die Zuverlässigkeit des Bewertungsverfahrens, welche dann gegeben ist, wenn der Zweck der Bewertung deutlich und die Methodik der Bewertung nachvollziehbar ist und wenn Letztere bei mehrmaliger Anwendung oder bei Anwendung durch unterschiedliche Personen zum gleichen Ergebnis führt.

b) Allgemeine Akzeptanz:

Eng verbunden mit der o.g. Voraussetzung ist die Forderung nach Akzeptanz des Verfahrens. Diese kann erleichtert werden, wenn das Bewertungsverfahren nachvollziehbar ist. Darüber hinaus tragen internationale und nationale Vorschriften und Empfehlungen zur Anerkennung eines Verfahrens bei.

c) Verallgemeinerbarkeit:

Das Verfahren sollte auf neue Anwendungsgebiete übertragbar sein und einen Vergleich der Umweltwirkungen verschiedener Bewertungsobjekte zulassen. Das bedeutet, dass das Verfahren nicht auf einzelne Unternehmen oder Objekte beschränkt werden soll.

d) Naturwissenschaftliche Fundierung:

Wie bereits mehrfach erwähnt, ist die Zusammenarbeit mit Experten im Umweltbereich unerlässlich. Naturwissenschaftlich begründete Zusammenhänge und Wechselwirkungen sind bei der Bewertung ausschlaggebend.

e) Berücksichtigung „weicher" Informationen:

Da zu den Umweltwirkungen nicht alle Mengen- und Wertangaben als „harte" Informationen vorliegen, sind im Hinblick auf eine möglichst vollständige Berücksichtigung der Umweltwirkungen auch „weiche" Daten in die Bewertung aufzunehmen.

f) Praktikabilität/Wirtschaftlichkeit:

Die Bewertung sollte mit verhältnismäßigem Aufwand durchführbar sein. Das bedeutet nicht, dass sie komplexe Sachverhalte ausschließen soll, sondern bezieht sich auf die Forderung, entsprechende Hilfsmittel einzubeziehen (in erster Linie dürften hier EDV-gestützte Informationssysteme genannt werden).

4.5.3   Ökologische Bewertungsansätze – Möglichkeiten und Grenzen

Eine Bewertung erfolgt i.d.R. auf der Grundlage monetärer Größen[350] und möglichst ausgerichtet an Marktpreisen, wobei der Begriff „Marktpreis" sehr weit zu fassen ist und neben
dem Preismechanismus auf Absatz- bzw. Beschaffungsmärkten auch die „gesellschaftlichen
Preise" auf der Grundlage von Gesetzen, Verordnungen und Verfahrensnormen umfasst.[351]
Auch bei den Umweltwirkungen wird eine Bewertung mit Kosten/Erlösen angestrebt, d.h. auf
der Stufe der Bewertung wird die enge Verbindung zwischen Umweltwirkungen und den aus
ihnen resultierenden Kosten/Erlösen deutlich. Allerdings lassen sich nicht für alle Umweltwirkungen direkte Kosten- und/oder Erlöswirkungen feststellen, insbesondere bei den Umweltauswirkungen, die Auslöser externer Effekte sein können, ist eine Internalisierung nicht
direkt möglich. Für diese Fälle, also insbesondere für die Umweltauswirkungen, müssen
alternative Größen oder Ansätze gefunden werden, die als Grundlage der Bewertung herangezogen werden können. Diese Problematik und Lösungsansätze werden im Folgenden diskutiert.

Dabei erfolgt zunächst die Darstellung grundsätzlich möglicher monetärer und nicht monetärer Bewertungsansätze, bevor anschließend ein spezieller Ansatz mit naturwissenschaftlicher
Fundierung vorgestellt wird.

4.5.3.1   Monetäre Bewertung der Umwelteinwirkungen

Eine monetäre, also eine in Geldeinheiten ausgedrückte Bewertung bietet sich in erster Linie
für solche Umwelt*ein*wirkungen an, deren Höhe direkt messbar und deren Verursachung
durch das Unternehmen mit monetären Konsequenzen behaftet ist. So lassen sich bspw. bestimmte Emissionen (Umwelteinwirkungen) mit den dafür zu entrichtenden Emissionsabga-
ben bewerten, so dass eine Internalisierung erreicht wird. Dieser Ansatz entspricht einem
„Marktpreis i.w.S.", denn es besteht die Möglichkeit der direkten monetären Quantifizierung.
Für weitere Umwelteinwirkungen, für die keine gesetzlich oder verordnungsrechtlich be-
dingten Abgaben gezahlt werden müssen, können andere Möglichkeiten zur Monetarisierung

---

[350] Der Vorteil einer monetären Bewertung besteht insbesondere darin, dass der Einfluss der Umweltwirkung
auf das Renditeziel direkt messbar wird. Vgl. Letmathe, P. (1998), S. 87. Anderer Ansicht sind z.B.
SCHALTEGGER/STURM, die einen monetären Ansatz grds. ausschließen und einen nicht monetären, quantitativen Ansatz vorschlagen. Vgl. Schaltegger, S./Sturm, A. (1992), S. 130 ff.
[351] Vgl. Janzen, H. (1996), S. 266.

herangezogen werden. Diese lassen sich grundsätzlich in zwei Klassen von Verfahren einteilen:[352]

a) Indirekte monetäre Quantifizierung der externen Effekte durch den Ansatz von Beseitigungs-, Vermeidungs- oder Verminderungskosten, Substitutionskosten und Verwertungskosten, Ausweichkosten, Defensivkosten oder auch Erlöseinbußen und Wertminderungen.[353]

b) Direkte Feststellung von „als-ob"-Marktpreisen durch Untersuchungen mittels Zahlungsbereitschaftskonzepten[354], Zertifikatmodellen[355] oder Verhandlungslösungen.[356]

Mit Hilfe dieser Verfahren entstehen quasi-Marktpreise, die für das Unternehmen die Funktion von Verrechnungspreisen übernehmen können.

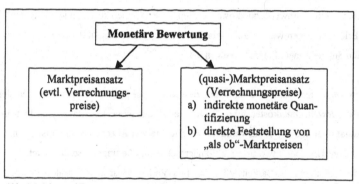

Abb. 4-9: Monetäre Bewertung der Umwelteinwirkungen

Bei einem Ansatz von Beseitigungs-, Vermeidungs- oder Verminderungskosten stehen die dazu notwendigen Maßnahmen im Vordergrund. Dabei kann es sich um Maßnahmen handeln, die von den Anspruchsgruppen gefordert oder auch freiwillig vom Unternehmen zum Schutz und zur Schonung der Umwelt durchgeführt werden. Ebenso finden auch die durch diese Maßnahmen ausgelösten (Mehr-)Erlöse Beachtung.

---

[352] Vgl. Janzen, H. (1996), S. 269 f.

[353] Vgl. zur detaillierten Darstellung dieser Ansätze Günther, E. (1994), S. 148 ff. Ähnlich betrachten auch SCHULZ/SCHULZ Schadens-, Ausweich-, Planungs- und Überwachungskosten sowie Vermeidungs- und Beseitigungskosten als bedeutende Messgrößen zur ökonomischen Bewertung von Umweltbelastungen. Vgl. Schulz, E./Schulz, W. (1993), S. 23 f.

[354] Dieser Ansatz ist auch unter dem Begriff der „Willingness-to-Pay" bekannt. Vgl. beispielhaft Endres, A./Holm-Müller, K. (1998), S. 70 ff., oder Kals, J. (1993), S. 232 ff., der diesen (statischen) Ansatz (und die mit ihm verbundenen Probleme) an der Belastung des Umweltmediums Luft aufzeigt.

[355] Vgl. Endres, A./Rehbinder, E./Schwarze, R. (1994), sowie Endres, A. (1991), S. 47 ff.

[356] Vgl. zu den Ansätzen auch Bartmann, H. (1996), S. 113 ff.

Die Wahl des Ansatzes ist abhängig von der zu bewertenden Einwirkung und vom Vorhandensein der notwendigen Voraussetzungen (z.B. der Möglichkeit, Untersuchungen zu Zahlungsbereitschaften durchzuführen).

Die Bewertung dieser Maßnahmen erfolgt demnach anhand von Marktpreisen und entspricht der Kostenermittlung der betriebsüblichen Verfahren.[357] In solchen Fällen, in denen auf betriebsübliche Verfahren zur Kosten- und Erlösermittlung zurückgegriffen werden kann, erscheint eine Bewertung unproblematisch. Zu beachten sind dennoch einige Besonderheiten in Bezug auf die Struktur dieser Kosten und Erlöse:[358]

- Umweltschutzmaßnahmen bedingen häufig Investitionen und sind daher sehr kapitalintensiv. Zudem sind Umweltschutzmaßnahmen i.d.R. irreversibel.

- (Internalisierte) Umweltschutzkosten stellen i.d.R. Gemeinkosten und Fixkosten[359] dar. Die Erlöse hingegen werden als (variable) Einzelerlöse erfasst, Ausnahmen bilden hier lediglich Subventionen, Patentzahlungen u.ä.

Insgesamt zeigt sich, dass eine monetäre Bewertung der Umwelteinwirkungen zu den betrieblichen Umweltschutzkosten führt.[360] Der Vorteil der monetären Bewertung liegt in ihrer hohen Reliabilität und der damit verbundenen allgemeinen Akzeptanz. Auch ist die monetäre Bewertung der Umwelteinwirkungen auf andere Objekte übertragbar, so dass auch die Anforderung der Verallgemeinerbarkeit erfüllt ist. Das Verfahren ist zudem praktikabel und wirtschaftlich.

Da es jedoch eine Berücksichtigung „weicher" Faktoren gänzlich vermissen lässt, muss es als unvollständig angesehen werden. Diese „weichen" Faktoren zeigen sich in den Umweltauswirkungen, deren Bewertung im Folgenden untersucht wird.

---

[357] So wird bspw. die Einrichtung einer Kläranlage mit den dafür aufgewendeten Kosten bewertet bzw. zusätzliche Erlöse mit den Absatzpreisen bewertet.
[358] Vgl. Günther, E. (1994), S. 145 f.
[359] So sind die Kosten für die Kläranlage weder den Kostenträgern direkt zurechenbar noch variieren sie mit der Änderung der Beschäftigung.
[360] Vgl. Kapitel 2.1.4.

4.5.3.2   Nicht monetäre Bewertung der Umweltauswirkungen

Auch bei der Bewertung der Umwelt*aus*wirkungen ist eine Monetarisierung grundsätzlich als wünschenswert anzusehen, damit die Bewertung möglichst transparent und nachvollziehbar wird. Aufgrund fehlender Marktpreise ist jedoch gerade bei den Umweltauswirkungen eine monetäre Bewertung nicht möglich und nicht aussagekräftig, so dass auf eine nicht monetäre, quantitative Bewertung zurückzugreifen ist. Diese stützt sich regelmäßig auf naturwissenschaftliche Erkenntnisse und Zusammenhänge und kann somit als zuverlässig fundierte Bewertung bezeichnet werden. GÜNTHER[361] teilt mögliche Ansätze ein in

a) Generelle Ansätze (zu diesen zählen z.B. das Konzept der Ökologischen Buchhaltung von MÜLLER-WENK[362], das Konzept von SCHALTEGGER/STURM[363] sowie die Konzepte der ökologischen Bilanzierung[364]) und in

b) Partielle Ansätze (hierzu zählen energieflussorientierte Ansätze, schadensfunktionsorientierte Ansätze, grenzwertorientierte Ansätze)[365].

An dieser Stelle kann bereits festgehalten werden, dass zwar eine Berücksichtigung „weicher" Informationen grundsätzlich erfolgt und eine naturwissenschaftliche Fundierung ebenfalls gegeben ist, dass jedoch Reliabilität und allgemeine Akzeptanz noch ausstehen.[366]

Falls eine nicht monetäre, quantitative Bewertung ebenfalls nicht direkt möglich erscheint, ist eine rein qualitative Bewertung[367] vorwegzunehmen. Da diese jedoch sehr subjektiv ist und eine intersubjektive Überprüfbarkeit kaum zulässt, wird diese Möglichkeit der Bewertung nur als „Vorstufe" einer späteren Quantifizierung angesehen.[368]

---

[361] Vgl. Günther, E. (1994), S. 153 ff.

[362] Vgl. Müller-Wenk, R. (1978), sowie Braunschweig, A./Müller-Wenk, R. (1993).

[363] Vgl. Schaltegger, S./Sturm, A. (1992).

[364] Neben der Ökobilanzierung nach DIN EN ISO 14040 ff. (vgl. Kap. 4.4.1) zählt hierzu auch das Konzept des Instituts für ökologische Wirtschaftsforschung (IÖW). Eine ausführliche Darstellung des Bilanzierungskonzepts des IÖW findet sich z.B. bei Ludwig, A. (1998), S. 27 ff.

[365] Eine detaillierte Darstellung dieser Ansätze findet sich bei Letmathe, P. (1998), S. 75 ff.; Schaltegger, S./Sturm, A. (1992), S. 93 ff.

[366] Die in Kapitel 4.5.3.3 nachfolgende Darstellung verdeutlicht Überlegungen zur Weiterentwicklung partieller Ansätze, insbesondere im Hinblick auf den Einfluss der Grenzwertorientierung. Eine abschließende Beurteilung der nicht monetären, quantitativen Verfahren erfolgt im Anschluss an die Darstellung im folgenden Kapitel.

[367] Zu den qualitativen Verfahren zählen bspw. die Produktlinienanalyse, die Technologiefolgenabschätzung, verbale Kommentierungen sowie abstufende Bewertungsverfahren (z.B. ABC-Methode). Zur Darstellung dieser Methoden vgl. Steven, M. (1999), S. 1088 f.; Letmathe, P. (1998), S. 73 ff.

[368] Vgl. Letmathe, P. (1998), S. 71.

Einen Überblick über nicht monetäre Bewertungsansätze gibt die folgende Abbildung:

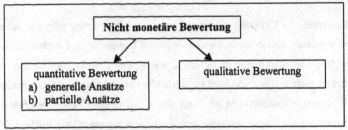

Abb. 4-10: Nicht monetäre Bewertung der Umweltauswirkungen

Die Auswahl des anzuwendenden Verfahrens ist abhängig von den verfügbaren Daten und den erwünschten Eigenschaften des Verfahrens. Da eine monetäre Bewertung nur in engen Grenzen möglich ist, wird die nicht monetäre, quantitative Bewertung aufgrund ihrer zuverlässigen naturwissenschaftlichen Fundierung befürwortet.[369] Gerade im Rahmen der Lebenszyklusrechnung wird sich zeigen, dass neben den monetären Größen weitere Bewertungsmethoden herangezogen werden müssen, um der Erfassung der „weichen" Faktoren gerecht zu werden.

4.5.3.3   *Nicht monetärer, quantitativer Bewertungsansatz mit naturwissenschaftlicher Fundierung: Darstellung und kritische Betrachtung*

Nachfolgend wird beispielhaft ein nicht monetärer, quantitativer Ansatz vorgestellt, der sich dadurch auszeichnet, dass er zunächst versucht, einen praktikablen Weg der Bewertung zu finden, um darauf aufbauend Verbesserungsmöglichkeiten zuzulassen. Dieser Ansatz wird anschließend kritisch untersucht.

Darstellung des Bewertungsansatzes:

STEVEN[370] schlägt zwei Stufen eines nicht monetären Bewertungsverfahrens mit besonderer Betonung der naturwissenschaftlichen Fundierung vor: die erste Stufe stellt ein pragmatisches Bewertungsverfahren dar, welches problemlos durchführbar erscheint und Umweltschäden zunächst einmal grob abschätzt. Erst auf der zweiten Stufe ergibt sich ein umfassendes, die Komplexität der Umweltwirkungen berücksichtigendes Bewertungsverfahren. Die Trennung

---

[369] So auch Steven, M. (1999), S. 1091.
[370] Vgl. Steven, M. (1999), S. 1085 ff.

zwischen der ersten und der zweiten Stufe ist nicht absolut gegeben, sondern es ist möglich, das Verfahren der ersten Stufe schrittweise zu verfeinern und sich der zweiten Stufe anzunähern.

Das **pragmatische Bewertungsverfahren**[371] stellt auf eine naturwissenschaftliche Fundierung ab und verwendet Schadensfunktionsverläufe als Grundlage der Bewertung. Damit gehört dieses Verfahren zu den unter 4.5.3.2 genannten partiellen Ansätzen.

Um eine einfache Bewertung zu ermöglichen, wird die Anzahl der betrachteten Umweltwirkungsarten auf die Wichtigsten beschränkt und der Gebrauch einfacher Bewertungsverfahren vorgeschlagen. Dabei kann die Komplexität der Bewertung nicht im Ganzen berücksichtigt werden, dies bleibt dem sukzessiven Ausbau zur zweiten Stufe vorbehalten. So ist es bspw. auf der ersten Stufe nicht möglich, den Einfluss der übrigen Umweltwirkungsarten und insbesondere Kombinationswirkungen zu berücksichtigen.

Die Bewertung auf der Grundlage des pragmatischen Verfahrens erfolgt in Abhängigkeit von der Eigenschaft des Umweltschadens als globaler bzw. lokaler Schaden[372], da sich hieraus eine Berücksichtigung unterschiedlich relevanter Abschnitte der Schadensfunktion ergeben. Bei globalen Umweltschäden ist der Einfluss des einzelnen Unternehmens sehr gering, bei lokalen Umwelschäden ist der Einfluss hingegen als hoch einzuschätzen, weshalb hier unterschiedliche Bewertungskoeffizienten angesetzt werden können, die das jeweils kumulierte Schadensniveau anzeigen. Um der Einfachheit der Anwendung auch hier gerecht zu werden, kann die Schadensfunktion annähernd linearisiert und in Intervalle eingeteilt werden.[373] Die Schadensfunktion kann folgende Gestalt annehmen:

---

[371] Vgl. Steven, M. (1999), S. 1099 ff.
[372] Lokale Umweltschäden sind i.d.R. auf einige wenige Unternehmen zurückzuführen (Bsp.: Einleitung von Abwasser in ein Binnengewässer). In diesem Fall wird das Grenzschadensniveau von diesen Unternehmen jeweils maßgeblich beeinflusst. Hingegen sind globale Umweltschäden auf unbestimmbar viele Unternehmen zurückzuführen (z.B.: Treibhauseffekt); hier kann ein einzelnes Unternehmen das Grenzschadensniveau nicht beeinflussen. Vgl. Steven, M. (1999), S. 1101 f.
[373] Vgl. Steven, M. (1999), S. 1102 f.

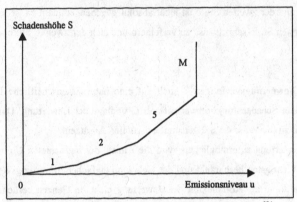

Abb. 4-11: Schadensfunktion im pragmatischen Bewertungsverfahren[374]

Um den Umweltschaden einer Umweltwirkungsart zu ermitteln, wird nun jede emittierte Einheit mit ihrem Grenzschadensniveau bewertet. Anschließend werden alle mengenmäßigen Umweltwirkungen addiert und mit dem ermittelten Grenzschaden multipliziert, so dass eine Maßzahl für den gesamten Umweltschaden ermittelt werden kann. Durch diesen Aggregationsmechanismus wird es möglich, verschiedene Umweltwirkungsarten (von Produkten, Prozessen oder Perioden) miteinander zu vergleichen.

Eine sukzessive Erweiterung des pragmatischen Verfahrens führt zur zweiten Stufe und zu einem Ansatz, der als **umfassendes Bewertungsverfahren** bezeichnet werden kann. Dieses z.T. schwierige und aufwendige Verfahren berücksichtigt sowohl die Wirkungskomplexität einzelner Stoffe als auch die Kombinationswirkung verschiedener Umweltwirkungsarten, soweit diese bekannt und erfassbar sind.[375] Dazu ist zunächst die Erfassung und Bewertung der Stoffe und Stoffgemische erforderlich, die unter Leitung einer internationalen Institution erfolgen soll.[376] Zur Vorgehensweise der Erfassung und Bewertung werden die folgenden Schritte vorgeschlagen:[377]

1. Auswahl und systematische Erfassung der Stoffe bzw. Umweltwirkungsarten,
2. Erstellung eines allgemeinen Datenprofils für jede Umweltwirkungsart unter Berücksichtigung der Eigenschaften von Stoffen in den verschiedenen Umweltmedien,

---

[374] Vgl. Steven, M. (1999), S. 1103.
[375] Auf diese Schwierigkeit weist auch STEVEN hin. Vgl. Steven, M. (1999), S. 1103 f. Zudem hält sie fest, dass es nicht Aufgabe der Ökonomen ist, diese Schwierigkeit zu beheben, sondern dass an dieser Stelle auf die Unterstützung durch die Naturwissenschaftler zurückgegriffen werden muss.
[376] In Deutschland könnte diese Aufgabe vom Umweltbundesamt, unterstützt von verschiedenen wissenschaftlichen Institutionen und/oder Verbänden, übernommen werden. Vgl. Steven, M. (1999), S. 1104.

3. Erfassung der häufigsten Herstellungsverfahren und Einsatzgebiete der Stoffe bzw. Umweltwirkungsarten und Aufdeckung der Relevanz verschiedener Stoffe für bestimmte Industriezweige, mögliche Schätzung der Transferfunktionen zur Ermittlung vor- und nachgelagerter Umweltwirkungen,

4. Erstellung spezieller Datenprofile durch Erweiterung der allgemeinen Datenprofile um die Ergebnisse der Transferfunktionen (vor- und nachgelagerte Umweltwirkungen),

5. Festlegung langfristig erwünschter Umweltzustände und Erarbeitung von Bewertungskriterien zur Erfassung der Abweichungen vom erwünschten Zustand,

6. Gewichtung der Bewertungskriterien zur Berücksichtigung ihrer unterschiedlichen Ausprägungen,

7. Messung des funktionalen Zusammenhangs zwischen den Daten des Datenprofils und der Ausprägung eines Bewertungskriteriums zur Aufstellung von kriterienspezifischen Umweltschadensfunktionen,

8. Ermittlung der Schadpunkte durch Multiplikation der Stoffeinheiten mit der zugehörigen Gewichtung und Aggregation des gemessenen Umweltschadens einer Umweltwirkungsart über verschiedene Umweltbereiche durch Addition aller Schadpunkte. Die Ermittlung von Schadpunkten zeigt an, dass dieses umfassende Verfahren nicht wie das pragmatische Verfahren zu den partiellen Ansätzen, sondern zu den generellen Ansätzen gezählt werden kann.[378] Ähnlich wie der Ansatz von MÜLLER-WENK[379] ergeben sich auch hier für alle Stoffe gleiche Einheiten, so dass eine Addition unterschiedlicher Umweltwirkungen möglich wird.

Mit Hilfe dieser Vorarbeiten durch eine festgelegte Institution kann die Anwendung im Unternehmen unter Rückgriff auf die speziellen Datenprofile und Bewertungskriterien erfolgen.

Kritische Betrachtung des Bewertungsansatzes:

Den Vorteilen der praktikablen und wirtschaftlichen Handhabung des pragmatischen Verfahrens stehen die Nachteile der unvollständigen Erfassung und Bewertung gegenüber. Trotzdem kann dieses Verfahren als ein erster Schritt betrachtet werden, der es den Unternehmen erleichtert, Bewertungen vorzunehmen.

Beim umfassenden Verfahren obliegt die Vorbereitung der Bewertung nicht dem Unternehmen selbst, sondern einer festgelegten Institution (z.B. dem Umweltbundesamt), wodurch sich

---

[377] Vgl. Steven, M. (1999), S. 1104 ff.
[378] Vgl. Kapitel 4.5.3.2.
[379] Vgl. Müller-Wenk, R. (1978), sowie Braunschweig, A./Müller-Wenk, R. (1993).

eine höhere Objektivierbarkeit, Reliabilität und Verallgemeinerbarkeit ausmachen lassen. Allerdings bleibt bei diesem Verfahren zu bedenken, dass sich in den Unternehmen Akzeptanzprobleme einstellen können, wenn vorgegebene Daten nicht zu den Vorgängen im Unternehmen passen.

Als ein großer Vorteil des umfassenden Verfahrens erscheint seine Kongruenz mit den Schritten der produktbezogenen Ökobilanzierung. Die Schritte 1) bis 4) des o.g. Bewertungsverfahrens (Erstellen spezieller Datenprofile von Stoffen) erscheinen übertragbar auf die Erstellung lebenswegbezogener Sachbilanzen, die Schritte 5) und 6) entsprechen der Wirkungsabschätzung inkl. Gewichtung.

Abb. 4-12: Kongruenz zur Ökobilanz

Es bestätigt sich, dass eine Zuhilfenahme von Ökobilanzen als Grundlage der Bewertung in jedem Falle sinnvoll ist (und auch hier vorgenommen werden kann). Eine Weiterführung der Bewertung ist ebenfalls möglich und wird im folgenden Kapitel eingehender dargestellt.

Insgesamt kann festgestellt werden, dass sowohl das pragmatische Verfahren als auch das umfassende Verfahren einen möglichen Schritt in Richtung naturwissenschaftlich fundierter Bewertung darstellen. Der Bereich der Bewertung ist jedoch ein sehr komplexer und schwer erfassbarer Bereich, zudem entziehen sich einige Kombinations- und Wechselwirkungen der naturwissenschaftlichen Kenntnis, so dass ihre Erfassung von vornherein nicht möglich ist. Trotzdem ist es notwendig, die Arbeiten auf diesem Gebiet zu unterstützen und unternehmensindividuell das beste Verfahren herauszusuchen und anzuwenden.[380]

---

[380] Schwierigkeiten entstehen, wenn das individuelle Bewertungsverfahren – wie bei STEVEN – auch im Bereich des externen Rechnungswesens angewendet werden soll, da eine Vergleichbarkeit mit anderen Unternehmen nicht gewährleistet werden kann. Eine unternehmensindividuelle Verfahrensauswahl ist nur im Rahmen der internen Anwendung möglich.

4.5.4 Anwendungsvorschlag auf der Grundlage produktbezogener Ökobilanzen

Die Produkt-Ökobilanz zeigt sich als umfassendes Instrument, welches bereits Hinweise auf eine mögliche Bewertung geben kann. Die der Ökobilanz entnehmbaren Informationen legen eine Nutzung zur Bewertung nahe. Nachfolgend wird ihre Eignung näher untersucht.

4.5.4.1 Begründung für eine Zugrundelegung von produktbezogenen Ökobilanzen im Rahmen der Bewertung

Die folgenden Gründe sprechen für eine Zugrundelegung der Ökobilanz zur Bewertung der Umweltwirkungen:

- Vor- und nachgelagerte Stufen können einbezogen werden.
- Ökobilanzen werden vielfach sowieso erstellt, so dass keine zusätzliche Arbeit anfällt, sondern, im Gegenteil, zusätzlicher Nutzen entsteht.
- Ökobilanzen sind unternehmensindividuell gestaltbar, es liegen keine gesetzlichen Vorgaben vor. Dennoch ist es möglich, sich an die Norm DIN EN ISO 14040 ff. anzulehnen, um konzeptionelle Sicherheit zu erhalten.
- Ökobilanzen als Grundlage der Bewertung sichern – bei Anlehnung an DIN EN ISO 14040 ff. – die Erfüllung der geforderten Reliabilität, der allg. Akzeptanz, der Verallgemeinerbarkeit und der naturwissenschaftlichen Fundierung.
- Die Berücksichtigung weicher Faktoren ist möglich und Praktikabilität ist gegeben.

Diesen Vorteilen stehen die folgenden Nachteile gegenüber, die bei Anwendung der Ökobilanz zu bedenken sind:

- Für den Fall, dass die Ökobilanz nicht in Anlehnung an DIN EN ISO 14040 ff. erfolgt, fehlt es an unternehmensübergreifender Vergleichbarkeit.
- Es besteht Abhängigkeit von Expertenwissen, insbesondere im Bereich der Naturwissenschaft.[381]

Die letztgenannte Abhängigkeit liegt im Wesen der Umweltproblematik begründet und wird daher nie ausgeschlossen werden können. Demgegenüber lässt sich die unternehmensübergreifende Vergleichbarkeit sicherstellen, indem eine Anlehnung an DIN EN ISO 14040 ff. erfolgt.

---

[381] Die Notwendigkeit der interdisziplinären Auseinandersetzung wird auch z.B. von Gay, J. (1998), S. 9, betont.

Da die Vorteile überwiegen, wird nachfolgend an dem Versuch festgehalten, die Produkt-Ökobilanz als Hilfsmittel zur Bewertung zu verwenden.

4.5.4.2   Bewertungsmöglichkeiten

In Anlehnung an die Zielsetzung der Unternehmen und an die Einteilung der Umweltkosten und Umweltleistungen in den Kapiteln 2.1.4.1 und 2.1.4.2 ergeben sich die nachfolgenden drei Möglichkeiten der Bewertung, die sich sukzessive der Berücksichtigung externer Kosten nähern. Diese Unterteilung wird erst auf der Stufe der Bewertung notwendig, da eine vollständige Prognose und Abbildung für alle Unternehmen wichtige Informationen liefern kann, also auch für die Unternehmen, die dann im Weiteren auf einen Einbezug bestimmter Kosten- und Erlösgrößen in die Lebenszyklusrechnung verzichten.

1. Möglichkeit:
Eine erste Möglichkeit bietet der Ansatz von „Umweltschutzkosten" und „Umweltschutzleistungen" (pagatorischer Kosten- und Leistungsbegriff). Diese Möglichkeit ist insbesondere **für passive und selektive Unternehmen** von Bedeutung.
Die Bewertung stellt hier kein Problem dar, Daten des traditionellen Rechnungswesens stehen zur Verfügung. Die Erstellung einer Ökobilanz empfiehlt sich aus informatorischen Gründen zumindest bis zur Sachbilanz; auf die Erstellung der Wirkungsabschätzung kann verzichtet werden.

2. Möglichkeit:
Eine weitergehende Möglichkeit stellt der Ansatz von „erweiterten Umweltschutzkosten" (wertmäßige Kosten) und des „Umweltschutznutzens" (enger Nutzenbegriff) dar, der insbesondere für den Unternehmenstyp der **Folger/Innovatoren** interessant ist: Bei den Kosten ergibt sich hier ein Bewertungsproblem; denn neben den pagatorischen Kosten müssen die Opportunitätskosten bestimmt werden. Die Bewertung erfolgt hier auf der Grundlage der Anschaffungs-/Wiederbeschaffungskosten aus dem traditionellen Rechnungswesen.
Bei den Leistungen sind zusätzlich die Leistungen zu berücksichtigen, die zukünftige Erlöse erwarten lassen, jedoch nicht sicherstellen (z.B. Kunden- und Mitarbeiterzufriedenheit als einzelwirtschaftlich relevanter Nutzen). Die Bewertung kann sich an den Größen des Rechnungswesens (Absatzpreise, vermiedene Fluktuationskosten bei den Mitarbeitern) orientieren.

Auch hier ist die Erstellung einer Ökobilanz aus informatorischen Gründen sinnvoll (vgl. 1.
Möglichkeit).

3. Möglichkeit:

Die dritte Möglichkeit sieht den Ansatz von „ökologieorientierten Kosten" und „Umweltnutzen" (ökologieorientierter [weiter] Nutzenbegriff) vor, d.h. auch die nicht mehr nur einzelwirtschaftlich relevanten externen Kosten und Leistungen werden berücksichtigt. Diese Möglichkeit ist für innovative Unternehmen (Unternehmenstyp 4) interessant.

Hier entsteht ein Bewertungsproblem in Bezug auf die externen Kosten und Leistungen, welches wie folgt gelöst werden kann:

Im Anschluss an die Erstellung einer Sachbilanz (im Rahmen der Ökobilanzierung) zur Abbildung aller Umwelt(ein)wirkungen erfolgt die Durchführung der Wirkungsabschätzung, die
nach DIN EN ISO 14040 ff. lediglich freiwilliger Bestandteil der Ökobilanzierung ist, zur
Abbildung der Umweltauswirkungen. An die Wirkungsabschätzung wird der optionale Teil
der Gewichtung angeschlossen, der die ökologische Bedeutung der einzelnen Wirkungskategorien widerspiegelt, so dass sich bspw. folgende Tabelle ergibt:

Wirkungskategorie	Werte (Indikatoren)	Gewichtung W_{wk} (optionaler Teil)
Treibhauseffekt	33,42	30 %
Ozonabbau	1,24	15 %
Versauerung	7,52	5 %
...	...	...
		100 %

Tab. 4-21: Wirkungsabschätzung mit Gewichtung der Wirkungskategorien[382]

Um die Umweltauswirkungen, die Auslöser externer Effekte werden können, insgesamt bewerten zu können, müssen die berechneten Indikatoren ebenfalls bewertet werden. Dazu erfolgt in einem nächsten Schritt eine Punktbewertung der Indikatoren, deren Ergebnis wiederum mit der Gewichtung der Kategorien multipliziert wird. Diese Punktbewertung kann bspw.
eine Skala von 1 – 10 Punkte[383] umfassen, so dass die obige Tabelle wie folgt erweitert werden kann:

---

[382] Für das Beispiel sind die Werte willkürlich gewählt. Die Festlegung der Gewichtung sollte von einer Institution – bspw. Umweltbundesamt oder auch Deutsches Institut für Normung DIN – übernommen werden.
[383] Es ist ebenfalls eine Skala von 1 – 100 o.ä. möglich. Eine institutionelle Festlegung wäre auch hier wünschenswert.

Wirkungs kategorie	Werte (Indikatoren)	Gewichtung W_{wk}	Punktbewer- tung B_{wki}	$\prod = W_{wk} \cdot B_{wki}$
Treibhauseffekt	33,42	30 %	6	1,8
Ozonabbau	1,24	15 %	4	0,6
Versauerung	7,52	5 %	8	0,4
...	...	...	...	...
		100 %		5,6

Tab. 4-22: Erweiterung der Wirkungsabschätzung um eine Punktbewertung[384]

mit:

W_{wk} = Gewichtung der ökologischen Bedeutung der einzelnen Wirkungskategorien
B_{wki} = Punktbewertung der einzelnen Wirkungskategorie-Indikatoren

Insgesamt ergibt sich eine nicht monetäre, quantitative Bewertung der Umweltauswirkungen. Die Gewichtung der Wirkungskategorien spiegelt die ökologische Bedeutung der einzelnen Kategorien wider, die Punktbewertung verdeutlicht die Bewertung der berechneten Indikatoren (z.B. kann so festgestellt werden, ob ein Indikatorwert von 33,42 für den Treibhauseffekt als hoch, mittel oder niedrig einzustufen ist).

Die sich durch das Produkt aus Gewichtung und Punktbewertung ergebende einheitslose Größe kann als Richtgröße angesehen werden und erlangt im Rahmen der Durchführung des Rechnungskonzepts weitere Bedeutung. Auf dieser Stufe lässt sie sich lediglich im Vergleich erkennen, welche Wirkung das Produkt insgesamt verursacht.

---

[384] Die Werte sind auch hier willkürlich gewählt.

4.6   Zusammenfassende Darstellung der ersten drei Stufen

Einen Überblick über die ersten drei Stufen gibt die folgende Abb. 4-13:

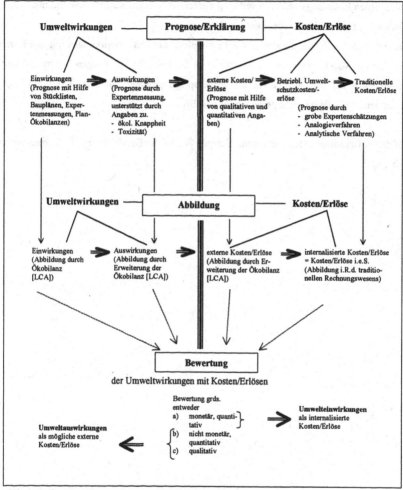

Abb. 4-13: Zusammenfassung der ersten drei Stufen

Die Prognose der Umweltein- und -auswirkungen erleichtert die Erfassung der externen Kosten/Erlöse, die, falls sie internalisiert werden, neben den betrieblichen Umweltschutzkosten/-erlösen sowie den traditionellen Kosten und Erlösen erfasst werden können.

Auf der Stufe der Abbildung dient die Ökobilanz zunächst zur Abbildung der Umwelteinwirkungen. Ihre Erweiterung führt dann zur Abbildung der Umweltauswirkungen und der externen Kosten und Erlöse. Lediglich die bereits internalisierten Kosten und Erlöse können i.R.d. traditionellen Rechnungswesens zuverlässig abgebildet werden, weshalb eine Internalisierung externer Kosten/Erlöse erstrebenswert erscheint.

Auf der Stufe der Bewertung erfolgt die Verknüpfung der Umweltwirkungen mit den Kosten und Erlösen, wobei deutlich wird, dass lediglich die Umwelteinwirkungen als internalisierte Kosten/Erlöse bewertet werden können, die Ausprägungen der Umweltauswirkungen hingegen zeigen sich lediglich als externe Kosten und Erlöse.

Auf dieser Grundlage erfolgt in einem nächsten Schritt die Durchführung der Lebenszyklusrechnung.

4.7 Vierte Stufe: Aufbau einer umweltorientierten Lebenszyklusrechnung

In diesem Kapitel wird ein Kalkulationsverfahren vorgestellt, das die Kosten und Erlöse über den gesamten Produktlebenszyklus unter Umweltschutzgesichtspunkten abbildet. Eine derartige Rechnung ist für verschiedene Fragestellungen brauchbar, z.B. können Fragen der Einführung neuer Produkte (inkl. Vergleich von Alternativen und/oder alternativen Einsatzstoffen), des Ersatzzeitpunktes alter Produkte o.ä. unter Umweltschutz- und Kostenaspekten beantwortet werden. Bevor das Kalkulationsverfahren im Einzelnen vorgestellt wird (Kap. 4.7.2), erfolgen einleitend Aussagen zu den konzeptionellen Grundlagen der Lebenszyklusrechnung (Kap. 4.7.1), um den Rahmen der Rechnung abzustecken. Die Ausführungen zur vierten Stufe schließen mit einer Zusammenfassung der Ergebnisse (Kap. 4.7.3).

4.7.1 Konzeptionelle Grundlagen einer umweltorientierten Lebenszyklusrechnung

Die Darstellungen zu den Grundlagen der Lebenszyklusrechnung (vgl. Kap. 3) und zu den ersten drei Stufen des Lebenszyklusrechnungskonzepts (vgl. Kap. 4 bis einschließlich 4.6) führen zu den konzeptionellen Grundlagen, die der Berechnung zugrunde gelegt werden.

Kalkulationsansatz

Aufgrund beschleunigter Innovationsschübe und einer höheren Anlagenintensität insbesondere in technologieorientierten Unternehmen ist eine Verlagerung der Kosten in den sog. indirekten Leistungsbereich der Unternehmen und somit eine Zunahme der Gemeinkosten zu verzeichnen. Eine Analyse der Umweltkosten verstärkt diesen Aspekt, denn Umweltkosten stellen ebenfalls regelmäßig Gemeinkosten dar. Diese Entwicklung befürwortet eine verstärkte Berücksichtigung *aller* Gemeinkosten (sowohl der variablen als auch der fixen Gemeinkosten) über den gesamten Produktlebenszyklus. Dies wiederum setzt den Ansatz einer Vollkostenrechnung, ergänzt um eine entsprechende Leistungsrechnung, voraus.[419] Die Wahl dieses

---

[419] Zur Unterstützung kurzfristiger Entscheidungen und zur Wirtschaftlichkeitskontrolle wird die Teilkostenrechnung unbestritten als führender Rechnungsansatz gesehen; sie verliert ihre Aussagekraft jedoch im Hinblick auf die Zunahme der beschäftigungsunabhängigen Gemeinkosten und auf einen langfristigen Planungshorizont. Vgl. Rückle, D./Klein, A. (1994), S. 336 f. Somit ist die Lebenszyklusrechnung auch nicht als Ersatz für periodenbezogene Rechnungen zu sehen, sondern als Ergänzung. Vgl. Männel, W. (1994), S. 110. Dies ergibt sich bereits aus den unterschiedlichen Zielsetzungen der beiden Ansätze (kurzfristige Ergebnisermittlung versus langfristige Planung, Steuerung und Gestaltung).

Ansatzes unterstützt auch die langfristige, strategische Ausrichtung der Rechnung, die bei bloßer Betrachtung der variablen Kosten/Leistungen zu einem unvollständigen Ausweis der Kosten/Leistungen führen würde.[420]

Rechnungsgrößen

Der ergebnisorientierte Ansatz einer Lebenszyklusrechnung umfasst Kosten und Leistungen. Bei der Berechnung des Ergebnisses der Lebenszyklusbetrachtung bieten sich aufgrund der dynamischen Betrachtungsweise allerdings investitionstheoretische Verfahren, wie bspw. die Kapitalwertmethode, an.[421] Die Kapitalwertmethode beruht jedoch regelmäßig auf Zahlungsströmen und nicht auf Kosten und Leistungen, da Letztere i.d.R. nur als periodisierte Größen vorliegen.

Dennoch sprechen zwei Argumente für eine Verwendung von Kosten- und Leistungsgrößen im Rahmen der Kapitalwertmethode: Zum einen ermöglicht ein solcher Ansatz den Rückgriff auf bestehende Daten des internen Rechnungswesens und erleichtert somit die Beschaffung der Datengrundlage, zum anderen können externe Effekte als wertmäßige Kosten/Leistungen betrachtet und leichter in das Rechnungssystem integriert werden.

Die Möglichkeit der Berücksichtigung von Periodengrößen anstelle von Zahlungsgrößen bei der Ermittlung des Kapitalwerts findet seine Berechtigung in dem sog. Lücke-Theorem[422], welches besagt, dass Investitionsrechnungen auf der Basis von periodisierten Größen (Kosten und Leistungen) zum gleichen Ergebnis führen wie Rechnungen auf der Basis von Zahlungsgrößen, wenn kalkulatorische Zinsen des gebundenen Kapitals einbezogen werden.[423] Der Ansatz lässt sich kurz wie folgt darstellen:[424]

---

[420] In diesem Zusammenhang kann festgehalten werden, dass die Langfristigkeit der Betrachtung den Anteil variabler Kosten/Leistungen steigen und den der fixen Kosten/Leistungen sinken lässt, denn mit zunehmender zeitlicher Perspektive steigt deren Disponibilität.

[421] Der Kapitalwert wird dieser Arbeit zugrunde gelegt, da sich das langfristig angestrebte Erfolgsziel eines Unternehmens am Kapitalwert der Projekte des Unternehmens orientiert. Vgl. Kloock, J./Maltry, H. (1998), S. 86.

[422] Vgl. Lücke, W. (1955), S. 310 ff. Zu Erweiterungsmöglichkeiten des Lücke-Theorems vgl. Kloock, J. (1981), S. 878 ff. FRANKE und HAX sprechen vom „Lücke'schen Theorem", vgl. Franke, G./Hax, H. (1994), S. 88, sowie Franke, G. (1976), S. 189.

[423] Vgl. Kloock, J./Maltry, H. (1998), S. 88; Kloock, J. (1997), S. 67 f.; Franke, G./Hax, H. (1994), S. 88 ff.; Küpper, H.-U. (1990), S. 256 f.; Lücke, W. (1989), S. 240 ff.; Lücke, W. (1955), S. 312 ff. An dieser Stelle soll angemerkt werden, dass das Lücke-Theorem auch auf die übrigen Basis-Rechnungssysteme angewendet werden kann. Vgl. Kloock, J. (1981), S. 873 ff.

[424] Vgl. Kloock, J./Maltry, H. (1998), S. 88 f.; Küpper, H.-U. (1990), S. 256; Kloock, J. (1981), S. 876 ff. Es liegt die Annahme zugrunde, dass sämtliche Zahlungs- bzw. Kostenbeträge am Ende der Periode anfallen. Vgl. Lücke, W. (1955), S. 312.

Ausgangspunkt ist das sog. Kongruenzprinzip[425], welches besagt, dass in der Totalperiode die Summe der Ein- und Auszahlungen (Zahlungsüberschüsse $E_t - A_t$) gleich der Summe aller Periodengewinne G_t (= $L_t - K_t$) ist:

$$\sum_{t=0}^{T} G_t = \sum_{t=0}^{T} (L_t - K_t) = \sum_{t=0}^{T} (E_t - A_t)$$

mit:

G_t = Gewinn der Periode t
L_t = Leistung der Periode t
K_t = Kosten der Periode t
E_t = Einzahlungen der Periode t
A_t = Auszahlungen der Periode t
t = Zeitindex (t = 1, ..., T; mit T = Ende der Totalperiode)

Zur Bestimmung des Kapitalwerts auf der Grundlage von periodisierten Größen muss nun der Periodengewinn G_t um kalkulatorische Zinsen auf den Kapitalbestand der Vorperiode (KB_{t-1}) verringert werden. Dieser **Kapitalbestand der Vorperiode** lässt sich als Differenz der bis zur Vorperiode aufsummierten Gewinne und Zahlungsüberschüsse ermitteln:

$$KB_{t-1} = \sum_{s=0}^{t-1} G_s - \sum_{s=0}^{t-1} (E_s - A_s) \qquad mit \ KB_{-1} = 0$$

Daraus ergibt sich für die Ermittlung des **Kapitalwertes C** zum Zeitpunkt 0 und beim Zinssatz i mit q = 1+i:[426]

$$C_0 = \sum_{t=0}^{T} (E_t - A_t) \cdot q^{-t} = \sum_{t=0}^{T} ((L_t - K_t) - i \cdot KB_{t-1}) \cdot q^{-t}$$

Somit zeigt das Lücke-Theorem einen Weg auf, wie kalkulatorische Werte Zahlungsgrößen bei der Bestimmung des Kapitalwerts ersetzen können. Für eine umweltorientierte Lebenszyklusrechnung kann demnach ein Rechnungssystem auf der Basis von Kosten/Leistungen entwickelt werden. Dies ermöglicht auch eine Einbettung der umweltorientierten Lebenszyklusrechnung in das bestehende Rechnungswesen und die Nutzung der vorliegenden Daten.

---

[425] Vgl. z.B. Dierkes, S./Kloock, J. (1999), S. 120; Ewert, R./Wagenhofer, A. (1997), S. 74.
[426] Die Bestimmung des Kalkulationszinsfußes i in q = 1+i stellt eine wichtige Aufgabe dar. In der Regel wird als Zinssatz derjenige empfohlen, der bei einer Alternativanlage des Geldes hätte erzielt werden können, wobei unterschiedliche Risiken bei Alternativanlage und Einlage im Unternehmen auszugleichen sind. Vgl. Lücke, W. (1989), S. 226.

4.7.2   Vorstellung des Rechnungskonzepts

Im Hinblick auf die Berechnung der Kosten/Leistungen von Produkten einer Produktgruppe über den gesamten Lebenszyklus unter Berücksichtigung von Umweltgesichtspunkten wird im Folgenden ein Konzept vorgestellt, welches aufgrund der in den bisherigen Kapiteln behandelten Besonderheiten mehrfach modifiziert werden kann. So führt die in Kapitel 2 dargestellte unterschiedliche Ausgestaltung des Zielkonzepts eines Unternehmens im Hinblick auf Art und Umfang der einzubeziehenden Umweltwirkungen zu einer möglichen Differenzierung des Kalkulationskonzepts. Gleichzeitig müssen die in Kapitel 3 vorgestellten Ziele der Produktlebenszyklusrechnung in die differenzierten Formen des Konzepts eingebunden werden. In Kapitel 4 wurde zunächst die veränderte Bedeutung der einzelnen Lebenszyklusphasen dargelegt und anschließend der Einfluss externer Effekte angesprochen, deren Prognose, Abbildung und Bewertung im zweiten bis sechsten Teil des vierten Kapitels konkretisiert wurden. Insbesondere diese Punkte gilt es beim Aufbau einer umweltorientierten Lebenszyklusrechnung zu berücksichtigen:

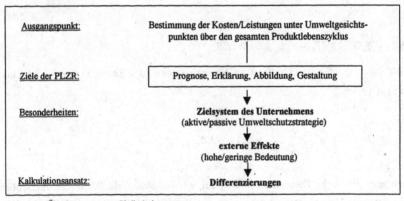

Abb. 4-14: Überlegungen zum Kalkulationsansatz

Die in Kapitel 2 vorgenommene Abgrenzung zwischen aktiver und passiver Umweltschutzstrategie sowie zwischen der Betrachtung des Umweltschutzes als Sachziel oder als Formalziel führte zur Typologisierung der Unternehmen. Bei der Erstellung einer umweltbezogenen Lebenszyklusrechnung ist für Unternehmen mit passiver Umweltschutzstrategie (sog. passive und selektive Unternehmen) die Konzeption eines gemeinsamen Ansatzes zulässig, da ein

Einbezug externer Effekte bei beiden Unternehmenstypen ausgeschlossen werden kann.[427] Die Betrachtung fokussiert sich demnach auf die **Folger und die Innovatoren**, bei denen eine aktive Umweltschutzstrategie und eine zumindest teilweise Berücksichtigung externer Effekte vorausgesetzt werden kann. Eine weitere Differenzierung des Rechnungskonzepts erweist sich in Anlehnung an diese beiden Typen als sinnvoll.

4.7.2.1 Grundkonzept einer umweltorientierten Lebenszyklusrechnung

Das nachfolgend vorgestellte Grundkonzept ist ein allgemeiner Ansatz einer Lebenszyklusrechnung und auch bei passiver Umweltschutzstrategie durchaus anwendbar. Aufbauend auf dieses Grundkonzept können Differenzierungen für Unternehmen mit aktiver Umweltschutzstrategie vorgenommen werden.

4.7.2.1.1 Konzeptioneller Ansatz des Grundkonzepts einer umweltorientierten Lebenszyklusrechnung

Neben den traditionellen betrieblichen Kosten und Leistungen (Erlösen) werden lediglich die betrieblichen Umwelt*schutz*kosten und –leistungen als **pagatorische Kosten und Leistungen** erfasst, d.h. mögliche gesetzliche Forderungen, z.B. in Form von Auflagen, werden internalisiert.[428] Eine Erfassung externer Kosten/Leistungen erfolgt nicht. Somit setzt sich die Summe der Kosten (Leistungen) jeweils aus den traditionellen betrieblichen Kosten (Leistungen) und den regelmäßigen Umweltschutzkosten (-leistungen) zusammen:

$$K = \sum_{t=0}^{T} \sum_{j=1}^{J} K_{tj}^{b} + \sum_{t=0}^{T} K_{t}^{uw}$$

bzw.:

$$L = \sum_{t=0}^{T} \sum_{j=1}^{J} L_{tj}^{b} + \sum_{t=0}^{T} L_{t}^{uw}$$

---

[427] Vgl. die Ausführungen in Kap. 4.1.3.
[428] Vgl. die Abgrenzung der Umweltkosten und -leistungen in Kap. 2.1.4.1 und 2.1.4.2 sowie in den Abb. 2-5 und 2-8.

mit:

K = Kosten K^b = (trad.) betriebliche Kosten K^{uw} = Umweltschutzkosten
L = Leistung (Erlös) L^b = (trad.) betriebliche Leistung L^{uw} = Umweltschutzleistung
                           (Erlös)

j = Index der Produkte einer Produktgruppe (j = 1, ..., J; mit J = Anzahl aller Produkte je Produktgruppe)

t = Zeitindex (t = 1, ..., T; mit T = Ende des Produktlebenszyklus)

Die traditionellen Kosten/Leistungen können dabei stückbezogen ausgewiesen werden, da
entsprechende Daten im Rechnungswesen verfügbar sind (Stückkosten, Absatzpreise etc.).
Ihre Aufsummierung führt dann zu den Kosten/Leistungen der gesamten Produktgruppe[429].
Die umweltschutzbezogenen Kosten/Leistungen lassen sich hingegen nur sehr schwer den
einzelnen Produkten zuordnen, weshalb die Berücksichtigung produktgruppenbezogen erfolgt
und eine Aufsummierung hier entfällt.

Zur Ermittlung des Kapitalwertes kann dann unter Berücksichtigung des Lücke-Theorems
von folgendem Ansatz ausgegangen werden:

$$C_{J0} = \sum_{t=0}^{T} \sum_{j=1}^{J} ((L_{tj}^{b} - K_{tj}^{b}) - i \cdot KB_{t-1}) \cdot q^{-t} + \sum_{t=0}^{T} (L_{t}^{uw} - K_{t}^{uw}) \cdot q^{-t}$$

zusätzlich mit:

C_{J0} = Kapitalwert der Produktgruppe J im Zeitpunkt (t = 0)

KB_{t-1} = Kapitalbestand der Vorperiode

i = Zinssatz; q = i + 1

Der erste Summand bezieht sich dabei auf die traditionellen betrieblichen Kosten/Leistungen
über den gesamten Lebenszyklus, der zweite Summand erfasst die Kosten und Leistungen der
zu internalisierenden betrieblichen Umweltschutzaktionen. Da sich diese auf die gesamte
Produktgruppe und nicht auf das einzelne Produkt beziehen, entfällt hier die Aufsummierung
über die einzelnen Produkte.

Der Kapitalwert dient hier als Beurteilungskriterium[430] verschiedener Alternativen (z.B. alternativer Einsatzstoffe für die Produktion) und ihren Auswirkungen über den gesamten Produktlebenszyklus. So kann z.B. deutlich werden, ob der Einsatz eines bestimmten Stoffes, der
eine Kosteneinsparung im weiteren Verlauf des Produktlebenszyklus verspricht, auch tatsächlich zu einem höheren Kapitalwert führt als der Einsatz eines alternativen Stoffes. Der

---

[429] Zur Abgrenzung einer Produktgruppe vgl. die Ausführungen in Kap. 4.1.1.2.
[430] Zur Funktion des Kapitalwerts als Beurteilungskriterium vgl. auch Franke, G./Hax, H. (1994), S. 166 ff. und
     S. 192 ff.

Kapitalwert ermöglicht somit eine Abwägung zwischen zwei Stoffen, die sich aufgrund ihrer Anschaffungskosten (ggfs. Herstellkosten) und ihrer Folgekosten unterscheiden. Die einzelnen Summanden der Kapitalwertfunktion lassen sich dabei weiterhin entsprechend den einzelnen Phasen des Lebenszyklus aufteilen, wobei der folgende Zeitstrahl Hilfestellung gibt:

$$
\overline{\qquad\qquad\qquad\qquad\qquad\qquad\qquad\qquad\qquad\longrightarrow}
$$

t = 0   t = Tvor   t = Tma   t = T

mit:

(t=0) = Beginn des Produktlebenszyklus

Tvor = Ende der Vorleistungsphase

Tma = Ende der Marktphase

T = Ende der Nachleistungsphase = Ende des Produktlebenszyklus

Entsprechend dieser Einteilung in Vorleistungs-, Markt- und Nachleistungsphase ist eine Aufteilung im Rahmen der Kapitalwertbestimmung wie folgt möglich:

$$
C_{J0} = \sum_{t=0}^{T} \sum_{j=1}^{J} ((L_{tj}^{b} - K_{tj}^{b}) - i \cdot KB_{t-1}) \cdot q^{-t} + \sum_{t=0}^{T} (L_{t}^{uw} - K_{t}^{uw}) \cdot q^{-t}
$$

$$
= \sum_{t=0}^{Tvor} \sum_{j=1}^{J} ((L_{tj}^{b} - K_{tj}^{b}) - i \cdot KB_{t-1}) \cdot q^{-t} + \sum_{t=0}^{Tvor} (L_{t}^{uw} - K_{t}^{uw}) \cdot q^{-t}
$$

$$
+ \sum_{t=(Tvor+1)}^{Tma} \sum_{j=1}^{J} ((L_{tj}^{b} - K_{tj}^{b}) - i \cdot KB_{t-1}) \cdot q^{-t} + \sum_{t=(Tvor+1)}^{Tma} (L_{t}^{uw} - K_{t}^{uw}) \cdot q^{-t}
$$

$$
+ \sum_{t=(Tma+1)}^{T} \sum_{j=1}^{J} ((L_{tj}^{b} - K_{tj}^{b}) - i \cdot KB_{t-1}) \cdot q^{-t} + \sum_{t=(Tma+1)}^{T} (L_{t}^{uw} - K_{t}^{uw}) \cdot q^{-t}
$$

Mit Hilfe dieser phasenbezogenen Einteilung der betrachteten Kosten/Leistungen werden Zwischenergebnisse deutlich, die zur Gestaltung der Kosten/Leistungen von Interesse sein können.[431] Ebenso bewirkt die Trennung zwischen traditionellen und umweltschutzbezogenen Kosten/Leistungen, dass Teilgrößen (z.B. der Kapitalwertanteil der umweltschutzbezogenen Kosten/Leistungen in der Vorleistungsphase) erkennbar werden.

---

[431] Vgl. die Ausführungen in Kap. 4.8.

4.7.2.1.2   Beurteilung des Grundkonzepts

Die Erfassung der für den Umweltschutz relevanten Kosten und Erlöse dieses Grundkonzepts
wirft keine großen Probleme auf, da auf Methoden des traditionellen Rechnungswesens zurückgegriffen werden kann. Da lediglich pagatorische Kosten und Erlöse erfasst werden, liegen Rechnungen, Aufträge, Stücklisten etc. der Finanzbuchhaltung vor, so dass die Erfassung
der Mengen und Werte keine besonderen Anforderungen stellt. Die durchzuführenden Maßnahmen werden mit den für sie aufzuwendenden Kosten bewertet (also mit dem „Marktpreis"), bei Auflagen u.ä. ist der Wertansatz z.B. dem Bescheid der entsprechenden Behörde
entnehmbar. Umweltschutzbezogene Erlöse sind bei diesem Grundkonzept ebenfalls zu berücksichtigen. Ihre Erfassung gelingt zweifelsfrei, wenn es sich bspw. um Erlöse aus dem
Verkauf umweltschutzbezogener Patente o.ä. handelt. Bei der Erfassung der übrigen Umsatzerlöse muss eine Differenzierung in „reguläre" Umsatzerlöse und in umweltschutzbezogene
Zusatzerlöse erfolgen, wie sie bspw. mittels Kundenbefragung möglich wäre.

Im Grundkonzept werden umweltschutzbezogene Kosten/Leistungen erfasst und separat ausgewiesen. Da nur pagatorische Umweltschutzgrößen berücksichtigt werden, hebt sich das
Ergebnis dieser Rechnung nicht unbedingt von einer traditionellen Lebenszyklusrechnung ab.
Dennoch scheint der gesonderte Kostenausweis sinnvoll, um erste Bemühungen im Umweltschutz deutlich zu machen.

Im Rahmen einer aktiven umweltschutzbezogenen Unternehmensstrategie kann es jedoch
auch wünschenswert sein, mehr Informationen in die Rechnung aufzunehmen, um mit Hilfe
von Vergleichsrechnungen Entscheidungen unterstützen zu können. Die Möglichkeiten der
Erweiterung des Grundkonzepts werden in den nachfolgenden Kapiteln behandelt.

4.7.2.2   Erweiterung des Grundkonzepts zur „offenen" Lebenszyklusrechnung

Nach der Darstellung des konzeptionellen Ansatzes erfolgt auch hier eine Beurteilung. Dieser
erweiterte Ansatz wird als „offen" bezeichnet, da er eine individuelle Ausgestaltung durch die
Unternehmen ermöglicht.

4.7.2.2.1 Konzeptioneller Ansatz der offenen Lebenszyklusrechnung

Unternehmen vom Typ 2 (Folger und Innovatoren) werden in der Regel über das gesetzlich Geforderte hinausgehen und zusätzlich freiwillige Maßnahmen zur Reduzierung negativer externer Effekte ergreifen. Für die Lebenszyklusrechnung bedeutet dies, dass neben den (vorgeschriebenen) zu internalisierenden betrieblichen Umweltschutzkosten und -leistungen zusätzlich freiwillig aufzuwendende Umweltschutzkosten bzw. dadurch erzielte Erlöse einbezogen werden. Die Internalisierung dieser externen Kosten/Leistungen führt somit zu internen Kosten/Leistungen.

Bei diesem Ansatz sind **wertmäßige Kosten** zu erfassen, d.h. pagatorische Kosten sind um Opportunitätskosten zu ergänzen.

Obwohl der Umweltschutz hier lediglich als Sachziel betrachtet wird, erlaubt die Umweltschutzaktivität eine Erweiterung der Lebenszyklusrechnung, so dass folgender Ansatz vorgeschlagen wird:

$$C_{J0} = \sum_{t=0}^{T} \sum_{j=1}^{J} ((L_{tj}^{b} - K_{tj}^{b}) - i \cdot KB_{t-1}) \cdot q^{-t} + \sum_{t=0}^{T} ((L_{t}^{uw} - [K_{t}^{uw} + K_{t}^{opp}]) \cdot q^{-t}$$

Wie bei dem Grundkonzept der Lebenszyklusrechnung umfasst auch hier der erste Summand die traditionellen betrieblichen Kosten/Leistungen und der zweite Summand die umweltschutzbedingten Kosten/Leistungen. Allerdings ist nun zu berücksichtigen, dass Opportunitätskosten und somit wertmäßige Kosten anstelle der pagatorischen Kosten angesetzt werden.[432] Bei einer Lebenszyklusrechnung als Planungsrechnung und unter der besonderen Berücksichtigung des Umweltschutzes scheint ein Ansatz von Opportunitätskosten gerechtfertigt, da er die Knappheit bestimmter Ressourcen, auch der finanziellen, widerspiegeln kann.

Zusätzlich muss beachtet werden, dass die umweltschutzbedingten Kosten und Leistungen nicht nur gesetzlich geforderte Maßnahmen beinhalten, sondern ebenfalls freiwillige Aktivitäten einschließen, die durchgeführt werden sollen. Es werden somit deutlich mehr Kosten und Leistungen in die Rechnung einfließen als bei dem Grundkonzept der Lebenszyklusrechnung.[433]

---

[432] Grundsätzlich bezieht sich die Gültigkeit des Lücke-Theorems auf den Ansatz pagatorischer Kosten/ Leistungen. Erweiterungen sind jedoch uneingeschränkt möglich, wenn entsprechende Änderungen der übrigen Größen (z.B. des Kapitalbestands) berücksichtigt werden. Vgl. Kloock, J. (1981), S. 878 ff.

[433] In einer Zahlungsrechnung würden demnach auch erhöhte Aus- und Einzahlungen auftreten.

Weiterhin ist es möglich, diesen Ansatz um potenzielle Umweltschutzkosten und -leistungen auszubauen, d.h. zusätzlich zur oben dargestellten Rechnung werden weitere potenzielle (freiwillige oder auch zu erwartende gesetzlich vorgeschriebene) Umweltschutzmaßnahmen einbezogen. Diese zusätzliche Komponente der Rechnung stellt das Kosten-/Leistungspotenzial bzw. **Internalisierungspotenzial** dar und drückt die für das Unternehmen im Hinblick auf das Renditeziel vorteilhaften möglichen weiteren Umweltschutzaktivitäten aus. Zu berücksichtigen ist dabei, dass es sich nicht um die Internalisierung sämtlicher externer Effekte handelt, sondern nur um solche, die unternehmensindividuell interessant sein können, d.h. alle Maßnahmen zur Reduzierung externer Effekte, die das Unternehmen zwar noch nicht konkret geplant hat, aber möglicherweise dennoch berücksichtigen könnte.

$$C_{J0} = \sum_{t=0}^{T} \sum_{j=1}^{J} ((L_{tj}^b - K_{tj}^b) - i \cdot KB_{t-1}) \cdot q^{-t} + \sum_{t=0}^{T} (L_t^{uw} - [K_t^{uw} + K_t^{opp}]) \cdot q^{-t}$$

$$+ \sum_{t=0}^{T} (L_t^p - K_t^p) \cdot q^{-t}$$

Mit Hilfe dieses Ansatzes können nun Vergleichsrechnungen i.S. einer Sensitivitätsanalyse[434] angestellt werden, die unterschiedliche Umweltschutzaktivitäten enthalten. Ihre Auswirkungen auf den Kapitalwert werden jeweils deutlich, können verglichen und als Entscheidungsgrundlage herangezogen werden.

4.7.2.2.2 Beurteilung der offenen Lebenszyklusrechnung

In der offenen Lebenszyklusrechnung werden neben den betrieblichen Umweltschutzkosten, die sich auf gesetzliche Forderungen beziehen, auch freiwillige Maßnahmen zur Reduzierung externer Kosten betrachtet.

Wie bei den Ausführungen zum Grundkonzept bereits festgehalten wurde, erfolgt die Bewertung der gesetzlich festgelegten Maßnahmen und Forderungen mit Hilfe von pagatorischen Kosten, die den Rechnungen, Bescheiden u.ä. zu entnehmen sind. Weder Mengen- noch Werteerfassung stellen in diesen Fällen Probleme dar.

Im Unterschied zu dem Grundkonzept lassen sich jedoch Besonderheiten bei den freiwilligen betrieblichen Maßnahmen erkennen: Die Mengenerfassung ergibt sich aus der Anzahl und Art

---

[434] Sensitivitätsanalysen verdeutlichen die Abhängigkeit der Outputgrößen (hier: des Kapitalwerts) von den Inputgrößen (hier: der Kosten- und Leistungsgrößen, des Kapitalbestands der Vorperiode sowie des Zinssatzes). Vgl. Schwinn, R. (1996), S. 1056 f.

der durchzuführenden Maßnahmen, ist also abhängig von den Planungen des Unternehmens. Bei der Erfassung der Kostenhöhe ist auch hier der Ansatz pagatorischer Kosten grundsätzlich möglich; dennoch erscheint der Ansatz wertmäßiger Kosten sinnvoller, da dem Unternehmen aufgrund der Kapitalbindung der durchgeführten Maßnahmen Opportunitätskosten entstehen, die in die Rechnung aufgenommen werden können. Im Hinblick auf das Existenzsicherungsziel als Oberziel des Unternehmens wird das Unternehmen i.d.R. solche zusätzlichen Maßnahmen durchführen, für die eine Kompensation durch zukünftige Renditesteigerungen erwartet werden kann. Tritt eine solche Kompensation nicht ein, so entstehen dem Unternehmen Gewinneinbußen durch den erhöhten Ansatz der Kosten. Für die freiwillig durchzuführenden Maßnahmen bietet sich demnach in jedem Fall eine monetäre Bewertung auf der Grundlage der durch sie entstehenden Kosten zur Vermeidung, Verringerung und Beseitigung von Umweltbeeinträchtigungen sowie den sich daraus ergebenden Kontroll- und Überwachungskosten, ggfs. ergänzt um Opportunitätskosten, an. Stehen mehrere Maßnahmen zur Auswahl, so ist aufgrund der Bedeutung des Oberziels die kostengünstigste Maßnahme auszuwählen, wobei die Kompensationswirkungen durch steigende Erlöse berücksichtigt werden müssen.

Die umweltschutzorientierten Leistungen sind *pagatorisch* zu bewerten, d.h. mit den zu erwartenden Mehrerlösen, die aus den Umweltschutzaktivitäten resultieren. Die Mengenerfassung, d.h. die Bestimmung des Erlösanteils, der auf die Umweltschutzaktivitäten des Unternehmens zurückzuführen ist, erweist sich hier als schwierig und muss auf statistischen Auswertungen beruhen, die im Jahresvergleich in etwa ausdrücken können, inwieweit die Umweltschutzbemühungen des Unternehmens zu einer Zunahme der Erlöse führen konnten. Eine andere Möglichkeit wäre eine Kundenbefragung, d.h. eine Analyse des Käuferverhaltens vor dem Hintergrund der Umweltschutzaktivitäten des Unternehmens.

Zur Erfassung und Bewertung des Internalisierungspotenzials kann gleichermaßen vorgegangen werden: Alle potenziellen Maßnahmen sind vom Unternehmen zu planen und entsprechend zu erfassen. Wertmäßig bietet sich auch hier der Ansatz der Kosten an, die durch diese Maßnahmen zur Vermeidung, Verminderung etc. von Umweltbeeinträchtigungen entstehen, ggfs. ergänzt um Opportunitätskosten. Die daraus möglicherweise zusätzlich entstehenden Leistungen sind gemäß den o.g. Möglichkeiten zu prognostizieren.

Insgesamt kann der Ansatz der offenen Lebenszyklusrechnung als flexibel und individuell ausgestaltbar bezeichnet werden. Da Unternehmen vom Typ Folger und Innovatoren als häufigster Unternehmenstyp auftritt, kann davon ausgegangen werden, dass auch dieser Ansatz häufigste Anwendung als Lebenszyklusrechnung findet. Zu bemängeln bleibt weiterhin, dass externe Effekte hier nur ansatzweise internalisiert werden, es wird jedoch nicht der Versuch unternommen, alle externen Effekte zu erfassen und einzubeziehen. Diesen Mangel versucht das nachfolgend dargestellte „innovative" Konzept zu beheben.

4.7.2.3   Ausbau zum „innovativen" Konzept der Lebenszyklusrechnung

Entsprechend dem Vorgehen bei der Vorstellung des Grundkonzepts und der offenen Lebenszyklusrechnung erfolgt auch hier zunächst die Darstellung des konzeptionellen Ansatzes, bevor auf die Beurteilung der innovativen Lebenszyklusrechnung eingegangen wird. Beim innovativen Konzept der Lebenszyklusrechnung steht die Berücksichtigung der externen Effekte im Vordergrund.

4.7.2.3.1   Konzeptioneller Ansatz der innovativen Lebenszyklusrechnung

Diese Art der Rechnung bietet sich für innovative Unternehmen an, deren Umweltschutzstrategie als aktiv bezeichnet werden kann und die den Umweltschutz als Formalziel des Unternehmens betrachten. Für solche Unternehmen hat der Umweltschutz besondere Bedeutung, denn er wird als Nebenziel zum Renditeziel betrachtet. Daher kann - wie schon bei der offenen Lebenszyklusrechnung - auch hier davon ausgegangen werden, dass nicht nur das gesetzlich Geforderte erfüllt wird, sondern aktiv Maßnahmen gesucht werden, die dem Umweltschutz dienen. Dabei wird das gesetzlich Geforderte sogar häufig übererfüllt, und mögliche gesetzliche Änderungen werden zu antizipieren versucht.

Bei dieser Rechnung ist der Ansatz **ökologieorientierter Kosten (wertmäßig) und Leistungen** zweckmäßig, d.h. neben den pagatorischen Größen und ggfs. den Opportunitätskosten werden zusätzlich externe Kosten und Leistungen in der Rechnung berücksichtigt, wobei der Wertansatz für diese externen Kosten und Leistungen eine besondere Rolle spielt. Aus der unterschiedlichen Behandlung der externen Kosten/ Leistungen ergeben sich die nachfolgenden drei Möglichkeiten:

1. Möglichkeit: Diese gilt für den Fall, dass die externen Kosten/Leistungen *monetär bewertet* werden. Aufbauend auf den Ansätzen zum Grundkonzept bzw. zur offenen Lebenszyklusrechnung bietet sich formell der folgende Ansatz an, der eine Erweiterung der offenen Lebenszyklusrechnung darstellt:

$$C_0 = \sum_{t=0}^{T} \sum_{j=1}^{J} ((L_{tj}^b - K_{tj}^b) - i \cdot KB_{t-1}) \cdot q^{-t} + \sum_{t=0}^{T} (L_t^{uw} - [K_t^{uw} + K_t^{opp}]) \cdot q^{-t}$$

$$+ \sum_{t=0}^{T} (L_t^{ex} - K_t^{ex}) \cdot q^{-t}$$

Der erste Summand bezieht sich dabei wiederum auf die traditionellen betrieblichen Kosten und Leistungen, der zweite auf die mit wertmäßigen Kosten bewerteten (freiwilligen und gesetzlich vorgeschriebenen) Umweltschutzmaßnahmen. Insoweit unterscheidet sich die innovative Lebenszyklusrechnung noch nicht von der offenen Lebenszyklusrechnung. Diese Unterscheidung wird hier durch den dritten Summanden deutlich, der die externen Kosten und Leistungen erfasst, wobei davon ausgegangen wird, dass nicht die für das Unternehmen im Hinblick auf das Renditeziel interessanten Internalisierungspotenziale berücksichtigt werden[435], sondern die externen Kosten und Leistungen, die die Erreichung des Umweltschutzzieles unterstützen. In gewisser Weise stellen diese auch ein Internalisierungspotenzial dar, jedoch nicht im gleichen Sinne wie bei der offenen Lebenszyklusrechnung.[436]

Die obige Gleichung ist als formale Grundform der Einbeziehung externer Effekte zu betrachten. Sie gilt in dieser Art jedoch nur für den Fall, dass das Unternehmen Möglichkeiten sieht, die externen Kosten und Leistungen monetär zu erfassen. Da von dieser Möglichkeit jedoch nicht grundsätzlich ausgegangen werden kann, werden nachfolgend weitere Möglichkeiten vorgestellt; denn der oben vorgestellte formale Ansatz der externen Kosten/Leistungen bedarf einiger Ergänzungen, damit er für einen vollständigen, über die monetäre Bewertung hinausgehenden Ansatz der externen Kosten/Leistungen genutzt werden kann.

2. Möglichkeit: Auch hier erfolgt eine Erweiterung der offenen Lebenszyklusrechnung, jedoch wird *keine* monetäre Bewertung der externen Kosten/Leistungen angestrebt, sondern es werden die Ergebnisse der offenen Lebenszyklusrechnung mit den folgenden Überlegungen kombiniert: Bei der nicht monetären Bewertung der externen Kosten/Leistungen[437] wurde die

---

[435] Diese können als umweltschutzbezogene Kosten/Leistungen – d.h. ohne separaten Ausweis – erfasst werden.
[436] Es kann davon ausgegangen werden, dass die externen Kosten regelmäßig größer sein werden als die externen Leistungen ($K^{ex} > L^{ex}$), so dass das Ergebnis des letzten Summanden regelmäßig negativ sein ($L^{ex} - K^{ex} < 0$) und insgesamt zu einer Verringerung des Kapitalwertes führen wird.
[437] Vgl. Kap. 4.5.4.2, dritte Möglichkeit.

Möglichkeit aufgezeigt, durch Gewichtung und Punktbewertung im Rahmen der Ökobilanzierung eine quantitative Größe (Summe aller $\Pi = W_{wk} \cdot B_{wki}$) zu ermitteln, die bei der Bewertung zunächst einmal keinen eigenen Aussagewert besitzt, sondern höchstens im Vergleich zu anderen Größen eine ordinale Ordnung zulässt (eine kleinere Größe ist ökologisch vorteilhafter als eine größere). Im Rahmen der Rechnung besteht nun die Möglichkeit, diese Größe als Maß für die „ökologische Vorteilhaftigkeit" zu verwenden. Eine kleine Größe bezeichnet somit eine hohe ökologische Vorteilhaftigkeit und umgekehrt. Auf der Grundlage dieser Bewertung können nun die Ergebnisse der offenen Lebenszyklusrechnung (die ermittelten Kapitalwerte) mit dem Maß für die ökologische Vorteilhaftigkeit im Rahmen eines Portfolios kombiniert werden:

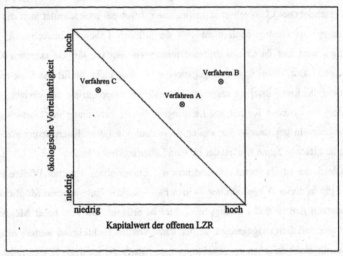

Abb. 4-15: Portfolio zur Berücksichtigung der ökologischen Vorteilhaftigkeit

Im Rahmen der offenen Lebenszyklusrechnung dient die Kapitalwertermittlung einem Vergleich alternativer Einsatzstoffe und/oder ergriffener Umweltschutzmaßnahmen bei der Herstellung einer Produktgruppe. Zusätzlich können nun im Rahmen der innovativen Lebenszyklusrechnung die nicht monetär bewerteten externen Effekte (gemessen als ökologische Vorteilhaftigkeit) aufgenommen und zusammen mit dem Kapitalwert im Portfolio abgebildet werden. Dabei wird davon ausgegangen, dass die beiden Kriterien Kapitalwert und ökologische Vorteilhaftigkeit den gleichen Stellenwert einnehmen, d.h. dass beide Kriterien gleich wichtig sind.

Im Rahmen dieses Portfolios kann bspw. das Herstellungsverfahren A verglichen werden mit dem Verfahren B (hier z.B. Veränderung eines Einsatzstoffes und/oder Ergreifen von Umweltschutzmaßnahmen, so dass sich sowohl ein positiver ökologischer als auch ökonomischer Effekt einstellt) oder mit Verfahren C (Einsatz eines alternativen Einsatzstoffes, der jedoch einen negativen Effekt auf den Kapitalwert zeigt).

Das Beispiel zeigt bereits, dass sämtliche Effekte, die sich im Portfolio vom Ausgangspunkt (hier: Verfahren A) aus nach rechts und/oder oben verschieben, eindeutig besser sind. Umgekehrt sind Bewegungen nach links und/oder unten eindeutig schlechter zu bewerten. Alternativen, die sich vom Ausgangspunkt rechts unten bzw. links oben im Portfolio ergeben, sind näher zu untersuchen. Bei ihrer Beurteilung spielen sowohl der Standpunkt rechts oder links von der Diagonalen als auch der Abstand von derselben eine entscheidende Rolle: Die Diagonale, die das Portfolio in zwei gleich große Dreiecke teilt, kann als **Indifferenzlinie** bezeichnet werden; denn alle Verfahren, die sich auf dieser Linie eintragen lassen, sind gleichermaßen gut.[438] Darüber hinaus manifestiert die Diagonale die grundsätzliche Aussage, dass die Verfahren, die sich im rechten oberen Dreieck eintragen lassen, ein besseres Ergebnis vorweisen als die, die sich im linken unteren Dreieck befinden; denn im rechten oberen Dreieck ist immer ein Kriterium tendenziell als hoch einzustufen, wohingegen im linken unteren Dreieck stets ein Kriterium als niedrig zu charakterisieren ist. Im rechten oberen Dreieck lässt sich die Güte der Verfahren durch den Abstand von der Diagonalen messen[439], d.h. die Länge des Lotes, das auf die Diagonale gefällt werden kann, gibt Hilfestellung bei der Auswahl des Verfahrens; denn je länger das Lot (d.h. je größer der Abstand von der Diagonalen) ist, desto besser ist das entsprechende Verfahren zu beurteilen.

3. Möglichkeit: Eine weitere Möglichkeit der Berücksichtigung externer Kosten/Leistungen besteht darin, den bei der Berechnung des Kapitalwerts zu verwendenden Zinssatz ensprechend zu verändern, d.h. i.d.R. zu erhöhen, da meistens die externen Kosten die externen Leistungen übersteigen werden.[440] In diesem Fall würde der letzte Summand zur Ermittlung des Kapitalwerts wegfallen und die überwiegend negativen (positiven) externen Effekte über einen erhöhten (verminderten) Zinssatz in die Rechnung einfließen. Der veränderte Zinssatz bewirkt damit eine Änderung der diskontierten Größen und eine Änderung des Kapitalwerts. Der Kapitalwert sinkt, wenn starke negative externe Effekte erwartet werden und entspre-

---

[438] Ebenso gleichwertig sind all jene Verfahren, die sich auf einer Parallelen zur Diagonalen eintragen lassen.
[439] Umgekehrt gilt diese Aussage auch für das linke untere Dreieck.
[440] Natürlich ist eine Verminderung des Zinssatzes auch denkbar, wird aber nicht regelmäßig der Fall sein.

chend ein erhöhter Zinssatz gewählt wird. Umgekehrt steigt der Kapitalwert, wenn der Zinssatz reduziert wird (womit ausgedrückt wird, dass mit dem gewählten Verfahren überwiegend positive externe Effekte verbunden sind).

4.7.2.3.2   Beurteilung der innovativen Lebenszyklusrechnung

Bei der Ermittlung des Kapitalwerts im Rahmen der innovativen Lebenszyklusrechnung stehen insbesondere die externen Kosten/Leistungen im Vordergrund (die Erfassung der übrigen Größen kann der offenen Lebenszyklusrechnung entnommen werden). Dazu wurden drei Möglichkeiten aufgezeigt, die wie folgt beurteilt werden können:

Die erste Möglichkeit, die die monetäre Bewertung der externen Kosten/Leistungen voraussetzt, stellt hohe Anforderungen an die Bewertung. Eine monetäre Bewertung ist zwar wünschenswert, jedoch nach heutigem Kenntnisstand kaum vollständig zu realisieren, so dass die erste Möglichkeit der Kapitalwertbildung nur dann gewählt werden kann, wenn eine unvollständige Berücksichtigung externer Effekte bewusst in Kauf genommen wird und über eine monetäre Bewertung lediglich ein Teil derselben internalisiert wird.

Die zweite Möglichkeit, die die offene Lebenszyklusrechnung mit der ökologischen Vorteilhaftigkeit im Rahmen eines Portfolios kombiniert, verzichtet auf eine monetäre Bewertung und erlaubt eine Aufnahme möglichst *aller* externen Effekte für den Lebenszyklus einer bestimmten Produktgruppe. Die nicht monetäre Bewertung kann dabei mit Hilfe der Ökobilanz erfolgen, die eine verlässliche Basis bildet.[441] Somit ist die zweite Möglichkeit besser geeignet als die dritte Möglichkeit, die eine Veränderung des Zinssatzes vorsieht, da der Kapitalwert bei der zweiten Möglichkeit unverändert bleibt und nur um eine zusätzliche Größe ergänzt wird. Zudem ist zur dritten Möglichkeit kritisch anzumerken, dass lediglich eine annähernde Aussage über die externen Effekte getroffen wird, die Möglichkeit der vollständigen Erfassung ist jedoch nicht gegeben.

Insgesamt kann festgehalten werden: Der innovative Ansatz einer Lebenszyklusrechnung eröffnet innovativen Unternehmen vielseitige Möglichkeiten der Einbeziehung externer Effekte. Da Unternehmen mit dieser starken innovativen Ausprägung jedoch nicht sehr häufig vorkommen, wird auch die Anwendung dieses Ansatzes nur entsprechend selten erfolgen. Dies liegt auch darin begründet, dass der Anspruch an die Datenbeschaffung sehr hoch ist.

---

[441] Vgl. Kap. 4.5.4.2.

4.7.3   Zusammenfassung der Ergebnisse

Das vierte Kapitel behandelte bisher die Grundlagen und Möglichkeiten zum Aufbau einer umweltorientierten Lebenszyklusrechnung. Dazu wurden in einem ersten Schritt die Umweltwirkungen über den gesamten Lebenszyklus prognostiziert und Wege der Abbildung und Bewertung aufgezeigt. Eine besondere Rolle kommt dabei der Erfassung und Bewertung der externen Effekte zu. Anschließend wurden die Umweltwirkungen den einzelnen Lebenszyklusphasen zugeordnet und die sich daraus ergebenden Rechnungsgrößen bestimmt. Auf dieser Grundlage war es dann möglich, bestehende Interdependenzen zwischen den Kosten- und Erlösstrukturen der einzelnen Phasen herauszustellen.

Im Vorfeld der Konzeption der umweltorientierten Lebenszyklusrechnung wurden einige grundlegende Aussagen zur Bezogenheit gemacht. So wurde der zeitliche Bezug der Rechnung zyklusorientiert festgelegt, um eine ganzheitliche Sichtweise zu ermöglichen. Der sachliche Bezug wurde nach Objekt der Rechnung (Produktgruppe) und Subjekt der Rechnung (Hersteller mit Erweiterung um die Nutzersicht) unterschieden. Das Kalkulationskonzept konnte mit Hilfe des Lücke-Theorems auf Kosten und Leistungen zur Ermittlung des Kapitalwertes zurückgeführt werden.

Die Vorstellung des Kalkulationskonzepts erfolgte dann in Abhängigkeit von der Umweltschutzorientierung der Unternehmen, wobei auf das in Kapitel 2 vorgestellte Schema der Sachziel-/Formalziel-Unterscheidung und Kombination mit der aktiven und passiven Umweltschutzstrategie zurückgegriffen werden konnte. Unter Zusammenfassung der Unternehmen mit passiver Strategieausrichtung ergibt sich eine Dreiteilung des Kalkulationskonzepts entsprechend der Umweltschutzorientierung des Unternehmens:

1. Das **Grundkonzept** wird auf der Basis pagatorischer Kosten und Leistungen (d.h. der regelmäßigen Umweltschutzkosten) wie folgt aufgebaut: Der Kapitalwert der Rechnung ergibt sich unter Berücksichtigung der Zinswirkungen aus der Summe der traditionellen Kosten und Leistungen und den zu internalisierenden betrieblichen Umweltschutzkosten und -leistungen, wobei Letztere sich ausschließlich auf (gesetzlich) vorgeschriebene Maßnahmen beziehen. Dieses Grundkonzept kann als ein erster Schritt zur Erstellung einer Lebenszyklusrechnung gewertet werden, seine Anwendung erscheint für Unternehmen mit passiver Unternehmensstrategie angebracht. Es wird jedoch auch deutlich, dass es kein grundsätzlich neues Konzept ergibt, weshalb Erweiterungen notwendig erscheinen.

2. Eine aktive Unternehmensstrategie und die Verfolgung des Umweltschutzes als Sachziel führt zur Vorstellung der **offenen Lebenszyklusrechnung**, die auf Basis von wertmäßigen Kosten (erweiterten Umweltschutzkosten) durchgeführt werden kann. Zur Bestimmung des Kapitalwerts werden hier neben den traditionellen betrieblichen Kosten und Leistungen und den aufgrund von gesetzlichen Vorschriften zu internalisierenden betrieblichen Kosten und Leistungen zusätzlich freiwillig aufzuwendende Umweltschutzkosten bzw. dadurch erzielte Erlöse herangezogen. Weiterhin ist die Möglichkeit gegeben, potenzielle Umweltschutzkosten und -leistungen in die Rechnung aufzunehmen und dadurch das Internalisierungspotenzial des Unternehmens aufzuzeigen. Dabei muss aufgrund der Sachzielbetrachtung des Umweltschutzes davon ausgegangen werden, dass lediglich solche Kosten/Leistungen als Internalisierungspotenzial ausgewiesen werden, die sich positiv auf das Renditeziel, welches grundsätzlich als Oberziel angesehen werden kann, auswirken.

3. Eine weitere Differenzierung des Rechnungskonzepts ergibt sich bei aktiver Unternehmensstrategie und Betrachtung des Umweltschutzes als Formalziel des Unternehmens.[442] In diesem Fall der **innovativen Lebenszyklusrechnung** ist der Ansatz ökologieorientierter (wertmäßiger) Kosten sinnvoll, die einen Einbezug auch der externen Kosten und Leistungen zulassen. Deren Berücksichtigung kann im Rahmen des Kapitalwerts erfolgen, der sich aus der Summe der traditionellen betrieblichen Kosten und Leistungen, der zu internalisierenden Umweltschutzkosten und -leistungen, der freiwillig aufzuwendenden Umweltschutzkosten bzw. erzielten -erlösen und zusätzlich der externen Kosten und Leistungen (die hier monetär bewertet werden) ergibt.

Aufgrund der Kritik an der monetären Bewertung wird jedoch die Aufstellung eines Portfolios favorisiert, das neben dem Kapitalwert der offenen Lebenszyklusrechnung die Bewertung der externen Kosten/Leistungen mittels Gewichtung und Punktbewertung[443] als ökologische Vorteilhaftigkeit darstellt.

Die Darstellung der drei Ansätze zur Lebenszyklusrechnung macht deutlich, dass in unterschiedlichem Umfang Daten der ersten drei Stufen in Anspruch genommen werden. Das Grundkonzept zeigt sich dabei als einfachste Form, welche ohne großen Bewertungsaufwand durchführbar ist. Hingegen steigt bei der offenen und erst recht bei der innovativen Lebenszyklusrechnung der Bewertungsaufwand.

---

[442] Obwohl diese Einteilung als wünschenswert angesehen werden kann, muss davon ausgegangen werden, dass nur wenige Unternehmen Umweltschutz als Formalziel betrachten.
[443] Vgl. Kap. 4.5.4.2.

Mit der Berechnung der Lebenszykluskosten und -erlöse ist das Lebenszyklusrechnungskonzept noch nicht als abgeschlossen zu betrachten, denn Überlegungen zur Gestaltung und Steuerung stehen noch aus. Diese werden im folgenden Abschnitt erörtert.

4.8   Fünfte Stufe: Gestaltungs- und Steuerungsmöglichkeiten im Rahmen der
umweltorientierten Lebenszyklusrechnung

Auf dieser Stufe werden die Gestaltungs- und Steuerungsmöglichkeiten der Umweltwirkun-
gen mit den Umweltkosten und -leistungen als Zielgrößen untersucht. Unter Gestaltung der
Umweltwirkungen wird dabei die Minimierung der negativen Ein- und Auswirkungen der
Unternehmenstätigkeit verstanden, die durch verschiedene Maßnahmen erreicht werden kann.
Die Steuerung der Umweltwirkungen sieht ein Eingreifen in die zu erwartende Entwicklung
der Umweltein- und -auswirkungen vor. Eine ex-ante-Betrachtung ist dringend geboten.

4.8.1   Gestaltung der Umweltwirkungen

Im Rahmen der Gestaltung soll untersucht werden, ob Möglichkeiten zur Minimierung der
Umweltein- und -auswirkungen bislang unausgeschöpft geblieben sind. Bereits auf den Stufen der Prognose, der Abbildung und der Bewertung der Umweltwirkungen können wichtige
Informationen generiert werden, die in die Lebenszyklusrechnung einfließen, deren Ergebnis
dann weiteren Handlungsbedarf aufdecken kann.
Die ganzheitliche Betrachtung des Produktlebenszyklus stellt darauf ab, die Umweltwirkungen in den einzelnen Phasen zu erkennen und möglichst zu vermeiden/vermindern, und trägt
dazu bei, negative Wirkungen antizipieren zu können, um in der Lage zu sein, frühzeitig, d.h.
bereits in der Planungsphase, entsprechende Maßnahmen ergreifen zu können.

Zur Vermeidung/Verminderung der Umweltwirkungen in den einzelnen Lebenszyklusphasen
sind bspw. folgende Möglichkeiten gegeben:[444]

---

[444] In Anlehnung an Müller, A. (1995), S. 70.

Vorleistungsphase	Marktphase	Nachleistungsphase
Einsatz umweltfreundlicher und wenig energieintensiver Stoffe;	Umweltfreundliche Verpackung (Wiederverwend-bzw. -verwertbarkeit);	umweltfreundliche Demontage; geringes Abfallvolumen;
Einsatz reichlich vorhandener Rohstoffe;	möglichst geringes Produkt- und Verpackungsvolumen;	unproblematische Deponier-, Verbrennungs- oder Kompostiermöglichkeit;
Einsatz regenerativer Rohstoffe;	Gesundheitsunschädlichkeit bei Ge- und Verbrauch;	Recyclingfähigkeit der Abfallprodukte;
keine Ressourcenverschwendung;	möglichst keine flüssigen und gasförmigen Emissionen beim Ge- und Verbrauch;	Minimalbeseitigungsvolumen durch Wiederverwertbarkeit;
Einsatz umweltfreundlicher Transportmöglichkeiten;	energiesparende- und lärmarme Ge- und Verbrauchsphase;	
Vermeidung von überregionalen Transporten durch regionale Lieferanten;		getrennte Sammlung und Beseitigung möglich;
Einführung von integrierten Umweltschutztechnologien;	Einsatz umweltfreundlicher Transportmöglichkeiten;	Einsatz umweltfreundlicher Transportmöglichkeiten;
umweltfreundliche Konstruktion;	Mitarbeiterschulung;	Mitarbeiterschulung;
Mitarbeiterschulung;	u.ä.	u.ä.
u.ä.		

Tab. 4-23: Möglichkeiten zur Vermeidung/Verminderung von Umweltwirkungen

Eine Berücksichtigung der Gestaltungsmöglichkeiten ist bereits innerhalb der ersten Stufen (Prognose, Abbildung, Bewertung) möglich und kann auf jeder Stufe zur Entwicklung innovativer Produkte führen. Dennoch kann erst nach der Durchführung der Rechnung ermittelt werden, inwieweit bestimmte Maßnahmen den Kapitalwert verändern.[445] Im Rahmen der Gestaltung ist es also notwendig, weitere Vermeidungs-/Verminderungsmaßnahmen auf ihren Einfluss auf den Kapitalwert zu untersuchen. Dazu sind grundsätzlich alle drei Rechnungsansätze einsetzbar, es bieten sich jedoch insbesondere die offene und die innovative Lebenszyklusrechnung an, da diese den größten Freiraum bei der Rechnungsdurchführung gewähren und da davon auszugehen ist, dass die Motivation der Unternehmen, die diese Rechnungsansätze wählen, bezogen auf den freiwilligen Umweltschutz besonders hoch ist. Passive und selektive Unternehmen werden u.U. auf die Möglichkeit der Gestaltung verzichten und diese Stufe ignorieren.

---

[445] Damit kann auch der mögliche Trade-off-Effekt zwischen Vorleistungs- und Nachleistungsphase bedacht werden; denn bestimmte Maßnahmen, die höhere Vorleistungskosten bedeuten, können eine Verringerung der Nachleistungskosten bewirken.

4.8.2   Steuerung der Umweltwirkungen

Die Steuerung der Umweltwirkungen geht über die Untersuchung der Gestaltungsmöglichkeiten hinaus und strebt die Suche nach Möglichkeiten zur Aufdeckung von „Störgrößen" an.
Bei den gesuchten Störgrößen kann man auch von „Umwelttreibern" oder „Wirkungstreibern"
sprechen, d.h. von den Größen, die für die Entstehung von Umweltwirkungen ursächlich sind.
Mögliche Umwelttreiber sind:

- überhöhter Rohstoffverbrauch[446],

- überhöhter Energieverbrauch,

- fehlerhafte Flächennutzung (Eutrophierung, Toxizität durch Versickerung u.ä.)

- ineffiziente Transporte etc.

Die Aufdeckung von Störgrößen kann auf zwei Wegen erfolgen: Zum einen kann eine Reaktion auf eine Störgröße erfolgen, nachdem sie aufgetreten ist. In diesen Fällen spricht man von
Feedback-Systemen zur Aufdeckung von Störgrößen. Zum anderen kann auch versucht werden, vor Eintritt der Störgröße zu reagieren und den Eintritt der Störgröße zu vermeiden. Bei
diesen sog. **Feedforward**-Systemen ist ein hoher Informationsbedarf notwendig. Eine Kombination von Feedback- und Feedforward-Systemen ist wünschenswert und kann im Rahmen
der Lebenszyklusrechnung schematisch wie folgt abgebildet werden:

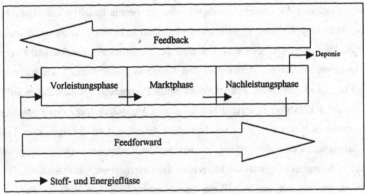

Abb. 4-16: Feedback-Feedforward-System über den Produktlebenszyklus

Die Steuerung, insbesondere die Feedforward-Steuerung, wird an Zielplänen ausgerichtet.
Diese Zielpläne können bspw. als Kennzahlen oder Kennzahlensysteme verdeutlicht werden,

---

[446] Vgl. hierzu auch Henseling, K.O. (1998), S. 30.

wobei neben absoluten Kennzahlen auch relative Kennzahlen (Verhältniszahlen) zur Anwendung kommen.[447] Die Kennzahlen haben dann Vorgabecharakter und unterstützen die Lösung von Entscheidungsproblemen.[448]

Im Rahmen der Lebenszyklusrechnung sind **absolute Kennzahlen** insbesondere in Form von Kapitalwerten entscheidend. Sie können als Zielgrößen[449] definiert und mit der auf der 4. Stufe durchgeführten Berechnung verglichen werden. Etwaige Differenzen sind dann zu untersuchen und Störgrößen zu eliminieren. Neben den Kapitalwerten ist auch der Einsatz von Verbrauchswerten als absolute Kennzahlen möglich. So kann bspw. der absolute Verbrauch an Wasser und/oder Energie ebenfalls Aufschluss über Störgrößen geben. Auch hier können Ziele (z.B. maximal tolerierbarer Verbrauch) vorgegeben und Ergebnisse geplant und kontrolliert werden.

Relative Kennzahlen (z.B. Umweltleistungskennzahlen[450]) beziehen sich regelmäßig auf den effizienten Einsatz von Ressourcen. Häufig untersuchte Kennzahlen sind bspw. Wasser-, Energie- und Abfalleffizienz sowie die Verwertungsquote. Dabei werden die ersten drei Kennzahlen in Bezug zur Menge an Produkten und die letzte Kennzahl in Bezug zur gesamten Abfallmenge gesetzt.[451] Auch hier können Kennzahlen als Zielvorgaben zur Aufdeckung von Störgrößen, zur Steuerung der Umweltwirkungen und zur Kontrolle der Verbesserungen eingesetzt werden.

Die Ermittlung der für die Bildung von Kennzahlen notwendigen Größen kann mit Hilfe der bereits in Kapitel 4.4.1 vorgestellten Ökobilanz erfolgen. Zusätzlich findet sich in DIN EN ISO 14031 ebenfalls eine Norm, die Grundlagen zur Aufstellung und Anwendung von Kennzahlen gibt und gleichzeitig einen weltweiten Standard sichert.[452]

---

[447] Absolute Kennzahlen stellen Einzelwerte wie bspw. Bestandsgrößen, Summen, Differenzen oder Mittelwerte dar. Relative Kennzahlen (Verhältniszahlen) stellen zusammengesetzte Werte dar, die als Beziehungs-, Gliederungs- oder Indexzahlen unterschieden werden können. Vgl. Seidel, E./ Kötter, G. (1999), S. 97, sowie Küpper, H.-U. (1995), S. 317 f.

[448] Es handelt sich somit um entscheidungsproblemspezifische Kennzahlen, die von den Variablen des Entscheidungsfeldes abhängig sind. Vgl. Küpper, H.-U. (1995), S. 323 f.

[449] Als Mindestanforderung wird regelmäßig ein Kapitalwert größer Null gelten, es können jedoch auch bestimmte Kapitalwerthöhen festgelegt werden.

[450] Umweltleistungskennzahlen werden auch als Umweltbelastungskennzahlen bezeichnet und unterscheiden sich von Umweltzustands- und Umweltmanagementkennzahlen. Vgl. Seidel, E./Kötter, G. (1999), S. 99 f.

[451] Vgl. Clausen, J./Kottmann, H. (1999), S. 257 ff. Beispiele zu Umweltleistungskennzahlen finden sich auch bei Stahlmann, V./Clausen, J. (2000), S. 187 ff. und S. 242 ff.

[452] Vgl. Clausen, J./Kottmann, H. (1999), S. 263.

Bei der Bildung von Kennzahlen kann es zudem sinnvoll sein, eine Ausrichtung an den Anspruchsgruppen vorzunehmen. Wie in Kapitel 2 bereits erläutert wurde, ist die ökologische Betroffenheit der Unternehmen, die von den Anspruchsgruppen ausgelöst wird, Beweggrund für eine umweltorientierte Zielausrichtung. Daher erscheint auch eine Anlehnung der Steuerungsmöglichkeiten an die Interessen der Anspruchsgruppen angebracht:

- Die **Kunden/Abnehmer** sind möglicherweise an einem effizienten Ressourceneinsatz nicht nur bei der Herstellung, sondern auch in der Nutzungsphase interessiert. Hier wäre die Bildung von entsprechenden Umweltleistungskennzahlen sinnvoll.

- Die **Öffentlichkeit**, insbesondere die Anwohner, sind ebenfalls an der Ressourceneffizienz bei der Herstellung interessiert, so dass auch hier Umweltleistungskennzahlen angewendet werden können.

- Für die **Mitarbeiter** spielt die Effizienz des eigenen Arbeitsbereichs eine wichtige Rolle sowie der Anteil der eigenen Umweltleistung über den gesamten Produktlebenszyklus. Entsprechende Leistungskennzahlen können hier gebildet werden.

- Der **Staat** ist an der Einhaltung bestimmter Grenzwerte und an einer Steigerung über den Mindeststandard hinaus interessiert. Hier können auch absolute Verbrauchszahlen angesetzt und zu Verhältniszahlen ausgebaut werden.

- Für die **Kreditgeber** und die **Anteilseigner** ist neben der Ressourceneffizienz eine positive Kapitalwertentwicklung interessant, weshalb auch hier eine absolute Kennzahl eingesetzt werden kann.

Diese Überlegungen sind nicht abschließend, jedoch als ein erster Ansatz zur Bildung von Steuerungskennzahlen im Rahmen einer Produktlebenszyklusrechnung zu sehen.

Auf der Stufe der Prognose konnte festgestellt werden, dass der Grad der Unsicherheit im Zeitablauf sinkt. Im Rahmen der Gestaltung/Steuerung ist festzustellen, dass sowohl das Gestaltungs- als auch das Steuerungspotenzial im Zeitablauf ebenfalls sinken. Daher ist eine frühe Ausübung der Gestaltungs- und Steuerungsmöglichkeiten anzustreben. Durch die Nutzung von Feedback-Feedforward-Regelkreisen wird diese frühe Reaktionsmöglichkeit unterstützt.

5 Beurteilung und Grenzen der umweltorientierten Lebenszyklusrechnung

5.1 Beurteilung der umweltorientierten Lebenszyklusrechnung

Das Ziel einer umweltorientierten Lebenszyklusrechnung kann mit Hilfe der Unterziele **Prognose, Erklärung, Abbildung** und **Gestaltung** spezifiziert werden.[453] Die Überprüfung der Zielerfüllung kann demnach anhand der Erfüllung der vier Unterziele im Rahmen der einzelnen Rechnungsansätze erfolgen.

5.1.1 Zielerfüllung durch das Grundkonzept

Das Grundkonzept beinhaltet pagatorische Kosten und Leistungen und erfüllt die Ziele einer Lebenszyklusrechnung wie folgt:

Prognoseziel:

Im Rahmen des Grundkonzepts sind Aussagen über Art und Höhe der zu erwartenden Kosten grundsätzlich möglich, da gesetzliche Forderungen als bekannt vorausgesetzt werden.[454] Da das Unternehmen weiß, welche Zahlungen es wird leisten müssen bzw. welche Maßnahmen notwendig sein werden, um den Produktionsprozess plangemäß durchzuführen, können diese Informationen und die mit ihnen verbundenen monetären Wirkungen direkt in die Rechnung aufgenommen werden.

Erklärungsziel:

Grundsätzlich ist die Aufdeckung von Kosten- und/oder Leistungszusammenhängen möglich, da eine *Aufschlüsselung* der Kosten/Leistungen nach Lebensyzklusphasen erfolgen kann. Aufgrund der nicht erreichten Vollständigkeit kann sich die Aufdeckung der Zusammenhänge jedoch nur auf die pagatorischen Kosten und Leistungen beziehen. Beispielhaft können Abwassergebühren angeführt werden, die erst in späteren Phasen anfallen, deren Verminderung jedoch bereits in frühen Phasen geplant werden kann.

---

[453] Vgl. Kapitel 3 dieser Arbeit.
[454] Unerwartete Forderungen sowie noch nicht in Kraft getretene gesetzliche Forderungen werden hier nicht berücksichtigt.

Bei der *Untersuchung* der Kostentreiber können grundsätzlich zwei Arten herausgestellt werden:

- gesetzlich vorgeschriebene Maßnahmen, die eine Aktivität des Unternehmens verlangen (z.B. Erfüllung von Auflagen), und

- andere gesetzliche Forderungen, die sich auf eine Geldzahlung beziehen, bei denen das Unternehmen ansonsten eher passiv bleibt (z.B. Gebühren/Beiträge).

Eine Untersuchung der Leistungstreiber erweist sich als sehr schwierig, da anzunehmen ist, dass zusätzliche Umsatzerfolge nicht auf die bloße Einhaltung von Gesetzen zurückzuführen sind (ein Umsatzrückgang aufgrund von Nicht-Einhaltung wäre eher anzunehmen).

Die Zuordnung der Kostentreiber zu den Lebenszyklusphasen kann bei dem Grundkonzept ohne Weiteres erfolgen, da nur bekannte Maßnahmen und Forderungen in der Produktionsplanung berücksichtigt werden.

Abbildungsziel:

Da die Umweltausrichtung dieser Rechnung im Wesentlichen durch gesetzliche Vorgaben bestimmt wird, ist eine Dominanz der umweltschutzbezogenen Kosten festzustellen, wohingegen umweltschutzbezogene Leistungen eher in den Hintergrund treten. Insgesamt gelingen die Erfassung und Abbildung der Kosten und Leistungen nur im Hinblick auf die pagatorischen Kosten/Leistungen; eine Erfassung und Abbildung externer Kosten/Leistungen erfolgt nicht, so dass das Grundkonzept als umweltorientierte Rechnung unvollständig bleibt.

Gestaltungsziel:

Eine aktive Beeinflussung der Umweltwirkungen ist bei dem Grundkonzept nur in engem Rahmen möglich, z.B. sind Gestaltungsmöglichkeiten im Hinblick auf die Verminderung der Gebühren/Beiträge durch entsprechende Reduzierung von Wasserverbrauch, Emissionen u.ä. gegeben. Eine besondere Berücksichtigung externer Effekte erfolgt bei diesem Ansatz nicht, so dass auch keine Gestaltungsmöglichkeiten in diesem Zusammenhang untersucht werden können. Somit bleibt das Gestaltungsziel im Rahmen dieser Rechnung noch offen.

5.1.2   Zielerfüllung durch die offene Lebenszyklusrechnung

Auch im Rahmen der offenen Lebenszyklusrechnung soll die Erfüllung der vier Unterziele **Prognose, Erklärung, Abbildung** und **Gestaltung** zur Spezifizierung des Gesamtkosten-/-leistungsdenkens untersucht werden:

Prognoseziel:

Grundsätzlich ist es hier möglich, die Art und Höhe der zu erwartenden Umweltwirkungen sowie der Kosten/Leistungen zu bestimmen, wobei jedoch berücksichtigt werden muss, dass die Unsicherheit der Prognose mit der Anzahl der zu berücksichtigenden Aspekte wächst. Gerade bei der offenen Lebenszyklusrechnung ist bereits eine große Anzahl von Treibern zu berücksichtigen, so dass die Genauigkeit der Prognose stark vom Informationsstand und den Analysemöglichkeiten des Unternehmens abhängt.

Erklärungsziel:

Ebenso wie bei dem Grundkonzept der Lebenszyklusrechnung ist auch bei der offenen Lebenszyklusrechnung die *Aufdeckung* von Zusammenhängen zwischen den ausgewiesenen Kosten/Leistungen der einzelnen Phasen möglich.

Die *Untersuchung* der umweltschutzbedingten Kostentreiber ist indes weitreichender, da neben den gesetzlich geforderten Maßnahmen oder Abgaben weitere Treiber identifiziert werden können:

- Forderungen von Kunden, Lieferanten und Arbeitnehmern können dazu führen, dass Unternehmen Umweltschutzaktivitäten durchführen,
- technische Neuerungen können Unternehmen zu Umweltschutzinvestitionen führen,
- politische Entwicklungen können Einfluss auf die Unternehmenszukunft haben, da mit ihnen häufig z.B. steuerliche Aspekte verbunden sind, ebenso wie weitere Änderungen der rechtlichen Rahmenbedingungen Auswirkungen auf die Kostenhöhe der Unternehmen haben können.

Eine Untersuchung der Leistungs- oder Erlöstreiber kann zu folgenden Überlegungen führen:

- Der Imagegewinn durch freiwillige Aktivitäten des Unternehmens kann zu einer Zunahme des Absatzes führen,
- die Antizipation von weiteren oder neuen rechtlichen, politischen oder gesellschaftlichen Forderungen kann ebenfalls zu einem Wettbewerbsvorteil führen.

Die *Zuordnung* der Kosten- und Erlöstreiber zu den einzelnen Lebenszyklusphasen ist hier ebenfalls möglich, wenn auch die Unsicherheit des tatsächlichen Eintritts oder der Bedeutungsgrad des Treibers mit seiner Auswirkung auf die Höhe der Kosten/Leistungen größer ist als bei dem Grundkonzept der Lebenszyklusrechnung.

Abbildungsziel:

Die offene Lebenszyklusrechnung ermöglicht den Ausweis der wertmäßigen Kosten, d.h. neben den pagatorischen Kosten ist ebenfalls ein Ausweis der Opportunitätskosten möglich. Neben den traditionellen betrieblichen Kosten und Leistungen werden die umweltschutzbezogenen Kosten und Leistungen abgebildet. Darüber hinaus ist eine Erweiterung um das Internalisierungspotenzial des Unternehmens möglich. Somit können alle für das Unternehmen im Hinblick auf das Renditeziel wichtigen Umweltschutzmaßnahmen in der Rechnung abgebildet werden. Im Hinblick auf die Vollständigkeit der Abbildung muss allerdings festgehalten werden, dass lediglich wertmäßige Kosten vollständig ausgewiesen werden, ein Einbezug sämtlicher externer Effekte unterbleibt, denn das Unternehmen berücksichtigt nur solche Wirkungen, die positiven Einfluss auf das Renditeziel haben.

Gestaltungsziel:

Die aktive Beeinflussung der Art und Höhe der Umweltwirkungen und der Kosten erlangt hier große Bedeutung, da durch die Berücksichtigung möglicher freiwilliger Maßnahmen eine Reihe von Alternativen deutlich werden und ihre Auswirkungen auf das Renditeergebnis des Unternehmens berechnet werden können. Insbesondere das ausgewiesene Internalisierungspotenzial verdeutlicht die Auswirkungen weiterer Maßnahmen. Die Grenzen der aktiven Gestaltung sind bei der offenen Rechnung lediglich durch das Renditeziel vorgegeben, welches weiterhin als Oberziel des Unternehmens anzusehen ist. Daher ist auch hier die Begründung dafür zu finden, dass die Internalisierung externer Effekte nicht vollständig erfolgen kann, sondern nur in dem Rahmen, den das Renditeziel absteckt.

5.1.3 Zielerfüllung durch die innovative Lebenszyklusrechnung

Die innovative Lebenszyklusrechnung stellt unter Umweltschutzgesichtspunkten einen weitreichenden Ansatz dar, da sie zusätzlich zu den betrieblichen und umweltschutzbedingten Kosten und Leistungen ebenfalls externe Kosten und Leistungen berücksichtigt. Ihre Zielerfüllung kann wie folgt beurteilt werden:

Prognoseziel:

Ähnlich wie bei der offenen Lebenszyklusrechnung liegen auch hier die Probleme der Datenunsicherheit aufgrund der großen Anzahl an zu berücksichtigenden Treibern vor. Zusätzlich ist das Bewertungsproblem der externen Kosten/Leistungen zu berücksichtigen. Somit kann auch für die innovative Lebenszyklusrechnung festgehalten werden, dass der Informationsstand des Unternehmens und seine Analysemöglichkeiten die Genauigkeit der Prognose stark beeinflussen.

Erklärungsziel:

Aufgrund der vollständigen Abbildung der Kosten und Leistungen im Rahmen der innovativen Lebenszyklusrechnung erlangt die Aufdeckung von Kosten- und Leistungszusammenhängen eine besondere Bedeutung. Hierzu trägt insbesondere die Berücksichtigung externer Kosten/Leistungen bei, da diese von den möglichen geplanten Maßnahmen und Aktivitäten des Unternehmens abhängen.

Die *Untersuchung* der Kosten- und Leistungstreiber unterscheidet sich nur in den folgenden Punkten von der der offenen Lebenszyklusrechnung: Neben den Forderungen der Anspruchsgruppen und anderen Kostentreibern sind nun auch die Umweltschutzmaßnahmen und die Produktionsaktivitäten des Unternehmens zu berücksichtigen, die zu externen Kosten und Leistungen führen.

Die *Zuordnung* der Kosten- und Leistungstreiber zu den einzelnen Lebenszyklusphasen ist hier wie bei der offenen Lebenszyklusrechnung mit dem Problem der Unsicherheit der Datengrundlage behaftet, aber dennoch als durchaus möglich zu betrachten.

Abbildungsziel:

Erst die innovative Lebenszyklusrechnung ermöglicht die vollständige Abbildung der Kosten und Erlöse, da hier auch externe Kosten und Leistungen erfasst werden. Die Ermittlung dieser Kosten stellt dabei besondere Anforderungen an die Informationen auch aus anderen Fachgebieten, um diese externen Kosten und Leistungen erkennen und bewerten zu können.

Durch den separaten Ausweis der traditionellen betrieblichen Kosten/Leistungen, der umweltschutzbedingten betrieblichen Kosten/Leistungen (bereits internalisiert) und der externen Kosten/Leistungen (noch nicht internalisiert) ergeben sich wichtige Informationen und auch Analysemöglichkeiten für das Unternehmen, da die Auswirkungen aller betrieblichen Aktivitäten in den externen Kosten und Leistungen erfasst werden können.

Gestaltungsziel:

Der aktive Eingriff in die Umweltwirkungsentstehung kann hier als fundamentales Ziel gesehen werden. Durch die Berücksichtigung auch der externen Kosten und Leistungen und die Aufdeckung der Zusammenhänge können neue Alternativen gefunden werden, die die Kosten- und Leistungssituation des Unternehmens langfristig verbessern.

5.1.4   Zusammenfassung der Beurteilung

Die Ergebnisse der Zielerfüllung durch die einzelnen Ansätze im Rahmen der umweltorientierten Lebenszyklusrechnung können wie in der nachfolgenden Tabelle zusammengefasst werden:

	Grundkonzept	Offene LZR	Innovative LZR
Abbildung	Nur der pagatorischen K/L	Nur der wertmäßigen Kosten und des Nutzens als pagatorische Leistung	Vollständige Abbildung aller K/L
Erklärung	Kostentreiber: - gesetzliche Maßnahmen - gesetzliche Forderungen (Abgaben) Leistungstreiber: - nicht gegeben	Kostentreiber: - gesetzliche Forderungen - Forderungen der Anspruchsgruppen - technische, politische, rechtliche Entwicklungen Leistungstreiber: - Imagegewinn durch freiwillige Aktivitäten - Antizipation von Forderungen jeglicher Art und mögliche Nutzung des Spielraums	Kostentreiber: - wie offene LZR - Umweltschutzmaßnahmen - Produktionsaktivitäten Leistungstreiber: - wie offene LZR
Prognose	Grds. möglich, da gesetzliche Forderungen bekannt	Unsicherheit der Prognose wächst, da größere Anzahl an Aspekten zu berücksichtigen	Unsicherheit groß, insbes. im Hinblick auf die externen Effekte
Gestaltung	Aktive Beeinflussung nur in engem Rahmen möglich	Aktive Beeinflussung erlangt Bedeutung, Grenzen durch Renditeziel festgelegt	Besondere Berücksichtigung externer Effekte nur hier erfüllt, aktive Gestaltung besonders wichtig

Tab. 5-1: Beurteilung der einzelnen Ansätze i.R.d. umweltorientierten Lebenszyklusrechnung

Es wird deutlich, dass das Grundkonzept sich nicht grundsätzlich von einer traditionellen Lebenszyklusrechnung unterscheidet und somit als umweltorientierte Lebenszyklusrechnung nicht ausreichend ist.

Die offene Lebenszyklusrechnung birgt zwar den Mangel, dass sie externe Effekte nicht vollständig erfasst, durch ihre flexible Ausgestaltung i.R.d. Internalisierungspotenzials erscheint sie jedoch richtungsweisend und handhabbar und somit attraktiv für Unternehmen mit aktiver Umweltschutzstrategie.

Die innovative Lebenszyklusrechnung kann grundsätzlich als erstrebenswert angesehen werden, ihre Durchführung bedeutet jedoch Inkaufnahme großer Unsicherheiten und einen hohen Aufwand bei der Datenermittlung. Daher wird sie lediglich von Unternehmen durchgeführt werden, die eine aktive Umweltschutzstrategie verfolgen und den Umweltschutz als Formalziel betrachten. Da diese Voraussetzungen nur bei wenigen Unternehmen gegeben sind, wird es noch einiger Anstrengungen bedürfen, um die innovative Lebenszyklusrechnung in der Unternehmenspraxis durchzusetzen.

5.2   Grenzen der umweltorientierten Lebenszyklusrechnung

Die Grenzen der umweltorientierten Lebenszyklusrechnung zeigen sich zum einen bei der Durchführung des Konzepts, zum anderen bei der Organisation der grundlegenden Voraussetzungen, die bei einer Lebenszyklusbetrachtung erfüllt sein müssen.

5.2.1   Konzeptionelle Grenzen

Auf den einzelnen Stufen bei der Konzeption der umweltorientierten Lebenszyklusrechnung lassen sich Schwierigkeiten feststellen, die es zu bewältigen gilt. Andernfalls führen diese Schwierigkeiten zu einer Begrenzung der Aussagefähigkeit der Lebenszyklusrechnung. Diese Schwierigkeiten sollen hier hervorgehoben werden, damit sie frühzeitig erkannt und beseitigt werden können.

Auf den Stufen der Prognose und Abbildung steht das Problem der Datengenerierung und -aufbereitung im Vordergrund, welches sowohl eine interne als auch eine externe Komponente aufweist.
Die interne Komponente bezieht sich auf das Problem der Kosten- und Erlösprognose neuer Produkte. Obwohl ein Unternehmen in der Regel auf Erfahrungswerte und bekannte Daten zurückgreifen kann, ist es schwierig, bei völlig neuen Produkten adäquate Prognosedaten aufzustellen. Teilweise wird daher im Rahmen einer Lebenszyklusrechnung auch gefordert, dass ein Produkt für den Gesamtmarkt nicht neu sein darf.[453] Dennoch sollen neue Produkte nicht per se von der Anwendung einer Lebenszyklusrechnung ausgeschlossen werden, die Schwierigkeiten sollten jedoch bewusst gemacht werden.
Die externe Komponente bezieht sich auf die Daten, die von Lieferanten und Abnehmern zur Durchführung der Lebenszyklusrechnung erforderlich sind. Sind Letztere nicht bereit, Daten zur Verfügung zu stellen, können Schwierigkeiten auftreten, die, sofern sie nicht beseitigt werden, die Durchführung der Lebenszyklusrechnung unmöglich machen.

Auf der dritten Stufe steht die Bewertungsproblematik im Vordergrund. Diese kann zwar durch die gerundive Werttheorie abgeschwächt werden, indem der Zweck der Bewertung hervorgehoben wird, dennoch besteht grundsätzlich der (unerfüllbare) Wunsch einer objektiven

---

[453] Vgl. Siestrup, G. (1999), S. 185; Reichmann, T./Fröhling, O. (1994), S. 322.

Bewertung. Für den Bereich der Umweltwirkungen wird die Bewertungsproblematik besonders deutlich. Hier setzt die Unkenntniss naturwissenschaftlicher Zusammenhänge weitere Grenzen, von denen der Bewertende noch nicht einmal sagen kann, ob sie weit oder eng gesetzt sind.

Auf der Stufe der Gestaltung steht zunächst die Auswahl geeigneter Gestaltungsmaßnahmen im Blickpunkt. Die Fülle an Möglichkeiten erschwert den Entscheidungsprozess unter Wirtschaftlichkeitsaspekten, macht ihn allerdings nicht unmöglich.

Bei der Steuerung der Umweltwirkungen steht die Bildung geeigneter Kennzahlen im Vordergrund. Hier zeigen sich genau die Probleme und Grenzen, die auch im klassischen Bereich der Kennzahlenbildung existieren. Bei absoluten Kennzahlen ist die Auswahl geeigneter Kennzahlen nicht immer eindeutig und zielführend möglich, bei relativen Kennzahlen besteht darüber hinaus das Problem der richtigen Bezugsgrößenwahl. Hier muss auf das Wissen und die Erfahrung des Anwenders im Unternehmen abgestellt werden. Weiterführend kann an dieser Stelle angemerkt werden, dass ein Ausbau zur Kontrollrechnung im Anschluss an die Steuerung ebenfalls weiteren Forschungsbedarf darstellt.

5.2.2   Organisatorische Grenzen

Bei den organisatorischen Grenzen lässt sich ebenfalls eine interne und eine externe Komponente ausmachen.

Im internen Bereich steht die Organisationsstruktur des Unternehmens im Vordergrund; denn zur Erstellung einer Lebenszyklusrechnung ist die Einbindung verschiedener Unternehmensbereiche und deren Zusammenarbeit unabdingbar, da ansonsten die erforderliche Datengrundlage nicht gewährleistet werden kann. Eine stark hierarchische Unternehmensstruktur dürfte den Abstimmungsprozess erschweren. Eine weitere interne Komponente stellt die notwendige Motivation der Mitarbeiter dar; denn für den Erfolg der ganzheitlichen Betrachtung ist deren Einsatz und Einsatzbereitschaft ausschlaggebend. Die Mitarbeiter sollten die Notwendigkeit der Integration des Umweltgedankens in ihre Aufgabenbereiche als ihr eigenes Ziel erkennen und umsetzen. Entsprechend müssen sie gefordert und gefördert werden, und natürlich muss der Umweltschutzgedanke im Unternehmen (vor-)gelebt werden.

Im externen Bereich steht die Suche nach Kooperationspartnern im Vordergrund. Neben Lieferanten und Abnehmern sind hier vor allem auch (externe) Wissenschaftler gefragt, die im Rahmen der Prognose und Bewertung entscheidende Hilfestellung geben können. Die Ermöglichung der interdisziplinären Zusammenarbeit ist grundlegend für den Erfolg der Lebenszyklusrechnung, entsprechend bedarf es weiterer Anstrengungen, diese Zusammenarbeit sicherzustellen. Können keine adäquaten Kooperationspartner gefunden werden, so kann dies die Durchführung einer Lebenszyklusrechnung ebenfalls verhindern.

Neben der Suche nach geeigneten Partnern ist zudem die organisatorische Gestaltung der Kooperation entscheidend. Es muss sichergestellt werden, dass wichtige Informationen schnell weitergegeben werden können. Entscheidende Schritte zur Entwicklung und organisatorischen Gestaltung von Kooperationen lassen sich insbesondere in der Automobilindustrie feststellen, der Schwerpunkt der Zusammenarbeit liegt hier entsprechend den Lebenszyklusphasen in den Bereichen Fahrzeuggestaltung, Fahrzeugproduktion/Fahrzeugnutzung und Fahrzeugrecycling.[454]

---

[454] Vgl. Krcal, H.-C. (2000a), S. 3; Krcal, H.-C. (2000b), S. 8 f. Zur Zusammenarbeit speziell i.R.d. umweltorientierten Fahrzeugentwicklung vgl. Gädicke, W. (2000), S. 21 ff.; zur Zusammenarbeit i.R.d. Altfahrzeug-Recyclings vgl. Fried, W. (2000), S. 31 ff.

6   Fazit und Ausblick

Ziel der Arbeit war es, eine Einbindung der Umweltaspekte in den Bereich des Kostenmanagements zu erreichen und ein umweltorientiertes Lebenszyklusrechnungskonzept zu entwickeln. Die Erarbeitung dieses Ziels führte zu den folgenden Ergebnissen:

Bereits im Grundlagenteil zum Umweltkostenmanagement zeigte sich, dass eine analoge Einteilung und eine erweiterte Begriffsfassung im Rahmen des Umweltleistungsmanagements ebenfalls möglich und sinnvoll ist. Derartige Ausführungen zum Umweltleistungsmanagement fehlten bislang in der Literatur, obwohl teilweise auf die Notwendigkeit hingewiesen bzw. das Leistungsmanagement ohne Erläuterung impliziert wurde.

Weiterhin wurde deutlich, dass die Einbettung des Unternehmens in seine Umwelt und sein Umfeld zu einer ökologischen Betroffenheit führt, die nicht nur die Ziele und Strategien des Unternehmens beeinflussen, sondern in gleichem Maße Auswirkungen auf das Kostenmanagement zeigen.

Die Grundlagen der Lebenszyklusrechnung zeigten, dass auf der einen Seite bereits lebenszyklusbezogene Analysemodelle bestehen, die zwar den Umweltgedanken beinhalten, jedoch keinen Rechnungsansatz aufweisen, und auf der anderen Seite auch bereits lebenszyklusbezogene Rechnungen existieren, die jedoch den Umweltbezug vermissen lassen. Dieser Mangel unterstreicht die Notwendigkeit der Konzeption einer umweltorientierten Lebenszyklusrechnung. Insbesondere der anzustrebende Einbezug externer Effekte kann in der Literatur nicht festgestellt werden.

Auf dieser Grundlage wurde das Konzept einer umweltorientierten Lebenszyklusrechnung erarbeitet, bei der die folgenden Ergebnisse wesentlich sind: Die Durchführung der Lebenszyklusrechnung erfolgt stufenweise, damit die Unterziele einer Lebenszyklusrechnung (Prognose, Abbildung, Erklärung und Gestaltung) zusammen mit denen des Kostenmanagements (Gestaltung und Steuerung) berücksichtigt werden können. Diese Unterziele wurden um die wesentlichen betriebswirtschaftlichen Aufgaben der Bewertung und Berechnung erweitert und zu einem umfassenden, fünfstufigen Konzept ausgearbeitet:

Auf der ersten Stufe erfolgt die Prognose der Umweltwirkungen und der relevanten Kosten und Erlöse sowie die Erklärung möglicher Interdependenzen. Die zweite Stufe dient der Abbildung der Umwelt- und der Kosten- bzw. Erlöswirkungen. Es konnte gezeigt werden, dass die Produkt-Ökobilanz ein geeignetes Instrument zur Abbildung der Umweltwirkungen darstellt. Auf der dritten Stufe werden die Umweltwirkungen bewertet und ein Bezug zu den Kosten/Erlösen hergestellt. Da eine Beschränkung auf die Möglichkeiten der monetären Bewertung nicht sinnvoll ist, wurde ein Weg der nicht monetären, quantitativen Bewertung mit Hilfe der bereits vorgestellten Produkt-Ökobilanz aufgezeigt. Die vierte Stufe umfasst die Berechnung der phasenweise zu berücksichtigenden Wirkungen. Dazu wird ein Kapitalwertansatz vorgeschlagen, d.h. es erfolgt eine Verknüpfung des Kostenmanagements mit einem Ansatz der Investitionsrechnung. Neben einem Grundkonzept werden zwei weitere Ansätze einer Lebenszyklusrechnung vorgestellt, die sich dem Einbezug externer Effekte immer stärker nähern. Die Lebenszyklusrechnung schließt mit einer Untersuchung der Gestaltungs- und Steuerungsmöglichkeiten auf der fünften Stufe.

Insgesamt zeigte die Vorstellung des Konzepts, dass die Durchführung einer umweltorientierten Lebenszyklusrechnung unter Einbezug auch der externen Effekte durchaus möglich und sinnvoll ist, auch wenn weitere Grenzen, die insbesondere im Bewertungsbereich festzustellen sind, zunächst noch bestehen. Es ist dann solange mit den Erkenntnissen zu arbeiten, die bereits vorliegen. Darüber hinaus ist genau hier weiterer Forschungsbedarf – auch im naturwissenschaftlichen Bereich – gegeben, um diese Grenzen zu durchbrechen.

Wissenschaft (Forschung *und* Lehre) sowie Unternehmen sollten sich auch zukünftig nicht scheuen, Arbeiten auf dem Gebiet der umweltorientierten Unternehmensführung voranzutreiben. Darüber hinaus wird es notwendig sein, ihre Zusammenarbeit zu intensivieren, um die Lücke zwischen theoretischer Ausarbeitung und Umsetzung im Unternehmen zu schließen. Denn für beide Seiten gilt:

Wer das Wissen hat, trägt auch die Verantwortung![457]

---

[457] Vgl. Stahlmann, V. (1999), S. 235.

Literaturverzeichnis

Alewell, K./Bleicher, K./Hahn, D. (1971): Anwendung des Systemkonzepts auf betriebswirtschaftliche Probleme, in: Zeitschrift für Organisation (ZfO), 40. Jg., 1971, Heft 4, S. 159-160.

Ankele, K. (1997): Ökobilanzen und Stoffstrommanagement: Erhöhte ökologische Richtungssicherheit, in: Ökologisches Wirtschaften, o.Jg., 1997, Heft 6, S. 26-27.

Back-Hock, A. (1992): Produktlebenszyklusorientierte Ergebnisrechnung, in: Männel, W. (Hrsg.): Handbuch Kostenrechnung, Wiesbaden 1992, S. 703-714.

Back-Hock, A. (1988): Lebenszyklusorientiertes Produktcontrolling – Ansätze zur computergestützten Realisierung mit einer Rechnungswesen-Daten- und -Methodenbank, Erlangen-Nürnberg 1988.

Baden, A. (1998): Die strategische Kostenrechnung: Eine „revolutionäre Umorientierung des internen Rechnungswesens"?, in: Zeitschrift für Betriebswirtschaft (ZfB), 68. Jg., 1998, Heft 6, S. 605-626.

Baetge, J. (1974): Betriebswirtschaftliche Systemtheorie: Regelungstheoretische Planungs-Überwachungsmodelle für Produktion, Lagerung und Absatz, Opladen 1974.

Ballwieser, W. (1994): Die Berücksichtigung von Umweltlasten und Umweltrisiken im Rechnungswesen, in: Schmalenbach-Gesellschaft – Deutsche Gesellschaft für Betriebswirtschaft e.V. (Hrsg.): Unternehmensführung und externe Rahmenbedingungen, Stuttgart 1994, S. 143-155.

Barankay, T./Jürgens, G./Rey, U. (2000): Stoffstrommanagement deckt Kostentreiber auf – Versteckte Reststoffkosten sichtbar gemacht!, in: UmweltWirtschaftsForum (uwf), 8. Jg., 2000, Heft 2, S. 45-47.

Barnard, C.I. (1962): The Functions of the Executive, 15. Aufl., Cambridge/Massachusetts 1962.

Bartmann, H. (1996): Umweltökonomie – ökologische Ökonomie, Stuttgart u.a. 1996.

Baum, H.-G./Günther, E./Wittmann, R. (1996): Ökonomischer Erfolg, Ökologieorientierung und ökologischer Erfolg, in: UmweltWirtschaftsForum (uwf), 4. Jg., 1996, Heft 2, S. 14-18.

Baumann, S. (1999): Umweltschutzorientierte Prozessnetzwerke – Modellierung und Analyse produktinduzierter Stoff- und Energieströme, Wiesbaden 1999.

Baumann, S./Schiwek, H. (1996): Zur begrifflichen Erfassung und Behandlung umweltschutzorientierter Aspekte in der Betriebswirtschaftslehre, in: Zeitschrift für Betriebswirtschaft (ZfB), 66. Jg., 1996, Erg.-Heft 2, S. 3-22.

Beuermann, G./Cicha-Beuermann, C. (1992): Gewinnerzielung und Umweltschutz – betriebliche Zielantinomien?, in: Gegenwartskunde, 41. Jg., 1992, Heft 3, S. 371-381.

Beuermann, G./Sekul, S./Sieler, C. (1994): Gestaltungsprobleme eines umweltorientierten F&E-Managements, Arbeitspapiere zur Wirtschaftswissenschaft und Wirtschaftsdidaktik, hrsg. von H. Friedrich, Köln 1994.

Binggeli-Wüthrich, T. (2000): ISO-News, in: Forum Umweltmanagement, 1. Jg., 2000, Heft 1, S. 48.

Blanchard, B.S. (1978): Design and Manage to Life Cycle Cost, Portland 1978.

Booz, Allen and Hamilton (Hrsg.) (1960): Management of New Products, New York 1960.

Braunschweig, A./Müller-Wenk, R. (1993): Ökobilanzen für Unternehmungen – eine Wegleitung für die Praxis, Bern u.a. 1993.

Bundesumweltministerium (2000): Richtlinienvorschläge über Elektro- und Elektronikaltgeräte sowie die Beschränkung der Verwendung bestimmter gefährlicher Stoffe in elektrischen und elektronischen Geräten, in: Umwelt, o.Jg., 2000, Nr. 7/8, S. 361.

Bundesumweltministerium/Umweltbundesamt (2001): Handbuch Umweltcontrolling, hrsg. vom Bundesumweltministerium und Umweltbundesamt, 2. Aufl., München 2001.

Burschel, C.J./Fischer, H./Wucherer, C. (1995): Umweltkostenmanagement, in: Umwelt-WirtschaftsForum (uwf), 3. Jg., 1995, Heft 4, S. 62-65.

Clausen, J./Kottmann, H. (1999): Umweltkennzahlen im Einsatz für das Benchmarking, in: Seidel, E. (Hrsg.): Betriebliches Umweltmanagement im 21. Jahrhundert: Aspekte, Aufgaben, Perspektiven, Berlin et al. 1999, S. 255-265.

Coenenberg, A.G. (1994): Auswirkungen ökologischer Aspekte auf betriebswirtschaftliche Entscheidungen und Entscheidungsinstrumente, in: Schmalenbach-Gesellschaft – Deutsche Gesellschaft für Betriebswirtschaft e.V. (Hrsg.): Unternehmensführung und externe Rahmenbedingungen: Kongress-Dokumentation / 47. Deutscher Betriebswirtschafter-Tag 1993, Stuttgart 1994, S. 33-58.

Coenenberg, A.G. et al. (1996): Coenenberg, A.G./Eschenbach, R./Franz, K.-P./ Horváth, P.: Grundlagen und Instrumente des Produktcontrolling, in: Akademischer Verein Hütte e.V. (Hrsg.): Produktion und Management „Betriebshütte", Teil 1, 7. Aufl., hrsg. von W. Eversheim/G. Schuh, Berlin/ Heidelberg 1996, S. 8-1 bis 8-54.

Coenenberg, A.G. et al. (1994): Coenenberg, A.G./Baum, H.-G./Günther, E./ Wittmann, R.: Unternehmenspolitik und Umweltschutz, in: Zeitschrift für betriebswirtschaftliche Forschung (ZfbF), 46. Jg., 1994, Heft 1, S. 81-100.

Cyert, R.M./March J.G. (1963): A Behaviorial Theory of the Firm, Englewood Cliffs, New Jersey 1963.

Däumler, K.-D./Grabe, J. (1994): Kostenrechnung 2, Deckungsbeitragsrechnung: mit Fragen und Aufgaben, Antworten und Lösungen, Tests und Tabellen, 5. Aufl., Berlin 1994.

DaimlerChrysler (2000): Umweltbericht 2000, Magazin, Stuttgart 2000.

Dean, J. (1950): Pricing Policies for new Products, in: Harvard Business Review, Vol. 28, November 1950, S. 45.

Dellmann, K./Franz, K.-P. (1994): Von der Kostenrechnung zum Kostenmanagement, in: Dellmann, K./Franz, K.-P. (Hrsg.): Neuere Entwicklungen im Kostenmanagement, Bern u.a. 1994, S. 15-30.

Der Rat von Sachverständigen für Umweltfragen (1987): Umweltgutachten 1987, Stuttgart/Mainz 1987.

Deutscher Bundestag (1998): The Concept of Sustainability: From Vision to Reality, Final report of the 13th German Bundestag's Enquete Commission on the „Protection of Humanity and the Environment: Objectives and General Conditions of Sustainable Development", Bonn 1998.

Dhalla, N.K./Yuspeh, S. (1976): Forget the product life cycle concept! in: Harvard Business Review, Vol. 54, 1976, Heft 1, S. 102-112.

Dierkes, S./Kloock, J. (1999): Integration von Investitionsrechnung und kalkulatorischer Erfolgsrechnung, in: Kostenrechnungspraxis (krp), 43. Jg., 1999, Sonderheft 3, S. 119-132.

DIN Deutsches Institut für Normung e.V. (2000a): Umweltmanagement Ökobilanz: Wirkungsabschätzung, Deutsche Fassung EN ISO 14042 : 2000, Berlin 2000.

DIN Deutsches Institut für Normung e.V. (2000b): Umweltmanagement Ökobilanz: Auswertung, Deutsche Fassung EN ISO 14043 : 2000, Berlin 2000.

DIN Deutsches Institut für Normung e.V. (1995) (Hrsg.): Qualitätsmanagement, Statistik, Zertifizierung, 2. Aufl., Berlin u.a. 1995.

Dorn, D. (1998): Umweltmanagementsysteme – Kommentar zu DIN EN ISO 14001 ff. und der EG-Öko-Audit-Verordnung, DIN Deutsches Institut für Normung e.V. (Hrsg.), 1. Aufl., Berlin u.a. 1998.

Dyllick, T. (1991): Ökologisch bewusste Unternehmungsführung. Herausforderung eines zukunftsorientierten Managements, in: Dyllick, T. (Hrsg.): Ökologische Lernprozesse in Unternehmungen, Bern/Stuttgart 1991, S. 7-49.

Dyllick, T. (1989): Ökologisch bewußte Unternehmensführung: Der Beitrag der Managementlehre, in: Schriftenreiche Ö.B.U./A.S.I.E.G.E., St. Gallen 1989.

Dyllick, T./Belz, F. (1993): Ökologie und Wettbewerbsfähigkeit von Unternehmen und Branchen in der Schweiz: Konzeption eines Forschungsprojektes, IWÖ-Diskussionsbeitrag Nr. 1, St. Gallen 1993.

Dyllick, T./Belz, F./Schneidewind, U. (1997): Ökologie und Wettbewerbsfähigkeit, München u.a. 1997.

Eichhorn, P. (1996): Umweltschutz als Unternehmensziel, in: Eichhorn, P. (Hrsg.): Ökologie und Marktwirtschaft: Probleme, Ursachen und Lösungen, Wiesbaden 1996, S. 67-76.

Endres, A. (1991): Umweltzertifikate, in: El-Shagi, E./Knappe, E./Müller-Hagedorn, L. (Hrsg.): Umweltpolitik in der Marktwirtschaft, Pfaffenweiler 1991, S. 47-74.

Endres, A./Holm-Müller, K. (1998): Die Bewertung von Umweltschäden: Theorie und Praxis sozioökonomischer Verfahren, Stuttgart u.a. 1998.

Endres, A./Rehbinder, E./Schwarze, R. (1994): Umweltzertifikate und Kompensationslösungen aus ökonomischer und juristischer Sicht, Bonn 1994.

Engelhardt, W.H. (1989): Produkt-Lebenszyklus- und Substitutionsanalyse, in: Szyperski, N. (Hrsg.): Handwörterbuch der Planung, Stuttgart 1989, Sp. 1591-1602.

Europäische Wirtschaftsgemeinschaft (EWG) (Hrsg.) (1993): Verordnung (EWG) Nr. 1836/93 des Rates vom 29. Juni 1993 über die freiwillige Beteiligung gewerblicher Unternehmen an einem Gemeinschaftssystem für das Umweltmanagement und die Umweltbetriebsprüfung (Öko-Audit-VO) vom 29.06.93, in: Amtsblatt der Europäischen Gemeinschaften, 36. Jg., Nr. L 168/1 vom 10.07.1993.

Ewert, R./Wagenhofer, A. (1997): Interne Unternehmensrechnung, 3. Aufl., Berlin u.a. 1997.

Faßbender-Wynands, E./Pohl, I. (2000): Verknüpfung einer strategie- und umweltorientierten Sichtweise im Kostenmanagement und in der Investitionsplanung, Arbeitsberichte zum Umweltmanagement, hrsg. von G. Beuermann, Arbeitsbericht Nr. 5, Köln 2000.

Forrester, J.W. (1959): Advertising: A Problem in Industrial Dynamics, in: Harvard Business Review, Vol. 73, March 1995, S. 100-105.

Franke, G. (1976): Kalkulatorische Kosten: Ein funktionsgerechter Bestandteil der Kostenrechnung?, in: Die Wirtschaftsprüfung, 29. Jg., 1976, Heft 7, S. 185-190.

Franke, G./Hax, H. (1994): Finanzwirtschaft des Unternehmens und Kapitalmarkt, 3. Aufl., Berlin 1994.

Frese, E./Kloock, J. (1993): Internes Rechnungswesen und Organisation aus der Sicht des Umweltschutzes, in: Seidel, E./Strebel, H. (Hrsg.): Betriebliche Umweltökonomie, Wiesbaden 1993, S. 339-367.

Frese, E./Kloock, J. (1989): Internes Rechnungswesen und Organisation aus der Sicht des Umweltschutzes, in: Betriebswirtschaftliche Forschung und Praxis (BFuP), 41. Jg., 1989, Heft 1, S. 1-29.

Fried, W. (2000): Umweltorientierte Zusammenarbeit in der Automobilindustrie im Rahmen des Altfahrzeug-Recyclings, in: UmweltWirtschaftsForum (uwf), 8. Jg., 2000, Heft 2, S. 31-35.

Friedl, B. (1997): Strategieorientiertes Kostenmanagement in der Industrieunternehmung, in: Küpper, H.-U./Troßmann, E. (Hrsg.): Das Rechnungswesen im Spannungsfeld zwischen strategischem und operativem Management: Festschrift für Marcell Schweitzer zum 65. Geburtstag, Berlin 1997.

Frischknecht, R./Kolm, P. (1995): Modellansatz und Algorithmus zur Berechnung von Ökobilanzen im Rahmen der Datenbank ECOINVENT, in: Schmidt, M./Schorb, A. (Hrsg.): Stoffstromanalysen in Ökobilanzen und Öko-Audits, Berlin u.a. 1995, S. 79-95.

Fröhling, O. (1994): Strategisches Kostenmanagement: Paradigmenbeschwörung überdeckt Konzeptionsdefizite, in: Dellmann, K./Franz, K.-P. (Hrsg.): Neuere Entwicklungen im Kostenmanagement, Bern u.a. 1994, S. 79-129.

Fröhling, O. (1994a): Dynamisches Kostenmanagement – Konzeptionelle Grundlagen und praktische Umsetzung im Rahmen eines strategischen Kosten- und Erfolgs-Controlling, München 1994.

Fröhling, O. (1991): Strategisches Management Accounting, in: Kostenrechnungspraxis (krp), 35. Jg., 1991, Heft 1, S. 7-12.

Gädicke, W. (2000): Zusammenarbeit mit Lieferanten im Rahmen einer umweltorientierten Fahrzeugentwicklung – Möglichkeiten und Erfordernisse, in: UmweltWirtschaftsForum (uwf), 8. Jg., 2000, Heft 2, S. 21-24.

Gay, J. (1998): Stoff- und Energieflußkostenrechnung – ein Ansatz industrieller Kostenrechnung für eine kostensenkende und umweltorientierte Unternehmensführung, Lohmar/Köln 1998.

Giegrich, J. et al. (1995): Giegrich, J./Schmidt, M./Schorb, A. (1995): Produktökobilanzen: Grundsätze und Vorgehensweisen, in: Schmidt, M./Schorb, A. (Hrsg.): Stoffstromanalysen in Ökobilanzen und Öko-Audits, Berlin u.a. 1995, S. 121-132.

Groll, U. (1994): Umweltmanagement im Total Quality Management, in: UmweltWirtschaftsForum (uwf), 2. Jg., 1994, Heft 6, S. 47-51.

Günther, E. (1994): Ökologieorientiertes Controlling: Konzeption eines Systems zur ökologieorientierten Steuerung und empirische Validierung, München 1994.

Günther, E./Sturm, A. (1999): Environmental Performance Measurement (Umweltleistungsmessung) – Deskriptiver Auswertungsbericht – Dresdner Beiträge zur Betriebswirtschaftslehre Nr. 31/99, Technische Universität Dresden, Fakultät Wirtschaftswissenschaften, Dresden 1999.

Günther, T./Kriegbaum, C. (1999): Life Cycle Costing: Ein Instrument zur Unterstützung der ökologieorientierten Kostenrechnung, in: Baum, H.-G./Coenenberg, A.G./ Günther, E. (Hrsg.): Betriebliche Umweltökonomie in Fällen, Band I: Anwendung betriebswirtschaftlicher Instrumente, München 1999, S. 231-286.

Halfmann, M. (1996): Industrielles Reduktionsmanagement: Planungsaufgaben bei der Bewältigung von Produktionsrückständen, Wiesbaden 1996.

Hamel, W. (1992): Zielsysteme, in: Frese, E. (Hrsg.): Handwörterbuch der Organisation, 3. Aufl., Stuttgart 1992, Sp. 2634-2652.

Heinen, E. (1976): Das Zielsystem der Unternehmung – Grundlagen betriebswirtschaftlicher Entscheidungen, 3. Aufl., Wiesbaden 1976.

Henseling, K.O. (1998): Umweltwirkungen von Stoffströmen – Umweltziele, in: Friege, H./Engelhardt, C./Henseling, K.O. (Hrsg.): Das Mangement von Stoffströmen: geteilte Verantwortung – Nutzen für alle, Berlin u.a. 1998, S. 27-33.

Hildebrandt, T. (1993): Betriebliche Ressourcenschonung: Antizipative Forschung und Entwicklung, Wiesbaden 1993.

Hilty, L.M./Schmidt, M. (1997): Der fraktale Produktlebenszyklus, in: UmweltWirtschafts-Forum (uwf), 5. Jg., 1997, Heft 3, S. 52-57.

Höft, U. (1992): Lebenszykluskonzepte: Grundlage für das strategische Marketing- und Technologiemanagement, Berlin 1992.

Hoffmann, K. (1972): Der Produktlebenszyklus – Eine kritische Analyse, Freiburg im Breisgau 1972.

Holzwarth, J. (1993): Differenzrechnungen als Verfahren einer strategischen Kostenrechnung, in : Kostenrechnungspraxis (krp), 37. Jg., 1993, Heft 2, S. 95-100.

Horneber, M. (1995): Innovatives Entsorgungsmanagement: Methoden und Instrumente zur Vermeidung und Bewältigung von Umweltbelastungsproblemen, Göttingen 1995.

Horneber, M. (1992): Management des Entsorgungszyklus im sachlichen und zeitlichen Kontext, Forschungs- und Arbeitsbericht Nr. 20 der Forschungsgruppe für Innovation und Technologische Voraussage (FIV), hrsg. von W. Pfeiffer, Nürnberg 1992.

Horváth, P. (1991): Strategisches Kostenmanagement, in: Horváth, P./Gassert, H./ Solaro, D. (Hrsg.): Controlling-Konzeptionen für die Zukunft – Trends und Visionen, Stuttgart 1991, S. 71-90.

Horváth, P. (1990): Revolution im Rechnungswesen: Strategisches Kostenmanagement, in: Horváth, P. (Hrsg.): Strategieunterstützung durch das Controlling: Revolution im Rechnungswesen?, Stuttgart 1990, S. 175-193.

Horváth, P./Brokemper, A. (1998): Strategieorientiertes Kostenmanagement: Thesen zum Einsatz von Kosteninformationen im strategischen Planungsprozeß, in: Zeitschrift für Betriebswirtschaft (ZfB), 68. Jg., Heft 6, 1998, S. 581-604.

Inaba, A./Siegenthaler, C.P. (1998): Life Cycle Impact Assessment – Current state and perspectives for research, in: ECP Newsletter, No. 10, September 1998, S. 1-5.

Janzen, H. (1997): Erscheinungsformen und Trends des Lebenszyklusdenkens aus der Perspektive umweltorientierter Unternehmensplanung, in: Zeitschrift für angewandte Umweltforschung, 10. Jg., 1997, Heft 3, S. 313-326.

Janzen, H. (1996): Ökologisches Controlling im Dienste von Umwelt- und Risikomanagement, Stuttgart 1996.

Kals, J. (1993): Umweltorientiertes Produktions-Controlling, Wiesbaden 1993.

Keilus, M./Maltry, H. (2000): Managementorientierte Kosten- und Leistungsrechnung – Grundlagen der operativen Kalkulation, Stuttgart 2000.

Kilger, W. (1987): Einführung in die Kostenrechnung, 3. Aufl., Wiesbaden 1987.

Kirschten, U. (1998): Einführung eines Öko-Controlling: Perspektiven für eine ökologische Organisationsentwicklung, Wiesbaden 1998.

Kloock, J. (1997): Betriebliches Rechnungswesen, 2. Aufl., Lohmar/Köln 1997.

Kloock, J. (1996): Operatives Erfolgsmanagement, Arbeitsunterlagen zum Studienfach Unternehmensrechnung und Revision, Teil I, 11. Aufl., Köln 1996.

Kloock, J. (1993): Neuere Entwicklungen betrieblicher Umweltkostenrechnungen, in: Wagner, G.R. (Hrsg.): Betriebswirtschaft und Umweltschutz, Stuttgart 1993, S. 179-206.

Kloock, J. (1990): Ökologieorientierte Kostenrechnung als Umweltkostenrechnung, Diskussionsbeiträge zum Rechnungswesen, Sozial- und Wirtschaftswissenschaftliche Fakultät, Universität zu Köln, Beitrag Nr. 2, Köln 1990.

Kloock, J. (1981): Mehrperiodige Investitionsrechnungen auf der Basis kalkulatorischer und handelsrechtlicher Erfolgsrechnungen, in: Zeitschrift für betriebswirtschaftliche Forschung (ZfbF), 33. Jg., 1981, Heft 10, S. 873-890.

Kloock, J./Maltry, H. (1998): Kalkulatorische Zinsrechnung im Rahmen der kurz- und langfristigen Preisplanungen, in: Matschke, M.J./Schildbach, T. (Hrsg.): Unternehmensberatung und Wirtschaftsprüfung, Festschrift für Günter Sieben zum 65. Geburtstag, Stuttgart 1998, S. 85-106.

Kloock, J./Sieben, G./Schildbach, T. (1999): Kosten- und Leistungsrechnung, 8. Aufl., Düsseldorf 1999.

Koch, H. (1958): Zur Diskussion über den Kostenbegriff, in: Zeitschrift für betriebswirtschaftliche Forschung (ZfbF), 10. Jg., 1958, S. 355-399.

Kralj, D. (1999): Lebenszyklus, Lebenszykluskosten und Lebenszykluskostenrechnung, in: Controlling, 11. Jg., 1999, Heft 4/5, S. 227-228.

Krcal, H.-C. (2000a): Umweltschutz gewinnt durch Kooperation – Worin Umweltschutzkooperationen in der Automobilindustrie Signalcharakter für andere Branchen haben, in: UmweltWirtschaftsForum (uwf), 8. Jg., 2000, Heft 2, S. 3-4.

Krcal, H.-C. (2000b): Umweltschutzkooperationen in der Automobilindustrie – ein Überblick: Anlässe, Formen und Schwerpunkte einer Zusammenarbeit, in: UmweltWirtschaftsForum (uwf), 8. Jg., 2000, Heft 2, S. 5-9.

Küpper, H.-U. (1995): Controlling: Konzeption, Aufgaben und Instrumente, Stuttgart 1995.

Küpper, H.-U. (1990): Verknüpfung von Investitions- und Kostenrechnung als Kern einer umfassenden Planungs- und Kontrollrechnung, in: Betriebswirtschaftliche Forschung und Praxis (BFuP), 42. Jg., 1990, Heft 4, S. 253-267.

Lecouls, H. (1999): ISO 14043: Environmental Management – Life Cycle Assessment – Life Cycle Interpretation, in: The International Journal of Life Cycle Assessment, Vol. 4, 1999, No. 5, S. 245.

Letmathe, P. (1998): Umweltbezogene Kostenrechnung, München 1998.

Loew, T./Fichter, K. (1998): Umweltkostenmanagement auf neuen Wegen, in: Ökologisches Wirtschaften, o.Jg., 1998, Heft 2, S. 28-29.

Ludwig, A. (1998): Entwurf eines ökonomisch-ökologischen Rechnungswesens: Integrierte Datenerfassung und Datenverarbeitung ökonomisch und ökologisch relevanter Daten, Frankfurt am Main u.a. 1998.

Lücke, W. (1989): Der Integrationsgedanke im Rechnungswesen des Unternehmens und des Betriebes, in: Delfmann, W. (Hrsg.): Der Integrationsgedanke in der Betriebswirtschaftslehre: Helmut Koch zum 70. Geburtstag, Wiesbaden 1989.

Lücke, W. (1955): Investitionsrechnungen auf der Grundlage von Ausgaben oder Kosten?, in: Zeitschrift für handelswissenschaftliche Forschung (ZfhF), 7. Jg., 1955, S. 310-324.

Männel, W. (1994): Frühzeitige Kostenkalkulation und lebenszyklusbezogene Ergebnisrechnung, in: Kostenrechnungspraxis (krp), 38. Jg., 1994, Heft 2, S. 106-110.

Meffert, H./Kirchgeorg, M. (1998): Marktorientiertes Umweltmanagement: Konzeption – Strategie – Implementierung mit Praxisfällen, 3. Aufl., Stuttgart 1998.

Meinig, W. (1995): Lebenszyklen, in: Tietz, B./Köhler, R./Zentes, J. (Hrsg.): Handwörterbuch des Marketing, 2. Aufl., Stuttgart 1995, Sp. 1392-1405.

Meuser, T. (1994): Der Umweltschutz im Zielsystem von Unternehmen, in: Zeitschrift für Planung, o.Jg., 1994, Heft 5, S. 49-62.

Müller, A. (1995): Umweltorientiertes betriebliches Rechnungswesen, 2. Aufl., München 1995.

Müller-Wenk, R. (1978): Die ökologische Buchhaltung. Ein Informations- und Steuerungsinstrument für umweltkonforme Unternehmenspolitik, Frankfurt am Main/New York 1978.

Neff, T. et al. (2000): Neff, T./Kokes, M./Mathes, H.D./Hertel, G./Virt, W. (2000): Front Load Costing – Produktkostenmanagement auf Basis unvollkommener Information, in: Kostenrechnungspraxis (krp), 44. Jg., 2000, Heft 1, S. 15-24.

o.V. (1994): Grundsätze produktbezogener Ökobilanzen, in: DIN-Mitteilungen, Nr. 3, 1994, S. 208-212.

Olsson, M./Piekenbrock, D. (1996): Kompakt-Lexikon Umwelt- und Wirtschaftspolitik, 2. Aufl., Wiesbaden 1996.

Patton, A. (1959): Top Managements Stake in a Product Life Cycle, in: The Management Review, Nr. 3, 1959.

Pfeiffer, W./Bischof, P. (1981): Produktlebenszyklen – Instrument jeder strategischen Produktplanung, in: Steinmann, H. (Hrsg.): Unternehmensführung I: Planung und Kontrolle: Probleme der strategischen Unternehmensführung, München 1981, S. 133-166.

Pfeiffer, W./Bischof, P. (1974): Produktlebenszyklen als Basis der Unternehmensplanung, in: Zeitschrift für Betriebswirtschaft (ZfB), 44. Jg., 1974, Heft 10, S. 835-666.

Pfohl, C. (1992): Total Quality Management – Konzeption und Tendenzen, in: Pfohl, C. (Hrsg.): TQM in der Logistik, Darmstadt 1992, S. 1-50.

Pick, E./Marquardt, R. (1999): Methodik zur Bewertung von Stoffströmen mit schlecht quantifizierbaren Umweltauswirkungen (Nutzwert-ABC-Analyse), Arbeitsbericht der Universität GH Essen, Fachbereich Ökologisch verträgliche Energiewirtschaft, Essen 1999.

Piro, A. (1994): Betriebswirtschaftliche Umweltkostenrechnung: Gestaltung einer flexiblen Plankostenrechnung als betriebliches Umwelt-Informationssystem, Heidelberg 1994.

Porter, M.E. (1999): Wettbewerbsvorteile – Spitzenleistungen erreichen und behaupten (Competitive advantage), 5. Aufl., Frankfurt am Main/New York 1999.

Raffée, H./Fritz, W. (1995): Unternehmensziele und Umweltschutz, in: Junkernheinrich, M./Klemmer, P./Wagner, G.R. (Hrsg.): Handbuch zur Umweltökonomie, Berlin 1995, S. 344-348.

Rautenstrauch, C. (1997): Perspektiven Betrieblicher Umweltinformationssysteme, in: UmweltWirtschaftsForum (uwf), 5. Jg., 1997, Heft 3, S. 7-11.

Reichmann, T./Fröhling, O. (1994): Produktlebenszyklusorientierte Planungs- und Kontrollrechnungen als Bausteine eines dynamischen Kosten- und Erfolgs-Controlling, in: Dellmann, K./Franz, K.-P. (Hrsg.): Neuere Entwicklungen im Kostenmanagement, Bern u.a. 1994, S. 281-333.

Reiners, F./Sasse, A. (1999): Komplexitätskostenmanagement, in: Kostenrechnungspraxis (krp), 43. Jg., 1999, Heft 4, S. 222-232.

Riebel, P. (1989): Wirtschaftsdynamik, Unternehmensführung und Unternehmensrechnung, in: Zeitschrift für Betriebswirtschaft (ZfB), 59. Jg., 1989, Heft 3, S. 247-259.

Riezler, S. (1996): Lebenszyklusrechnung: Instrument des Controlling strategischer Projekte, Wiesbaden 1996.

Roth, U. (1992): Umweltkostenrechnung: Grundlagen und Konzeption aus betriebswirtschaftlicher Sicht, Wiesbaden 1992.

Rubik, F./Criens, R.M. (1999): Die Anwendung von Produkt-Ökobilanzen in Unternehmen, in: Freimann, J. (Hrsg.): Werkzeuge erfolgreichen Umweltmanagements: Ein Kompendium für die Unternehmenspraxis, Wiesbaden 1999, S. 115-136.

Rückle, D./Klein, A. (1994): Product-Life-Cycle-Cost Management, in: Dellmann, K./Franz, K.-P. (Hrsg.): Neuere Entwicklungen im Kostenmanagement, Bern u.a. 1994, S. 335-367.

Schäfer, E. (1953): Grundlagen der Marktforschung, 3. Aufl., Köln 1953.

Schaltegger, S./Sturm, A. (1992): Ökologieorientierte Entscheidungen in Unternehmen – Ökologisches Rechnungswesen statt Ökobilanzierung: Notwendigkeit, Kriterien, Konzepte, Bern u.a. 1992.

Schellhorn, M. (1995): Umweltrechnungslegung: Instrumente der Rechenschaft über die Inanspruchnahme der natürlichen Umwelt, Wiesbaden 1995.

Schemmer, M. et al. (1994): Schemmer, M./Körner, G./Lewandowski, D./ Johannsen, F.: Erweiterung der Prozeßkette „Produktentwicklung" mit dem Ziel umweltgerechterer Produkte, in: UmweltWirtschaftsForum (uwf), 2. Jg., 1994, Heft 5, S. 24-30.

Schlatter, A. (1999): Nutzen statt Kosten – Auf den Spuren des Nutzens von betrieblichen Umweltaktivitäten, in: Ökologisches Wirtschaften, o.Jg., 1999, Heft 1, S. 30-31.

Schmalenbach, E. (1963): Kostenrechnung und Preispolitik, 8. Aufl., Köln/Opladen 1963.

Schmid, U. (1996): Ökologiegerichtete Wertschöpfung in Industrieunternehmungen: industrielle Produktion im Spannungsfeld zwischen Markterfolg und Naturbewahrung, Frankfurt am Main u.a. 1996.

Schmid, U. (1989): Umweltschutz – Eine strategische Herausforderung für das Management, Frankfurt am Main u.a. 1989.

Schmidt, M. (1995): Stoffstromanalysen und Ökobilanzen im Dienste des Umweltschutzes, in: Schmidt, M./Schorb, A. (Hrsg.): Stoffstromanalysen in Ökobilanzen und Öko-Audits, Berlin u.a. 1995, S. 3-13.

Schmidt, M./Schorb, A. (1996): Ökobilanzen – Zahlenbasen für den betrieblichen Umweltschutz, in: Spektrum der Wissenschaft, Mai 1996, S. 94-101.

Schneider, D. (1997): Unternehmensführung und strategisches Controlling, 1. Aufl., München/Wien 1997.

Scholl, G./Rubik, F. (1997): Produkt-Ökobilanzen – kein Zauberinstrument, in: Ökologisches Wirtschaften, o.Jg., 1997, Heft 6, S. 10-11.

Schreiner, M. (1992): Betriebliches Rechnungswesen bei umweltorientierter Unternehmensführung, in: Steger, U. (Hrsg.): Handbuch des Umweltmanagements, München 1992, S. 469-485.

Schulz, E./Schulz, W. (1993): Umweltcontrolling in der Praxis: ein Ratgeber für Betriebe, München 1993.

Schwinn, R. (1996): Betriebswirtschaftslehre, 2. Aufl., München u.a. 1996.

Seidel, E./Kötter, G. (1999): Umweltkennziffern im Praxiseinsatz, in: Freimann, J. (Hrsg.): Werkzeuge erfolgreichen Umweltmanagements: Ein Kompendium für die Unternehmenspraxis, Wiesbaden 1999, S. 95-113.

SETAC (1993): Guidelines for Life-Cycle Assessment: A „Code of Practice", Brüssel 1993.

SETAC-Europe (1999): Best Available Practice Regarding Impact Categories and Category Indicators in Life Cycle Impact Assessment – Background Document for the Second Working Group on Life Cycle Impact Assessment of SETAC-Europe (WIA-2), in: The International Journal of Life Cycle Assessment, Vol. 4, 1999, No. 3, S. 167-174.

Shank, J.K./Govindarajan, V. (1992): Strategic Cost Management and the Value Chain, in: Journal of Cost Management, Winter 1992, S. 5-21.

Shank, J.K./Govindarajan, V. (1988): Making Strategy Explicit in Cost Analysis: A Case Study, in: Sloan Management Review, Spring 1988, S. 19-29.

Shields, M.D./Young S.M. (1991): Managing Product Life Cycle Costs: An Organizational Model, in: Journal of Cost Management, Fall 1991, S. 39-52.

Siegwart, H./Senti, R. (1995): Product Life Cycle Management: die Gestaltung eines integrierten Produktlebenszyklus, Stuttgart 1995.

Siestrup, G. (1999): Produktkreislaufsysteme: ein Ansatz zur betriebswirtschaftlichen Bewertung produktintegrierter Umweltschutzstrategien in kreislaufwirtschaftsorientierten Produktionsnetzwerken, Berlin 1999.

Siestrup, G./Haasis, H.-D. (1997): Strategische Planung von Produktkreislaufsystemen, in: Zeitschrift für Planung, o.Jg., 1997, Heft 8, S. 149-167.

Simmonds, K. (1989): Strategisches Management Accounting – Ein Paradigma entsteht, in: Controlling, 1. Jg., 1989, Heft 5, S. 264-269.

Speiser, C.R. (1992): Management Accounting im strategischen Führungszyklus, in: Weilenmann, P./Fickert, R. (Hrsg.): Strategie-Controlling in Theorie und Praxis, Bern/Stuttgart 1992, S. 161-177.

Stahlmann, V. (1999): Unterstützung des Umweltmanagements durch Umweltrechnung, in: Seidel, E.: Betriebliches Umweltmanagement im 21. Jahrhundert, Berlin u.a. 1999, S. 231-237.

Stahlmann, V./Clausen, J. (2000): Umweltleistung von Unternehmen – Von der Öko-Effizienz zur Öko-Effektivität, Wiesbaden 2000.

Steger, U. (1994): Umweltorientiertes Management des gesamten Produktlebenszyklus, in: Schmalenbach-Gesellschaft – Deutsche Gesellschaft für Betriebswirtschaft e.V. (Hrsg.): Unternehmensführung und externe Rahmenbedingungen: Kongress-Dokumentation / 47. Deutscher Betriebswirtschafter-Tag 1993, Stuttgart 1994, S. 61-92.

Steger, U. (1993): Umweltmanagement – Erfahrungen und Instrumente einer umweltorientierten Unternehmensstrategie, 2. Aufl., Frankfurt am Main/Wiesbaden 1993.

Steven, M. (1999): Zur Bewertung von Umweltwirkungen im umweltorientierten Rechnungswesen, in: Zeitschrift für Betriebswirtschaft (ZfB), 69. Jg., 1999, Heft 10, S. 1085-1109.

Strebel, H. (1981): Umweltwirkungen der Produktion, in: Zeitschrift für betriebswirtschaftliche Forschung (ZfbF), 33. Jg., 1981, S. 508-521.

Strebel, H./Hildebrandt, T. (1989): Produktlebenszyklus und Rückstandszyklen – Konzept eines erweiterten Lebenszyklusmodells, in: Zeitschrift Führung und Organisation (ZFO), 58. Jg., 1989, Heft 2, S. 101-106.

Susman, G.I. (1989): Product Life Cycle Management, in: Journal of Cost Management, Summer 1989, S. 8-22.

Tietzel, M. (1972): Die Effizienz staatlicher Investitionsentscheidungen im Verkehrssektor – Eine Analyse methodischer und praktischer Probleme staatlicher Allokationsentscheidungen im Verkehrssektor, Frankfurt am Main 1972.

Tinbergen, J. (1952): Einführung in die Oekonometrie, Wien/Stuttgart 1952.

Ulrich, H. (1990): Unternehmungspolitik, 3. Aufl., Bern/Stuttgart 1990.

Ulrich, H. (1968): Die Unternehmung als produktives soziales System – Grundlagen der allgemeinen Unternehmungslehre, Bern/Stuttgart 1968.

Umweltbundesamt (1999): Leitfaden Betriebliche Umweltauswirkungen – Ihre Erfassung und Bewertung im Rahmen des Umweltmanagements, hrsg. vom Umweltbundesamt (UBA), Berlin 1999.

Wagner, B./Strobel, M. (1999): Kostenmanagement mit der Flußkostenrechnung, in: Freimann, J. (Hrsg.): Werkzeuge erfolgreichen Umweltmanagements: Ein Kompendium für die Unternehmenspraxis, Wiesbaden 1999, S. 49-70.

Weizsäcker, E.U. v./Seifert, E.K. (1997): Volkswirtschaftliche Dimension des Umweltkostenmanagements, in: Fischer, H./Wucherer, C./Wagner, B./ Burschel, C.: Umweltkostenmanagement – Kosten senken durch praxiserprobtes Umweltcontrolling, hrsg. von S. Bornemann et al., München/Wien 1997, S. 285-318.

Welge, M.K./Amshoff, B. (1997): Neuorientierung der Kostenrechnung zur Unterstützung der strategischen Planung, in: Franz, K.-P./Kajüter, P. (Hrsg.): Kostenmanagement: Wettbewerbsvorteile durch systematische Kostensteuerung, Stuttgart 1997, S. 59-80.

Wicke, L. (1989): Umweltökonomie: Eine praxisorientierte Einführung, 2. Aufl., München 1989.

Wübbenhorst, K.L. (1992): Lebenszykluskosten, in: Schulte, C. (Hrsg.): Effektives Kostenmanagement: Methoden und Implementierung, Stuttgart 1992, S. 245-272.

Wübbenhorst, K.L. (1984): Konzept der Lebenszykluskosten: Grundlagen, Problemstellungen und technologische Zusammenhänge, Darmstadt 1984.

Zahn, E./Schmid, U. (1992): Wettbewerbsvorteile durch umweltschutzorientiertes Management, in: Zahn, E./Gassert, H. (Hrsg.): Umweltschutzorientiertes Management – Die unternehmerische Herausforderung von morgen, Stuttgart 1992, S. 39-93.

Zehbold, C. (1996): Lebenszykluskostenrechnung, Wiesbaden 1996.

Zehetner, K. (1999): Prozeßorientiertes Controlling der Entwicklung, in: Kostenrechnungspraxis (krp), 43. Jg., 1999, Heft 3, S. 159-163.

Gesetzestextverzeichnis

EG-Öko-Audit-Verordnung/EMAS-Verordnung

Verordnung (EWG) Nr. 1836/93 des Rates vom 29. Juni 1993 über die freiwillige Teilnahme gewerblicher Unternehmen an einem Gemeinschaftssystem für das Umweltmanagement und die Umweltbetriebsprüfung, Amtsblatt der Europäischen Gemeinschaften, 36. Jg. Nr. L 168 vom 10.07.1993, S. 1-18.

KrW-/AbfG

Gesetz zur Förderung der Kreislaufwirtschaft und Sicherung der umweltverträglichen Beseitigung von Abfällen (Kreislaufwirtschafts- und Abfallgesetz – KrW-/AbfG) vom 27. September 1994, BGBl. I S. 2705, zuletzt geändert durch Gesetz vom 22.6.1998, BGBl. I S. 1485.

Der Deutsche Universitäts-Verlag

Ein Unternehmen der Fachverlagsgruppe BertelsmannSpringer

Der Deutsche Universitäts-Verlag wurde 1968 gegründet und 1988 durch die Wissenschaftsverlage Dr. Th. Gabler Verlag, Verlag Vieweg und Westdeutscher Verlag aktiviert. Der DUV bietet hervorragenden jüngeren Wissenschaftlern ein Forum, die Ergebnisse ihrer Arbeit der interessierten Fachöffentlichkeit vorzustellen. Das Programm steht vor allem solchen Arbeiten offen, deren Qualität durch eine sehr gute Note ausgewiesen ist. Jedes Manuskript wird vom Verlag zusätzlich auf seine Vermarktungschancen hin überprüft.

Durch die umfassenden Vertriebs- und Marketingaktivitäten, die in enger Kooperation mit den Schwesterverlagen Gabler, Vieweg und Westdeutscher Verlag erfolgen, erreichen wir die breite Information aller Fachinstitute, -bibliotheken, -zeitschriften und den interessierten Praktiker. Den Autoren bieten wir dabei günstige Konditionen, die jeweils individuell vertraglich vereinbart werden.

Der DUV publiziert ein wissenschaftliches Monographienprogramm in den Fachdisziplinen

Wirtschaftswissenschaft	Psychologie
Informatik	Literaturwissenschaft
Kognitionswissenschaft	Sprachwissenschaft
Sozialwissenschaft	

www.duv.de

Änderungen vorbehalten.

Deutscher Universitäts-Verlag
Abraham-Lincoln-Str. 46
65189 Wiesbaden